“十二五”职业教育国家规划教材
经全国职业教育教材审定委员会审定

全国高职高专教育土建类专业教学指导委员会规划推荐教材

市政工程计量与计价

(第三版)

(市政工程技术专业适用)

本教材编审委员会组织编写
袁建新　主编
杨玉衡　主审

中国建筑工业出版社

图书在版编目（CIP）数据

市政工程计量与计价/袁建新主编. —3版. —北京：中国建筑工业出版社，2014.5

“十二五”职业教育国家规划教材. 经全国职业教育教材审定委员会审定. 全国高职高专教育土建类专业教学指导委员会规划推荐教材（市政工程技术专业适用）

ISBN 978-7-112-16445-5

Ⅰ.①市… Ⅱ.①袁… Ⅲ. ①市政工程-工程造价-高等职业教育-教材 Ⅳ.①TU723.3

中国版本图书馆CIP数据核字（2014）第030597号

本书是市政工程技术专业主干课程的新型教材之一，具有条理清楚、重点突出、结合实际、工学结合和可读性强的特点。

本书的主要内容包括市政工程造价原理、市政工程定额、工程单价、定额计价方式确定市政工程造价、清单计价方式确定市政工程造价、土石方工程工程量清单计价、道路工程工程量清单计价、桥涵护岸工程工程量清单计价、管道工程工程量清单计价等内容。

本书适合高职高专院校市政工程技术专业及相关专业学生学习，也可供中职学生、技术培训、工程技术人员及大学师生学习和参考。

为方便教学，作者制作了与本书配套的电子课件，如有需要，请发送邮件至 cabpbeijing@126.com 索取。

* * *

责任编辑：朱首明 王美玲
责任校对：张 颖 赵 颖

“十二五”职业教育国家规划教材
经全国职业教育教材审定委员会审定
全国高职高专教育土建类专业教学指导委员会规划推荐教材
市政工程计量与计价（第三版）
（市政工程技术专业适用）
本教材编审委员会组织编写
袁建新 主编
杨玉衡 主审
*
中国建筑工业出版社出版、发行（北京西郊百万庄）
各地新华书店、建筑书店经销
霸州市顺浩图文科技发展有限公司制版
北京市书林印刷有限公司印刷
*
开本：787×1092毫米 1/16 印张：19 字数：423千字
2014年8月第三版 2017年8月第十八次印刷
定价：**38.00**元（赠送课件）
ISBN 978-7-112-16445-5
（25280）

本套教材修订版编审委员会名单

本套教材编审委员会名单

修订版序言

2010年4月住房和城乡建设部受教育部（教高厅函〔2004〕5号）委托，住房和城乡建设部（建人函〔2010〕70号）组建了新一届全国高职高专教育土建类专业教学指导委员会市政工程类专业分指导委员会，它是住房和城乡建设部聘任和管理的专家机构。其主要职责是在住房和城乡建设部、教育部、全国高职高专教育土建类专业教学指导委员会的领导下，研究高职高专市政工程类专业的教学和人才培养方案，按照以能力为本位的教学指导思想，围绕市政工程类专业的就业领域、就业岗位群，组织制定并及时修订各专业培养目标、专业教育标准、专业培养方案、专业教学基本要求、实训基地建设标准等重要教学文件，以指导全国高职高专院校规范市政工程类专业办学，达到专业基本标准要求；研究市政工程类专业建设、教材建设，组织教材编审工作；组织开展教育教学改革研究，构建理论与实践紧密结合的教学体系，构筑校企合作、工学结合的人才培养模式，进一步促进高职高专院校市政工程类专业办出特色，全面提高高等职业教育质量，提升服务建设行业的能力。

市政工程类专业分指导委员会成立以来，在住房和城乡建设部人事司和全国高职高专教育土建类专业教学指导委员会的领导下，在专业建设上取得了多项成果；市政工程类专业分指导委员会在对“市政工程技术专业”、“给排水工程技术专业”职业岗位（群）调研的基础上，制定了“市政工程技术专业”专业教学基本要求和“给排水工程技术专业”专业教学基本要求；其次制定了“市政工程技术专业”和“给排水工程技术专业”两个专业校内实训及校内实训基地建设导则；并根据“市政工程技术专业”、“给排水工程技术专业”两个专业的专业教学基本要求，校内实训及校内实训基地建设导则，组织了“市政工程技术专业”、“给排水工程技术专业”理论教材和实训教材编审工作。

在教材编审过程中，坚持了以就业为导向，走产学研结合发展道路的办学方针，以提高质量为核心，以增强专业特色为重点，创新教材体系，深化教育教学改革，围绕国家行业建设规划，系统培养高端技能型人才，为我国建设行业发展提供人才支撑和智力支持。

本套教材的编写坚持贯彻以素质为基础，以能力为本位，以实用为主导的指导思想，毕业的学生具备本专业必需的文化基础、专业理论知识和专业技能，能胜任市政工程类专业设计、施工、监理、运行及物业设施管理的高端技能型人才，全国高职高专教育土建类教学指导委员会市政工程类专业分指导委员会在总结近几年教育教学改革与实践的基础上，通过开发新课程，更新课程内容，增加实训教材，构建了新的课程体系。充分体现了其先进性、创新性、适用性，反映了国内外最新技术和研究成果，突出高等职业教育的特点。

“市政工程技术”、“给排水工程技术”两个专业教材的编写工作得到了教育部、住房和城乡建设部人事司的支持，在全国高职高专教育土建类专业教学指导委员会的领导下，市政工程类专业分指导委员会聘请全国各高职院校本专业多年从事“市政工程技术”、“给排水工程技术”专业教学、研究、设计、施工的副教授以上的专家担任主编和主审，同时吸收工程一线具有丰富实践经验的工程技术人员及优秀中青年教师参加编写。该系列教材的出版凝聚了全国各高职高专院校“市政工程技术”、“给排水工程技术”两个专业同行的心血，也是他们多年来教学工作的结晶。值此教材出版之际，全国高职高专教育土建类教学指导委员会市政工程类专业分指导委员会谨向全体主编、主审及参编人员致以崇高的敬意。对大力支持这套教材出版的中国建筑工业出版社表示衷心的感谢，向在编写、审稿、出版过程中给予关心和帮助的单位和同仁致以诚挚的谢意。深信本套教材的使用将会受到高职高专院校和从事本专业工程技术人员的欢迎，必将推动市政工程类专业的建设和发展。

全国高职高专教育土建类专业教学指导委员会
市政工程类专业分指导委员会

序　言

近年来，随着国家经济建设的迅速发展，市政工程建设已进入专业化的时代，而且市政工程建设发展规模不断扩大，建设速度不断加快，复杂性增加，因此，需要大批市政工程建设管理和技术人才。针对这一现状，近年来，不少高职高专院校开办市政工程技术专业，但适用的专业教材的匮乏，制约了市政工程技术专业的发展。

高职高专市政工程技术专业是以培养适应社会主义现代化建设需要，德、智、体、美全面发展，掌握本专业必备的基础理论知识，具备市政工程施工、管理、服务等岗位能力要求的高等技术应用性人才为目标，构建学生的知识、能力、素质结构和专业核心课程体系。全国高职高专教育土建类专业教学指导委员会是建设部受教育部委托聘任和管理的专家机构，该机构下设建筑类、土建施工类、建筑设备类、工程管理类、市政工程类五个专业指导分委员会，旨在为高等职业教育的各门学科的建设发展、专业人才的培养模式提供智力支持，因此，市政工程技术专业人才培养目标的定位、培养方案的确定、课程体系的设置、教学大纲的制订均是在市政工程类专业指导分委员会的各成员单位及相关院校的专家经广州会议、贵阳会议、成都会议反复研究制定的，具有科学性、权威性、针对性。为了满足该专业教学需要，市政工程类专业指导分委员会在全国范围内组织有关专业院校骨干教师编写了该专业与教学大纲配套的10门核心课程教材，包括：《市政工程识图与构造》、《市政工程材料》、《土力学与地基基础》、《市政工程力学与结构》、《市政工程测量》、《市政桥梁工程》、《市政道路工程》、《市政管道工程施工》、《市政工程计量与计价》、《市政工程施工项目管理》。这套教材体系相互衔接，整体性强；教材内容突出理论知识的应用和实践能力的培养，具有先进性、针对性、实用性。

本次推出的市政工程技术专业10门核心课程教材，必将对市政工程技术专业的教学建设、改革与发展产生深远的影响。但是加强内涵建设、提高教学质量是一个永恒主题，教学改革是一个与时俱进的过程，教材建设也是一个吐故纳新的过程，所以希望各用书学校及时反馈教材使用信息，并对教材建设提出宝贵意见；也希望全体编写人员及时总结各院校教学建设和改革的新经验，不断积累和吸收市政工程建设的新技术、新材料、新工艺、新方法，为本套教材的长远建设、修订完善做好充分准备。

全国高职高专教育土建类专业教学指导委员会
市政工程类专业分指导委员会
2007年2月

修订版前言

《市政工程计量与计价》（第三版）根据《建设工程工程量清单计价规范》GB 50500—2013、《市政工程工程量计算规范》GB 50857—2013进行了全面的修订，反映了当前最新的工程量清单计价内容。

《市政工程计量与计价》（第三版）根据2013年清单计价规范和计量规费的内容，进一步完善了清单计价的内容。教材中切合造价工作实际的内容和计算方法，由浅入深、由表及里、由简单到复杂的编排，实现了“螺旋进度法”的教学思想，是工学结合将工作内容转换为学习内容的又一次有益的实践成果。

《市政工程计量与计价》（第三版）由四川建筑职业技术学院袁建新主编。根据2013年新清单计价规范的内容对教材的教学单元1、4、5、8、9进行了修订。四川建筑职业技术学院黄己伟参加了修订工作，并编写了教学单元4的4.1的内容。其余内容由袁建新修订。

本书编写过程中得到了四川建筑职业技术学院马慧丽老师和中国建筑工业出版社的大力支持。为此一并表示感谢。

由于我国的市政工程造价计价方法和计价定额均处于发展时期，加上作者水平有限，书中也难免出现不准确的地方，敬请广大师生和读者批评指正。

作者

2014年1月

前　言

市政工程计量与计价教材是紧跟市政工程技术专业发展要求，满足该专业教学需求的新型教材。

该教材的特点是：思路清晰、条理清楚，通过市政工程造价原理的讲解，清楚地介绍了定额计价方式与清单计价方式的不同点和相互间的联系；重点突出，本书将市政工程预算定额的应用、工程单价编制、施工图预算编制、工程量清单报价编制作为重点；结合实际，选用了具有代表性的全国统一市政工程预算定额作为编制工程量清单报价的依据；工学结合，土石方工程、道路工程、桥涵护岸工程、管道工程等工程量清单报价编制完全从实际工作的要求出发，具有较强的实践性和实用性。

本书由四川建筑职业技术学院袁建新任主编、并编写了第一章、第二章、第三章、第四章、第五章、第六章的第三节、第七章的第二节和第三节、附录一；由徐州建筑职业技术学院的张宝军任副主编，并编写了第九章；四川省德阳市建设工程造价管理站的高级工程师刘德甫编写了第六章的第一节、第二节；四川建筑职业技术学院吴珊编写了第七章的第一节；宁波工程学院周小春编写了第八章；浙江建筑职业技术学院王云江提供了附录二的市政工程施工图。

本书由广州大学市政技术学院杨玉衡主审。

由于作者的水平有限，难免有不足之处，敬请广大读者批评指正。

目　　录

教学单元1　市政工程造价原理 …… 1
1.1　市政工程建筑产品的内容与特点 …… 1
1.2　建设程序的概念和建设项目划分 …… 1
1.3　工程造价基本原理 …… 3
1.4　施工图预算编制简例 …… 9
1.5　工程量清单报价编制简例 …… 13
思考题与习题 …… 19
教学单元2　市政工程定额 …… 20
2.1　编制定额的基本方法 …… 20
2.2　预算定额的特性 …… 21
2.3　预算定额的编制原则 …… 22
2.4　劳动定额编制 …… 22
2.5　材料消耗定额编制 …… 24
2.6　机械台班定额编制 …… 27
2.7　预算定额编制 …… 29
2.8　预算定额编制实例 …… 32
2.9　市政工程预算定额应用 …… 35
思考题与习题 …… 41
教学单元3　工程单价 …… 42
3.1　概述 …… 42
3.2　人工单价确定 …… 42
3.3　材料单价确定 …… 44
3.4　机械台班单价确定 …… 47
思考题与习题 …… 50
教学单元4　定额计价方式确定市政工程造价 …… 51
4.1　概述 …… 51
4.2　工程量计算规则 …… 57
4.3　工程量计算方法 …… 66
4.4　直接费计算及工料机用量分析 …… 68
4.5　材料价差调整 …… 71
4.6　间接费、利润、税金计算方法 …… 72
4.7　建筑安装工程费用计算方法 …… 74

4.8　施工企业工程取费级别 …… 76
4.9　间接费、利润、税金费（税）率实例 …… 77
思考题与习题 …… 78
教学单元5　清单计价方式确定市政工程造价 …… 79
5.1　工程量清单计价概述 …… 79
5.2　工程量清单编制内容 …… 80
5.3　工程量清单报价编制内容 …… 83
5.4　工程量清单计价与定额计价的区别 …… 85
5.5　工程量清单及其报价格式 …… 86
5.6　工程量清单编制方法 …… 101
5.7　工程量清单报价编制方法 …… 103
思考题与习题 …… 107
教学单元6　土石方工程工程量清单计价 …… 109
6.1　土石方工程基础知识 …… 109
6.2　土石方工程工程量清单编制 …… 115
6.3　土石方工程工程量清单报价编制 …… 126
思考题与习题 …… 139
教学单元7　道路工程工程量清单计价 …… 140
7.1　道路工程基础知识 …… 140
7.2　道路工程工程量清单编制 …… 152
7.3　道路工程工程量清单报价编制实例 …… 156
思考题与习题 …… 165
教学单元8　桥涵护岸工程工程量清单计价 …… 166
8.1　桥涵护岸工程基础知识 …… 166
8.2　桥涵护岸工程的工程量清单编制 …… 169
8.3　桥涵护岸工程工程量清单报价编制 …… 178
思考题与习题 …… 204
教学单元9　管道工程工程量清单计价 …… 205
9.1　管道工程基础知识 …… 205
9.2　市政管网工程量清单编制 …… 221
9.3　市政管网工程量清单报价编制 …… 229
思考题与习题 …… 241
附录　市政工程施工图 …… 243
道路工程说明 …… 243
排水施工图总说明 …… 253
主要参考文献 …… 291

教学单元1　市政工程造价原理

【教学目标】 通过对市政工程建筑产品特点、建设项目划分、工程造价费用构成等知识点的学习，学生掌握市政工程造价基本原理，会运用确定工程造价的数学模型，会叙述编制施工图预算和工程量清单报价的编制程序。

1.1　市政工程建筑产品的内容与特点

1.1.1　市政工程建筑产品的内容

市政工程包括：道路、桥涵护岸、隧道、地铁、给水、排水、燃气、供热等市政管网工程的土建、管道、设备安装工程。一般叫市政公用设施，简称市政工程。

建筑工人运用劳动工具作用于建筑材料，根据施工图设计的预定目标将其建造成道路、桥梁、地铁、排水管网等建筑产品。

1.1.2　市政工程建筑产品的特点

1. 单件性

市政工程建筑产品具有单件性的特点。因为每一座桥梁、每一条道路都在不同的地点建造，其地质条件、地形条件、气候条件、结构类型、构造类型、外形的尺寸等等几乎不可能完全相同。所以，市政工程建筑产品具有单件性的特点。这一特点决定了市政工程建筑产品工程造价必须采用单件计算的方法确定。

2. 固定性

市政工程建筑产品的建造必须固定在大地上，建成后一般不能移动。市政工程建筑产品的固定性的特点，使得每一项产品的建筑材料由于来源地不同而产生单价不同，进而影响工程成本。

3. 流动性

流动性是指施工队伍的流动性。由于工程固定，工程完工后施工队伍又要转移到新的工程地点，使施工人员、机械设备、周转材料等转移到新的工地而发生各种费用。

4. 艰苦性

艰苦性是指建筑施工大多是露天作业，在严冬、盛夏、雨期等气候条件下施工，困难较多，施工作业受到一定影响。由此会产生露天作业措施费。另外还会产生临时设施费等费用。

1.2　建设程序的概念和建设项目划分

1.2.1　工程建设程序的概念

工程建设程序是指房屋建筑、路桥建筑、设备安装、管道敷设等建筑安装工程从决策、设计、施工到竣工验收全过程必须遵守的有规律的先后顺序。工程建设程序必须依照我国现行的法律法规，有计划有步骤地进行。

工程建设程序主要包括：

1. 可行性研究

可行性研究是运用多种定性和定量的方法对建设项目进行投资决策前的技术经济论证。它的主要任务是研究项目在技术上是否先进适用，经济上是否经济合理，使工程建设项目建立在科学的基础上，以减少项目决策的盲目性。

2. 编制设计任务书

设计任务书又称计划任务书，是确定建设项目以及编制设计文件的依据。

设计任务书一般包括：建设目的与依据；建设规模、产品方案和工艺要求；各种资源、水文、地质、燃料、动力、供水、运输、交通等协作配套条件；资源综合利用和“三废”治理要求；建设地点和占地面积；建设工期；投资估算；经济效益和技术水平等。建设地点要考虑工业布局和环境保护的要求。

3. 编制设计文件

工程项目的设计一般分三个阶段，即初步设计、技术设计和施工图设计。

4. 组织施工

建设项目列入年度计划和具备开工条件后，施工单位按照设计文件的要求，确定施工方案，将施工图设计变成建筑物和构筑物。

5. 竣工验收，交付使用

建设项目按照批准的设计文件的要求全部建完，能够正常使用，就可以办理竣工结算和竣工验收，交付使用。

1.2.2 建设项目的划分

工程建设项目按照合理确定工程造价和建设项目管理工作的要求，划分为建设项目、单项工程、单位工程、分部工程、分项工程五个层次。

1. 建设项目

建设项目一般是指一个总体设计范围内，由一个或几个工程项目组成，经济上实行独立核算，行政上实行独立管理，并且具有法人资格的建设单位。通常，一个企业、事业单位就是一个建设项目。例如，××高速公路就是一个建设项目。

2. 单项工程

单项工程又称工程项目，它是建设项目的组成部分。是指具有独立的设计文件，竣工后可以独立发挥生产能力或使用效益的工程。例如，某个城区的立交桥、城市道路等分别是一个单项工程。

3. 单位工程

单位工程是单项工程的组成部分，是指具有独立的设计文件，能单独施工，但建成后不能独立发挥生产能力或使用效益的工程。例如，城市道路这个单项工程由道路工程、排水工程、路灯工程等单位工程组成。

4. 分部工程

分部工程是单位工程的组成部分。分部工程一般按不同的构造和工作内容来划分。例如，道路工程这个单位工程由路床整形、道路基层、道路面层、人行道侧缘石及其他等分部工程组成。

5. 分项工程

分项工程是分部工程的组成部分。一般，按照分部工程划分的方法，将分部工程划分为若干个分项工程。例如，道路基层这个分部工程可以再划分为10cm厚人工铺装碎石底层、10cm厚人机配合碎石底层、20cm厚人工铺装块石底层等分项工程。

分项工程是市政工程的基本构造要素。通常我们将这一基本构造要素称为“假定建筑产品”。假定建筑产品虽然没有独立存在的意义，但是这一概念在施工图预算编制原理、计划统计、施工管理、工程成本核算等方面都具有十分重要的意义。

1.3　工程造价基本原理

1.3.1　工程造价的费用构成

市政工程也是建筑产品。从理论上讲建筑产品的价格也同其他产品一样，由生产这个产品的社会必要劳动量确定，劳动价值论表达为：$C+V+m$。现行的建设预算制度将$C+V$表达为直接费和间接费，m表达为利润和税金。因此，用施工图预算确定工程造价由上述四部分费用构成。

1. 直接费

直接费是与建筑产品生产直接有关的各项费用，包括直接工程费和措施费。

(1) 直接工程费

直接工程费是指完成工程实体所消耗的各项费用，主要包括人工费、材料费和机械使用费。

(2) 措施费

措施费是指有助于完成工程实体所消耗的各项费用，主要包括文明施工、安全施工、冬雨季施工、夜间施工、材料二次搬运、临时设施等各项费用。

2. 间接费

间接费是指不能直接计入某个工程的各项费用，而只有通过分摊的方法计入工程成本。主要包括企业管理费和规费等。

3. 利润

利润是劳动者为企业创造的价值。利润按国家或地方规定的利润率计取。

利润的计取具有竞争性。承包商投标时，可以根据本企业的经营管理水平和建筑市场的供求状况，在允许的范围内确定本企业的利润水平。

4. 税金

税金是劳动者为社会劳动创造的价值。与利润的不同之处是它具有法令性和强制性。按现行规定，税金主要包括营业税、城市维护建设税和教育费附加。

1.3.2　施工图预算确定工程造价的必要性

建筑产品具有产品生产的单件性、建设地点的固定性、施工生产的流动性等特点。这些特点是造成建筑产品必须通过编制施工图预算确定工程造价的根本原因。

上述建筑产品的三大特性，决定了在实物形态上千差万别，决定了在生产要素上价格的千差万别。这种差别给判定建筑产品统一的价格水平带来了困难，用通常工业产品的定价方法已经不适用于建筑产品的定价。

当前，建筑产品价格主要有两种表现形式，一是政府指导价，二是市场竞争价。用施工图预算确定的工程造价属于政府指导价；通过招投标实现的工程量清单报价属于市场竞争价。不过，应该指出，市场竞争价也是在施工图预算编制方法的基础上确定的。所以，只有掌握了用施工图预算确定工程造价的方法，才能有效地掌握工程量清单报价编制方法。

产品定价的基本规律，除了价值规律外，还应该有两条，一是通过市场竞争形成价格；二是同类产品的价格水平应该基本一致。

对于建筑产品来说，价格水平一致性的要求与建筑产品单件性的差别，是一对需要解决的矛盾。因为我们无法做到以一个建筑产品为对象来整体定价而又能达到保持价格水平一致性的要求。

人们通过长期的实践和探索，找到了用编制施工图预算确定建筑产品的方法较好地解决了这一对矛盾。因此，从这个意义上讲，施工图预算是确定建筑产品价格的特殊方法。

1.3.3　用施工图预算确定工程造价的两个基本前提

为什么说用编制施工图预算确定工程造价的方法解决了价格水平一致性的问题呢？这主要得益于我们采用的两个办法作为基本前提。

1. 建筑产品的共同要素——分项工程

建筑产品是结构较复杂、体型庞大的工程。要对这样一个完整产品实行统一定价，不太容易办到。但是，我们已经找到了一个办法，就是按照一定的规则，将建筑产品进行合理分解，层层分解到构成一个完整产品的共同要素——分项工程为止，就能实现对建筑产品统一定价的目的。

从上述建设项目划分的内容和过程来看，将单位工程按不同构造和工作内容可以划分为若干个分部工程。但是，从建筑产品定价的要求来看，仍然不能满足要求。因为以分部工程为对象来定价，其影响因素较多。例如，同样是路面，其结构层不同，如沥青表面处治、沥青贯入式、乳化沥青碎石混合物、沥青混凝土等；其材料不同，如水泥混凝土路面、沥青混凝土路面等。受这些因素影响，其人工、材料消耗的差别较大。所以还必须按不同的构造、材料等要求，将分部工程分解为更为简单的组成部分——分项工程。例如，4cm厚沥青贯入式路面，人工摊铺5cm厚中粒式沥青混凝土路面。

应该指出，分项工程是按一定规则经过逐步分解，最后得到能够用较为简单的施工过程生产出来的，可以用适当计量单位计算的工程基本构造要素。

2. 单位分项工程消耗量标准——预算定额

单位分项工程是指一个单位的分项工程，如1m^3土方运输，1m^2沥青路面铺装等。

将建设项目层层分解后，我们就能采用一定的方法，编制出确定单位分项工程直接消耗的人工、材料、机械台班消耗量标准——预算定额。

虽然不同的工程项目由不同的分项工程项目和不同的工程量构成，但是，我们运用预算定额就可以计算出价格水平基本一致的工程造价。这是因为，预算定额确定的每一单位分项工程的人工、材料、机械台班消耗量起到了统一建筑产品劳动消耗量水平的作用，从而使我们能够将千差万别的各市政工程不同的工程数量，计算出符合统一价格水平的工程造价成为了现实。

例如，甲工程的沥青混凝土路面（5cm厚）为2360m^2，乙工程的沥青混凝土路面（4cm厚）为5768m^2，虽然工程量不同、厚度不同，但使用了统一的预算定额后，它们的人工、材料、机械台班消耗量水平是一致的。

如果我们在预算定额消耗量的基础上再考虑价格因素，用货币量反映定额基价，那么，就可以计算出直接费，进而计算出间接费、利润和税金，就可以算出整个建筑产品的工程造价。

1.3.4　确定工程造价的数学模型

用编制施工图预算确定工程造价，一般采用下列三种方法，因此也需构建三种数学模型。

1. 单位估价法

单位估价法是编制施工图预算常采用的方法。该方法根据施工图和预算定额，通过计算分项工程量、分项直接工程费，将分项直接工程费汇总成单位工程直接工程费后，再根据措施费费率、间接费费率、利润率、税率分别计算出各项费用和税金，最后汇总成单位工程造价。其数学模型如下：

$$\text{工程造价}=\text{直接费}+\text{间接费}+\text{利润}+\text{税金}$$

即：

$$\begin{aligned}\begin{matrix}\text{以直接费为取费}\\\text{基础的工程造价}\end{matrix}=&\left[\sum_{i=1}^{n}(\text{分项工程量}\times\text{定额基价})_i\right.\\&\left.\times(1+\text{措施费费率}+\text{间接费费率}+\text{利润率})\right]\\&\times(1+\text{税率})\end{aligned}$$

$$\begin{aligned}\begin{matrix}\text{以人工费为取费}\\\text{基础的工程造价}\end{matrix}=&\left[\sum_{i=1}^{n}(\text{分项工程量}\times\text{定额基价})_i\right.\\&+\sum_{i=1}^{n}(\text{分项工程量}\times\text{定额基价中人工费})_i\\&\left.\times(1+\text{措施费费率}+\text{间接费费率}+\text{利润率})\right]\\&\times(1+\text{税率})\end{aligned}$$

2. 实物金额法

当预算定额中只有人工、材料、机械台班消耗量，而没有定额基价的货币量时，我们可以采用实物金额法来计算工程造价。

实物金额法的基本做法是，先算出各分项工程的人工、材料、机械台班消耗量，然后汇总成单位工程的人工、材料、机械台班消耗量，再将这些消耗量分别乘以各自的单价，最后汇总成单位工程直接费。后面各项费用的计算同单位估价法。其数学模型如下：

$$\text{工程造价}=\text{直接费}+\text{间接费}+\text{利润}+\text{税金}$$

即：

$$\begin{aligned}\text{以直接费为取费基础的工程造价}=&\Big\{\Big[\sum_{i=1}^{n}(\text{分项工程量}\times\text{定额用工量})_i\\&\times\text{工日单价}+\sum_{j=1}^{m}(\text{分项工程量}\times\text{定额材料用量})_j\\&\times\text{材料单价}+\sum_{k=1}^{p}(\text{分项工程量}\times\text{定额机械台班量})_k\\&\times\text{台班单价}\Big]\times(1+\text{措施费费率}+\text{间接费费率}+\text{利润率})\Big\}\\&\times(1+\text{税率})\end{aligned}$$

$$\begin{aligned}\text{以人工费为取费基础的工程造价}=&\Big[\sum_{i=1}^{n}(\text{分项工程量}\times\text{定额用工量})_i\times\text{工日单价}\\&\times(1+\text{措施费费率}+\text{间接费费率}+\text{利润率})\\&+\sum_{j=1}^{m}(\text{分项工程量}\times\text{定额材料用量})_j\\&\times\text{材料单价}+\sum_{k=1}^{p}(\text{分项工程量}\times\text{定额机械台班量})_k\\&\times\text{台班单价}\Big]\times(1+\text{税率})\end{aligned}$$

3. 分项工程完全单价计算法

分项工程完全单价计算法的特点是，以分项工程为对象计算工程造价，再将分项工程造价汇总成单位工程造价。该方法从形式上类似于工程量清单计价法，但又有本质上的区别。

分项工程完全单价计算法的数学模型为：

$$\begin{aligned}\text{以直接费为取费基础计算工程造价}=&\sum_{i=1}^{n}\Big[(\text{分项工程量}\times\text{定额基价})\\&\times(1+\text{措施费费率}+\text{间接费费率}+\text{利润率})\\&\times(1+\text{税率})\Big]_i\end{aligned}$$

$$\begin{aligned}\text{以人工费为取费基础计算工程造价}=&\sum_{i=1}^{n}\Big\{\Big[(\text{分项工程量}\times\text{定额基价})+(\text{分项工程量}\\&\times\text{定额用工量}\times\text{工日单价})\times(1+\text{措施费费率}\\&+\text{间接费费率}+\text{利润率})\Big]\times(1+\text{税率})\Big\}_i\end{aligned}$$

注：上述数学模型分两种情况表述的原因是，建筑工程造价一般以直接费为基础计算；装饰工程造价或安装工程造价一般以人工费为基础计算。

1.3.5 施工图预算编制程序

上述工程造价的数学模型反映了编制施工图预算的本质特征，同时也反映了编制施工图预算的步骤与方法。

所谓施工图预算编制程序是指编制施工图预算有规律的步骤和顺序，包括施工图预算的编制依据、编制内容和编制程序。

1. 编制依据

（1）施工图

施工图是计算工程量和套用预算定额的依据。广义地讲，施工图除了施工蓝图外，还包括标准施工图、图纸会审纪要和设计变更等资料。

（2）施工组织设计或施工方案

施工组织设计或施工方案是编制施工图预算过程中，计算工程量和套用预算定额时，确定土方类别，基础工作面大小、构件运输距离及运输方式等的依据。

（3）预算定额

预算定额是确定分项工程项目、计量单位，计算分项工程量、分项工程直接费和人工、材料、机械台班消耗量的依据。

（4）地区材料预算价格

地区材料预算价格或材料指导价是计算材料费和调整材料价差的依据。

（5）费用定额和税率

费用定额包括措施费、间接费、利润和税金的计算基础和费率、税率的规定。

（6）施工合同

施工合同是确定收取哪些费用，按多少收取的依据。

2. 施工图预算编制内容

施工图预算编制的主要内容包括：

（1）列出分项工程项目，简称列项；

（2）计算工程量；

（3）套用预算定额及定额基价换算；

（4）工料分析及汇总；

（5）计算直接费；

（6）材料价差调整；

（7）计算间接费；

（8）计算利润；

（9）计算税金；

（10）汇总为工程造价。

3. 施工图预算编制程序

按单位估价法编制施工图预算的程序如图1-1所示。

1.3.6　工程量清单报价编制程序

工程量清单报价编制程序是指编制清单报价有规律的步骤和顺序，包括编制依据、编制内容和编制程序。

1. 编制依据

（1）工程量清单

工程量清单是计算分部分项工程量清单费、措施项目费、其他项目费的依据。

（2）建设工程工程量清单计价规范

工程量清单计价规范是编制综合单价、计算各项费用的依据。

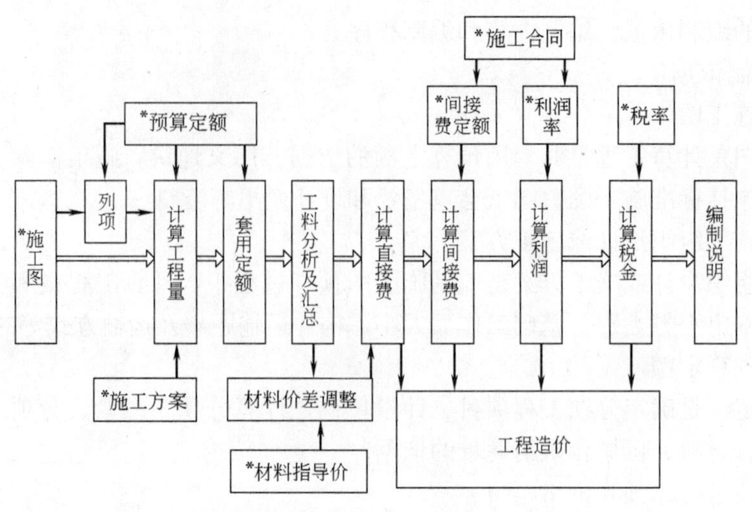

图 1-1　施工图预算编制程序示意图

注："*"为编制依据。

（3）施工图

施工图是计算计价工程量，确定分部分项清单项目综合单价的依据。

（4）消耗量定额

消耗量定额是计算分部分项工程消耗量确定综合单价的依据。

（5）工料机单价

人工单价、材料单价、机械台班单价是编制综合单价的依据。

（6）税率及各项费率

税率是计算税金的依据。规费费率是计算各项规费的依据。有关费率是计算文明施工费等各项措施费的依据。

2. 清单报价的编制内容

（1）计算计价工程量

根据选用的消耗量定额和清单工程量、施工图计算计价工程量。

（2）套用消耗量定额、计算工料机消耗量

计价工程量算完后再套用消耗量定额计算工料机消耗量。

（3）计算综合单价

根据分析出的工料机消耗量和确定的工料机单价，以及管理费率、利润率计算分部分项工程的综合单价。

（4）计算分部分项工程量清单费

根据分部分项工程量清单和综合单价计算分部分项工程量清单费。

（5）计算措施项目费

根据措施项目清单和企业自身的情况自主计算措施项目费。

（6）计算其他项目费

根据其他项目清单和有关条件计算其他项目费。

（7）计算规费

根据政府主管部门规定的文件，计算有关规费。

（8）计算税金

根据国家规定的税金计取办法计算税金。

（9）工程量清单报价

将上述计算出的分部分项工程量清单费、措施项目费、其他项目费、规费、税金汇总为工程量清单报价。

3. 工程量清单报价编制程序

工程量清单编制程序如图1-2所示。

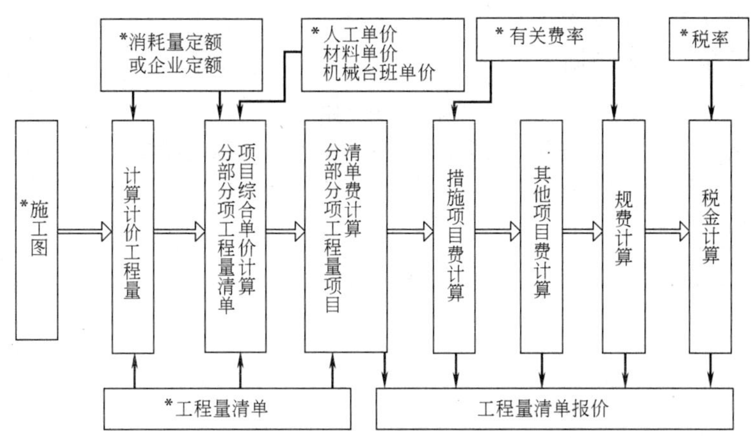

图1-2　工程量清单报价编制程序示意图

注："*"号部分是编制依据。

1.4　施工图预算编制简例

某水泥混凝土路面有关数据和要求如下：

混凝土强度等级：C30；

路长：500m；

路宽：26m；

路厚：20cm；

伸缝：每隔80m一道（沥青玛琋脂20mm宽，人工切缝）；

缩缝：每隔2.8m一道（机锯缝）；

路面养生：草袋养护。

1.4.1　计算工程量

根据上述条件和全国统一市政工程预算定额，计算四项工程量。

1. C30水泥混凝土路面

$$S=500\times26=13000\text{m}^2$$

2. 路面沥青玛琋脂伸缩（20mm宽，人工切缝）

$$\begin{aligned}S&=(500\div80-1)\times26\times0.20\\&=6\times26\times0.20\\&=31.20\text{m}^2\end{aligned}$$

3. 锯缝机锯缝

$$l=500\div 2.8\times 26 =179\times 26 =4654\text{m}$$

4. 路面草袋养护

$$S=500\times 26=13000\text{m}^2$$

1.4.2 计算定额直接费

1. 市政工程预算定额摘录

市政工程预算定额摘录见表 1-1～表 1-3。

水泥混凝土路面 **表 1-1**

工作内容：放样、模板制作、安拆、模板刷油、混凝土纵缝涂沥青油、拌合、浇筑、捣固、抹光或拉毛。

计量单位：100m²

定额编号				2-287	2-288	2-289	2-290	2-291	2-292
项目				厚度(cm)					
				15	18	20	22	24	28
基价(元)				780.17	885.97	962.37	1045.71	1120.85	1274.17
其中	人工费(元)			620.62	696.35	753.87	814.54	871.61	987.56
	材料费(元)			96.25	114.14	124.09	138.65	148.60	168.93
	机械费(元)			63.30	75.48	84.41	92.52	100.64	117.68
名称		单位	单价(元)	数量					
人工	综合人工	工日	22.47	27.62	30.99	33.55	36.25	38.79	43.95
材料	混凝土	m³		(15.300)	(18.360)	(20.400)	(22.440)	(24.480)	(28.560)
	板方材	m³	1764.00	0.037	0.044	0.049	0.054	0.059	0.069
	圆钉	kg	6.66	0.200	0.200	0.200	0.200	0.200	0.200
	铁件	kg	3.83	5.500	6.500	6.500	7.700	7.700	7.700
	水	m³	0.45	18.000	21.600	24.000	26.400	28.800	34.560
	其他材料费	%		0.50	0.50	0.50	0.50	0.50	0.50
机械	双锥反转出料混凝土搅拌机 350L	台班	81.16	0.780	0.930	1.040	1.140	1.240	1.450

伸缩缝 **表 1-2**

工作内容：1. 切缝：放样、缝板制作、备料、熬制沥青、浸泡木板、拌合、嵌缝、烫平缝面；
2. PG道路嵌缝胶：清理缝道、嵌入泡沫背衬带、配制搅拌PG胶、上料灌缝。

计量单位：10m²

定额编号		2-293	2-294	2-295	2-296	2-297	2-298	2-299
项目		人工切缝					锯缝机锯缝每10延长米	PG道路嵌缝胶每100m²
		伸缝			缩缝			
		沥青木板	沥青玛琋脂	填充塑料胶	沥青木板	沥青玛琋脂		
基价(元)		491.17	834.41	30.46	362.71	466.90	22.52	354.70
其中	人工费(元)	144.03	77.75	24.72	164.48	87.86	14.38	32.81
	材料费(元)	347.14	756.66	3.21	198.23	379.04	—	321.89
	机械费(元)	—	—	2.53	—	—	8.14	—

续表

定额编号			2-293	2-294	2-295	2-296	2-297	2-298	2-299
项目			人工切缝					锯缝机锯缝每10延长米	PG道路嵌缝胶每100m²
			伸缝			缩缝			
			沥青木板	沥青玛琋脂	填充塑料胶	沥青木板	沥青玛琋脂		
名称	单位	单价(元)	数量						
人工　综合人工	工日	22.47	6.41	3.46	1.10	7.32	3.91	0.64	1.46
材料　石粉	kg	0.095	—	127.40	—	—	63.70	—	—
钢锯片	片		—	—	—	—	—	0.065	—
薄板　20mm	m³	1347.00	0.221	—	—	0.111	—	—	—
石棉	kg	4.42	—	126.00	—	—	63.00	—	—
石油沥青　60号～100号	t	1400.00	0.033	0.127	—	0.033	0.064	—	—
煤	t	169.00	0.008	0.032	—	0.008	0.016	—	—
木柴	kg	0.21	0.800	3.200	—	0.800	1.600	—	—
塑料胶条	kg	9.12	—	—	0.35	—	—	—	—
PG　道路嵌缝胶	kg	16.40	—	—	—	—	—	—	19.53
其他材料费	%		0.50	0.50	0.50	0.50	0.50	0.50	0.50
机械　电动空气压缩机	台班	58.85	—	—	0.043	—	—	—	—
0.6m³/min 锯缝机	台班	38.75	—	—	—	—	—	0.21	—

水泥混凝土路面养生　　**表1-3**

工作内容：铺盖草袋、铺撒锯末、涂塑料液、铺塑料膜、养生。

计量单位：100m²

定额编号			2-300	2-301	2-302	2-303
项目			草袋养护	塑料液养护	塑料膜养护	锯末养护
基价(元)			132.43	340.60	121.12	53.24
其中　人工费(元)			25.84	49.43	22.47	27.19
材料费(元)			106.59	259.39	98.65	26.05
机械费(元)			—	31.78	—	—
名称	单位	单价(元)	数量			
人工　综合人工	工日	22.47	1.15	2.20	1.00	1.21
材料　草袋	个	2.32	43.00	10.00	—	—
水	m³	0.45	14.00	2.00	4.00	21.00
塑料薄膜	kg	8.76	—	—	11.00	—
锯末	m³	10.98	—	—	—	1.50
塑料液	kg	7.80	—	30.00	—	—
其他材料费	%		0.50	0.50	0.50	0.50
机械　电动空气压缩机 0.6m³/min	台班	58.85	—	0.54	—	—

2. 定额直接费计算

根据上述计算的工程量项目套用预算定额摘录中的2-289（表1-1）、2-294、2-298（表1-2）、2-300（表1-3）号定额及C30路面混凝土的指导价计算定额直接费（见表1-4）。

C30路面混凝土指导价：198.00元/m³；

钢锯片指导价：125.00元/片。

路面工程直接费计算表 表 1-4

<table>
<tr><th rowspan="2">序号</th><th rowspan="2">定额编号</th><th rowspan="2">项目及主材名称</th><th rowspan="2">单位</th><th rowspan="2">数量</th><th colspan="3">单 价</th><th colspan="3">合 价</th></tr>
<tr><th>基价</th><th>人工费</th><th>未计价材料单价</th><th>小计</th><th>人工费</th><th>未计价材料费</th></tr>
<tr><td rowspan="2">1</td><td rowspan="2">2-289</td><td>C30 水泥混凝土路面</td><td>m²</td><td>13000</td><td>9.62</td><td>7.54</td><td></td><td>125060</td><td>98020</td><td></td></tr>
<tr><td>C30 路面混凝土</td><td>m³</td><td>0.204×13000
=2652</td><td></td><td></td><td>198.00</td><td></td><td></td><td>525096</td></tr>
<tr><td>2</td><td>2-294</td><td>路面伸缝沥青玛琋脂
(20mm 宽、人工切缝)</td><td>m²</td><td>31.20</td><td>83.44</td><td>7.78</td><td></td><td>2603.33</td><td>242.74</td><td></td></tr>
<tr><td>3</td><td>2-300</td><td>水泥混凝土路面
草袋养护</td><td>m²</td><td>13000</td><td>1.32</td><td>0.26</td><td></td><td>17160</td><td>3380</td><td></td></tr>
<tr><td rowspan="2">4</td><td rowspan="2">2-298</td><td>锯缝机锯缝</td><td>m</td><td>4654</td><td>2.25</td><td>1.44</td><td></td><td>10471.50</td><td>6701.76</td><td></td></tr>
<tr><td>钢锯片</td><td>片</td><td>0.0065×4654
=30.25</td><td></td><td></td><td>125.00</td><td></td><td></td><td>3781.25</td></tr>
<tr><td></td><td></td><td>合计</td><td></td><td></td><td></td><td></td><td></td><td>155294.83</td><td>108344.5</td><td>528877.25</td></tr>
</table>

3. 工程造价计算

工程造价计算包括措施费、规费、企业管理费、利润和税金。

上述路面工程的工程造价计算条件如下：

施工企业资质：二级；

工程类别：一类；

工程所在地：市区；

文明施工费：定额直接费×1.5%；

安全施工费：定额直接费×2%；

临时设施费：定额直接费×2.8%；

社会保障费：定额人工费×16%；

住房公积金：定额人工费×6.0%；

企业管理费：定额直接费×7.5%；

利润：定额直接费×7%；

营业税：(直接费+间接费+利润)×3.093%；

工程定额测定费：定额直接费×0.14%；

城市维护建设税：营业税×7%；

教育费附加：营业税×3%。

根据表 1-4 计算出的直接费和上述取费条件，计算路面工程的工程造价(表1-5)。

××路面工程工程造价计算表 表 1-5

<table>
<tr><th>费用名称</th><th>序号</th><th colspan="2">费 用 项 目</th><th>计 算 式</th><th>金额(元)</th></tr>
<tr><td rowspan="6">直接费</td><td>(一)</td><td colspan="2">直接工程费</td><td>见表 1-4 155294.83+528877.25</td><td>684172.08</td></tr>
<tr><td>(二)</td><td colspan="2">其中:定额人工费</td><td>见表 1-4</td><td>108344.50</td></tr>
<tr><td>(三)</td><td colspan="2">未计价材料费</td><td>见表 1-4</td><td>528877.25</td></tr>
<tr><td rowspan="3">(四)</td><td rowspan="3">措施费</td><td>文明施工费</td><td>684172.08×1.5%</td><td>10262.58</td></tr>
<tr><td>安全施工费</td><td>684172.08×2%</td><td>13683.44</td></tr>
<tr><td>临时设施费</td><td>684172.08×2.8%</td><td>19156.82</td></tr>
</table>

续表

费用名称	序号	费用项目		计算式	金额(元)
间接费	(五)	规费	工程定额测定费	684172.08×0.14%	957.84
			社会保障费	108344.50×16%	17335.12
			住房公积金	108344.50×6.0%	6500.67
		企业管理费		684172.08×7.5%	51312.91
利润	(六)	利润		684172.08×7%	47892.05
税金	(七)	营业税		(一)+(四)+(五)+(六) 851273.51×3.093%	26329.87
	(八)	城市维护建设税		26329.87×7%	1843.09
	(九)	教育费附加		26329.87×3%	789.90
工程造价		工程造价		(一)+(四)+(五)+(六)+(七)+(八)+(九)	880236.37

1.5 工程量清单报价编制简例

1.5.1 某水泥混凝土路面有关数据和要求

混凝土强度等级：C30；

路长：500m；

路宽：26m；

路厚：20cm；

伸缝：沥青玛琋脂伸缝 20mm 宽，人工切缝，每隔 80m 一道；

锯缝：锯缝机锯缝；

路面养生：草袋养护。

1.5.2 工程量清单

招标人发布的该路面工程量清单见表 1-6～表 1-10。

分部分项工程量清单与计价表 **表 1-6**

工程名称：××路面 标段： 第 1 页 共 1 页

序号	项目编码	项目名称	项目特征描述	计量单位	工程量	金额(元)		
						综合单价	合价	其中：暂估价
1	040203007001	水泥混凝土路面	1. 混凝土强度等级、石料最大粒径：C30，5cm； 2. 厚度：20cm； 3. 伸缝：沥青玛琋脂； 4. 掺和料：无	m^2	13000			

总价措施项目清单与计价表 **表 1-7**

工程名称：××路面　　标段：　　第1页　共1页

序号	项目名称	计算基础	费率(%)	金额(元)
1	安全文明施工费			
2	夜间施工费			
3	二次搬运费			
4	冬、雨期施工			
5	大型机械设备进出场及安拆费			
6	施工排水			
7	施工降水			
8	地上、地下设施、建筑物的临时保护设施			
9	已完工程及设备保护			
10	各专业工程的措施项目			
合计				

其他项目清单与计价汇总表 **表 1-8**

工程名称：××路面　　标段：　　第1页　共1页

序号	项目名称	计量单位	金额(元)	备注
1	暂列金额		5000	明细详见表 1-9
2	暂估价			
2.1	材料暂估价			
2.2	专业工程暂估价			
3	计日工			
4	总承包服务费			
5				
合计				—

注：材料暂估单价进入清单项目综合单价，此处不汇总。

暂列金额明细表 **表 1-9**

工程名称：××路面　　标段：　　第1页　共1页

序号	项目名称	计量单位	暂定金额(元)	备注
1	工程量清单中工程量偏差	项	2000	
2	材料价格风险	项	3000	
合计			5000	—

注：此表由招标人填写，如不详列，也可只列暂定金额总额，投标人应将上述暂列金额计入投标总价中。

规费、税金项目清单与计价表　　表 1-10

工程名称：××路面　　标段：　　第1页　共1页

序号	项目名称	计算基础	费率(%)	金额(元)
1	规费			
1.1	工程排污费			
1.2	社会保障费			
(1)	养老保险费			
(2)	失业保险费			
(3)	医疗保险费			
1.3	住房公积金			
1.4	危险作业意外伤害保险			
1.5	工程定额测定费			
2	税金	分部分项工程费＋措施项目费＋其他项目费＋规费		
合计				

1.5.3　确定清单报价的消耗量定额

该路面工程选用《全国统一市政工程预算定额》，其选用的具体定额见教学单元1　1.4中定额编号为2-289、2-294、2-298、2-300的四个定额。

1.5.4　计算计价工程量

根据招标人发布的工程量清单，通过每个项目的编码和采用的消耗量定额来分析是否要重新计算计价工程量。

先分析清单计价规范中的040203007的项目为水泥混凝土路面，其工程内容主要有混凝土浇筑、伸缩缝、路面养生等。再对应全国统一市政工程预算定额分析，该清单项目由2-289（路面混凝土浇筑）、2-294（伸缝）、2-298、2-300（路面养生）四个定额才能计算完整，所以，要计算这四项计价工程量。

1. C30混凝土路面

$$S=500\times26=13000\text{m}^2$$

2. 沥青玛琋脂伸缝（20mm）

$$S=(500\div80-1)\times26\times0.20=31.20\text{m}^2$$

3. 锯缝机锯缝

$$l=500\div2.8\times26=179\times26=4654\text{m}$$

4. 路面草袋养护

$$S=500\times26=13000\text{m}^2$$

1.5.5　计算综合单价

计算综合单价是通过工料机消耗量分析和自主给定工料机单价计算出直接费，自主计算管理费，自主计算利润（表1-11）。其计算过程见表1-12。

投标人自主确定的工料机单价、管理费率、利润率 **表 1-11**

序号	名称	单位	单价	序号	名称	单位	单价
1	C30 路面混凝土	m^3	187	10	木柴	kg	0.20
2	板枋材	m^3	1810	11	草袋	个	2.12
3	圆钉	kg	5.86	12	混凝土搅拌机 350L	台班	80
4	铁件	kg	3.66	13	人工	工日	30
5	水	m^3	0.40	14	管理费工料机×5%		
6	石粉	kg	0.08	15	利润工料机×4%		
7	石棉	kg	4.10	16	钢锯片	片	120.00
8	石油沥青 60#	kg	1.25	17	锯缝机	台班	55.00
9	煤	kg	0.20				

工程量清单综合单价分析表 **表 1-12**

工程名称：××路面　　　　标段：　　　　第 1 页　共 1 页

项目编码	040203005001	项目名称	水泥混凝土路面	计量单位	m^2

清单综合单价组成明细

定额编号	定额名称	定额单位	数量	单价				合价			
				人工费	材料费	机械费	管理费和利润	人工费	材料费	机械费	管理费和利润
2-289	水泥混凝土路面	m^2	13000	10.065	39.577	0.832	4.54	130845	514501	10816	59054.58
2-294	路面伸缩沥青玛琋脂	m^2	31.20	10.38	69.60	/	7.20	323.86	2171.66	/	224.64
2-298	锯缝机锯缝	m	4654	1.92	0.784	1.155	0.35	8935.68	3648.15	5375.37	1628.9
2-300	草袋养护	m^2	13000	0.345	0.972	/	0.119	4485	12641.69	/	1547
人工单价		小计						144589.54	532967.99	16191.37	62455.12
30 元/工日		未计价材料费									
清单项目综合单价								58.17			

	主要材料名称、规格、型号	单位	数量	单价（元）	合价（元）	暂估单价（元）	暂估合价（元）
材料费明细	C30 路面混凝土	m^3	2652	187	495924.00		
	板枋材	m^3	6.37	1810	11529.70		
	圆钉	kg	26	5.86	152.36		
	铁件	kg	845	3.66	3092.70		
	水	m^3	4940	0.40	1976.00		
	石粉	kg	397.49	0.08	31.80		
	石棉	kg	393.12	4.10	1611.79		
	石油沥青 60 号	kg	396.24	1.25	495.30		
	煤	kg	99.84	0.20	19.97		
	木柴	kg	9.98	0.20	2.00		
	草袋	个	5590	2.12	11850.80		
	钢锯片	片	1820	0.40	3630.00		
	其他材料费			—	2651.57	—	
	材料费小计			—	532967.99	—	

注：1. 如不使用省级或行业建设主管部门发布的计价依据，可不填定额项目、编号等。

2. 招标文件提供了暂估单价的材料，按暂估的单价填入表内“暂估单价”栏及“暂估合价”栏。

1.5.6 计算分部分项工程费

分部分项工程量清单费计算见表1-13。

分部分项工程量清单与计价表 **表1-13**

工程名称：××路面 标段： 第1页 共1页

序号	项目编码	项目名称	项目特征描述	计量单位	工程量	金额(元)		
						综合单价	合价	其中：暂估价
1	040203007001	水泥混凝土路面	1. 混凝土强度等级、石料最大粒径：C30，5cm； 2. 厚度：20cm； 3. 伸缝：沥青玛㙩脂； 4. 锯缝机锯缝	m^2	13000	58.17	756210	

1.5.7 确定措施项目费、其他项目费

1. 措施项目费

根据措施项目清单列出的三个项目和有关规定及企业具体情况，自主确定措施项目费。

已知安全施工费按工料机费用合计的1.5%计算；文明施工费按工料机费用合计的2%计算；环境保护费按工料机费用合计的0.3%计算。

临时设施费自主确定按工料机费用合计的1%计算。上述措施项目费计算见表1-14。

总价措施项目清单与计价表 **表1-14**

工程名称：××路面 标段： 第1页 共1页

序号	项目名称	计算基础	费率(%)	金额(元)
1	安全文明施工费			33272.94
1.1	环境保护费	工料机合计	0.3	2081.24
1.2	安全施工费	工料机合计	1.5	10406.23
1.3	文明施工费	工料机合计	2	13847.98
1.4	临时设施费	工料机合计	1	6937.49
2	夜间施工费			
3	二次搬运费			
4	冬、雨期施工			
5	大型机械设备进出场及安拆费			
6	施工排水			
7	施工降水			
8	地上、地下设施、建筑物的临时保护设施			
9	已完工程及设备保护			
10	各专业工程的措施项目			
合计				33272.94

2. 其他项目清单计价表

本工程只有暂列金额部分（见前面其他项目清单），不发生其他费用，见表1-15、表1-16。

其他项目清单与计价表　　表1-15

工程名称：××路面　　标段：　　第1页　共1页

序号	项目名称	计量单位	金额(元)	备注
1	暂列金额		5000	明细详见表1-16
2	暂估价			
2.1	材料暂估价			
2.2	专业工程暂估价			
3	计日工			
4	总承包服务费			
5				
合计			5000	—

注：材料暂估单价进入清单项目综合单价，此处不汇总。

暂列金额明细表　　表1-16

工程名称：××路面　　标段：　　第1页　共1页

序号	项目名称	计量单位	暂定金额(元)	备注
1	工程量清单中工程量偏差	项	2000	
2	材料价格风险	项	3000	
合计			5000	—

注：此表由招标人填写，如不详列，也可只列暂定金额总额，投标人应将上述暂列金额计入投标总价中。

1.5.8 计算工程量清单报价

按某地区现行规定，规费应计取社会保障费（按人工费的22%计算）；住房公积金（按人工费的6%计算）；危险作业意外伤害保险（按人工费的0.5%计算）；工程排污费为1000元。

税金按现行规定计算（见表1-17）。

规费、税金项目清单与计价表　　表1-17

工程名称：××路面　　标段：　　第1页　共1页

序号	项目名称	计算基础	费率(%)	金额(元)
1	规费			42214.02
1.1	工程排污费			1000.00
1.2	社会保障费			31812.70
(1)	养老保险费	人工费	14	20242.54
(2)	失业保险费	人工费	2	2891.79
(3)	医疗保险费	人工费	6	8678.37

续表

序号	项目名称	计算基础	费率(%)	金额(元)
1.3	住房公积金	人工费	6	8678.37
1.4	危险作业意外伤害保险	人工费	0.5	722.95
1.5	工程定额测定费			
2	税金	分部分项工程费+措施项目费+其他项目费+规费	3.43	28698.71
合计				70912.73

单位工程汇总表见表1-18。

单位工程投标报价汇总表 **表1-18**

工程名称：××路面 第1页 共1页

序号	汇总内容	金额(元)	其中:暂估价(元)
1	分部分项工程	756210	
2	措施项目	33272.94	
2.1	安全文明施工费	33272.94	—
3	其他项目	5000	—
3.1	暂列金额	5000	—
3.2	专业工程暂估价		—
3.3	计日工		—
3.4	总承包服务费		—
4	规费	42214.02	—
5	税金	28698.71	—
投标报价合计=1+2+3+4+5		865395.67	

注：本表适用于单位工程招标控制价或投标报价的汇总，如无单位工程划分，单项工程也使用本表汇总。

思考题与习题

1. 市政工程建筑产品有哪些特点？
2. 什么是工程建设程序？
3. 建设项目是如何划分的？
4. 工程造价由哪些费用构成？
5. 用施工图预算确定工程造价需要哪两个基本前提？
6. 写出确定工程造价的数学模型。
7. 写出施工图预算编制程序。
8. 写出工程量清单报价编制程序。
9. 施工图预算与工程量清单报价有哪些区别？

教学单元2　市政工程定额

【教学目标】 通过对技术测定法、统计计算法、类推比较法等编制定额知识点的学习，学生掌握劳动定额、材料消耗定额、机械台班定额、预算定额的编制方法和技能，为熟练运用市政工程预算定额编制、施工图预算和工程量清单报价打好基础。

2.1　编制定额的基本方法

编制定额的常用方法有以下四种。

2.1.1　技术测定法

技术测定法亦称计时观察法，是一种科学的编制定额方法。该方法通过对施工过程的具体活动进行实地观察，详细记录工人和施工机械的工作时间消耗，测定完成产品的数量和有关影响因素，将观察记录结果进行分析研究，整理出可靠的数据资料，再运用一定的计算方法算出编制定额的基础数据。

1. 技术测定法的主要步骤

(1) 确定拟编定额项目的施工过程，对其组成部分进行必要的划分；

(2) 选择正常的施工条件和合适的观察对象；

(3) 到施工现场对观察对象进行测时观察，记录完成产品的数量、工时消耗及影响工时消耗的有关因素；

(4) 分析整理观察资料。

2. 常用的技术测定方法

(1) 测时法

测时法主要用于观察循环施工过程的定额工时消耗。

测时法的特点：精度高，观察技术较复杂。

(2) 写实记录法

写实记录法是一种研究各种性质工作时间消耗的技术测定法。采用该方法可以获得工作时间消耗的全部资料。

写实记录法的特点：精度较高、观察方法比较简单。观察对象是一个工人或一个工人小组，采用普通表为计时工具。

(3) 工作日写实法

工作日写实法是研究整个工作班内各种损失时间、休息时间和不可避免中断时间的方法。

工作日写实法的特点：技术简便、资料全面。

2.1.2　经验估计法

经验估计法是根据定额员、施工员、内业技术员、老工人的实际工作经验，对生产某一产品或完成某项工作所需的人工、材料、机械台班数量进行分析、讨论、估算，并最终确定消耗量的一种方法。

经验估计法的特点：简单、工作量小、精度差。

2.1.3 统计计算法

统计计算法是运用过去统计资料编制定额的一种方法。

统计计算法编制定额简单可行，只要对过去的统计资料加以分析和整理就可以计算出定额消耗指标。缺点是统计资料不可避免地包含各种不合理因素，这些因素必然会影响定额水平，降低定额质量。

2.1.4 比较类推法

比较类推法也叫典型定额法。该方法是在同类型的定额子目中，选择有代表性的典型子目，用技术测定法确定各种消耗量，然后根据测定的定额用比较类推的方法编制其他相关定额。

比较类推法简单易行，有一定的准确性。缺点是该方法运用了正比例的关系来编制定额，故有一定的局限性。

2.2 预算定额的特性

在社会主义市场经济条件下，定额具有以下三个方面的特性：

2.2.1 科学性

预算定额的科学性是指，定额是采用技术测定法、统计计算法等科学方法，在认真研究施工生产过程客观规律的基础上，通过长期的观察、测定、统计分析总结生产实践经验以及广泛搜集现场资料的基础上编制的。在编制过程中，对工作时间、现场布置、工具设备改革、工艺过程以及施工生产技术与组织管理等方面，进行科学的研究分析，因而，所编制的预算定额客观地反映了行业的社会平均水平，所以，定额具有科学性。简而言之，用科学的方法编制定额，因而定额具有科学性。

2.2.2 权威性

在计划经济体制下，定额具有法令性，即定额经国家主管机关批准颁发后，具有经济法规的性质，执行定额的所有各方必须严格遵守，不能随意改变定额的内容和水平。

但是，在市场经济条件下，定额的执行过程中允许施工企业根据招标投标的具体情况进行调整，内容和水平也可以变化，使其体现了市场经济竞争性的特点和自主报价的特点，故定额的法令性淡化了。所以具有权威性的预算定额既能起到国家宏观调控建筑市场的作用，又能起到让建筑市场充分发育的作用。这种具有权威性的定额，能使承包商在竞争过程中有根据地改变其定额水平，起到推动社会生产力水平发展和提高建设投资效益的目的。具有权威性的定额符合社会主义市场经济条件下建筑产品的生产规律。

定额的权威性是建立在采用先进科学的编制方法上，能正确反映本行业的生产力水平，符合社会主义市场经济的发展规律。

2.2.3 群众性

定额的群众性是指定额的制定和执行都必须有广泛的群众基础。因为定额的水平高低主要取决于建筑安装工人所创造的劳动生产力水平的高低；其次，工人直接参加定额的测定工作，有利于制定出容易使用和推广的定额；最后，定额的执行要依靠广大职工的生产实践活动才能完成。

2.3 预算定额的编制原则

预算定额的编制原则主要有以下两个：

2.3.1 平均水平原则

平均水平是指编制预算定额时应遵循价值规律的要求，即按生产该产品的社会必要劳动量来确定其人工、材料、机械台班消耗量。这就是说，在正常施工条件下，以平均的劳动强度、平均的技术熟练程度、平均的技术装备条件，完成单位合格建筑产品所需的劳动消耗量来确定预算定额的消耗量水平。这种以社会必要劳动量来确定定额水平的原则，就称为平均水平原则。

2.3.2 简明适用原则

定额的简明与适用是统一体中的一对矛盾，如果只强调简明，适用性就差；如果单纯追求适用，简明性就差。因此，预算定额应在适用的基础上力求简明。

简明适用原则主要体现在以下几个方面：

(1) 满足使用各方的需要。例如，满足编制施工图预算、编制竣工结算、编制投标报价、工程成本核算、编制各种计划等的需要，不但要注意项目齐全，而且还要注意补充新结构，新工艺的项目。另外，还要注意每个定额子目的内容划分要恰当。例如，预制构件的制作、运输、安装划分为三个子目较合适，因为在工程施工中，预制构件的制、运、安往往由不同的施工单位来完成。

(2) 确定预算定额的计量单位时，要考虑简化工程量的计算。例如，砌墙定额的计量单位采用“m^3”要比用“块”更简便。

(3) 预算定额中的各种说明，要简明扼要，通俗易懂。

(4) 编制预算定额时要尽量少留活口，因为补充预算定额必然会影响定额水平的一致性。

2.4 劳动定额编制

预算定额是根据劳动定额、材料消耗定额、机械台班定额编制的，在讨论预算定额编制前应该了解上述三种定额的编制方法。

2.4.1 劳动定额的表现形式及相互关系

1. 产量定额

在正常施工条件下某工种工人在单位时间内完成合格产品的数量，叫产量定额。

产量定额的常用单位是：m^2/工日、m^3/工日、t/工日、套/工日、组/工日等等。

例如，砌一砖半厚标准砖基础的产量定额为：1.08m³/工日。

2. 时间定额

在正常施工条件下，某工种工人完成单位合格产品所需的劳动时间，叫时间定额。

时间定额的常用单位是：工日/m²、工日/m³、工日/t、工日/组等等。

例如，现浇混凝土过梁的时间定额为：1.99工日/m³。

3. 产量定额与时间定额的关系

产量定额和时间定额是劳动定额两种不同的表现形式，它们之间是互为倒数的关系。

$$时间定额=\frac{1}{产量定额}$$

或：

$$时间定额\times 产量定额=1$$

利用这种倒数关系我们就可以求另外一种表现形式的劳动定额。例如：

$$一砖半厚砖基础的时间定额=\frac{1}{产量定额}=\frac{1}{1.08}=0.926\ 工日/m^3$$

$$现浇过梁的产量定额=\frac{1}{时间定额}=\frac{1}{1.99}=0.503m^3/工日$$

2.4.2　时间定额与产量定额的特点

产量定额以m²/工日、m³/工日、t/工日、套/工日等单位表示，数量直观、具体，容易被工人理解和接受，因此，产量定额适用于向工人班组下达生产任务。

时间定额以工日/m²、工日/m³、工日/t、工日/组等为单位，不同的工作内容有共同的时间单位，定额完成量可以相加，因此，时间定额适用于劳动计划的编制和统计完成任务情况。

2.4.3　劳动定额编制方法

在取得现场测定资料后，一般采用下列计算公式编制劳动定额。

$$N=\frac{N_{基}\times 100}{100-(N_{辅}+N_{准}+N_{息}+N_{断})}$$

式中　N——单位产品时间定额；

$N_{基}$——完成单位产品的基本工作时间；

$N_{辅}$——辅助工作时间占全部定额工作时间的百分比；

$N_{准}$——准备结束时间占全部定额工作时间的百分比；

$N_{息}$——休息时间占全部定额工作时间的百分比；

$N_{断}$——不可避免的中断时间占全部定额工作时间的百分比。

【例2-1】 根据下列现场测定资料，计算每100m²水泥砂浆抹地面的时间定额和产量定额。基本工作时间：1450工分/50m²；

辅助工作时间：占全部工作时间3%；

准备与结束工作时间：占全部工作时间2%；

不可避免中断时间：占全部工作时间2.5%；

休息时间：占全部工作时间10%。

【解】

$$\begin{matrix}抹100m^2水泥砂浆\\地面的时间定额\end{matrix}=\frac{1450\times 100}{100-(3+2+2.5+10)}\div 50\times 100$$

$$=\frac{145000}{100-17.5}\times\frac{100}{50}=\frac{145000}{82.5}\times 2$$

=3515 工分=58.58 工时

=7.32 工日

抹水泥砂浆地面的时间定额=7.32 工日/100m²

$$抹水泥砂浆地面的产量定额=\frac{1}{7.32}=0.137(100\text{m}^2)/工日=13.7\text{m}^2/工日$$

2.5 材料消耗定额编制

2.5.1 材料净用量定额和损耗量定额

1. 材料消耗量定额的构成

材料消耗量定额包括：

(1) 直接耗用于建筑安装工程上的构成工程实体的材料；

(2) 不可避免产生的施工废料；

(3) 不可避免的材料施工操作损耗。

2. 材料消耗净用量定额与损耗量定额的划分

直接构成工程实体的材料，称为材料消耗净用量定额。

不可避免的施工废料和施工操作损耗，称为材料损耗量定额。

3. 净用量定额与损耗量定额之间的关系

材料消耗定额=材料消耗净用量定额+材料损耗量定额

$$材料损耗率=\frac{材料损耗量定额}{材料消耗量定额}\times 100\%$$

或：

$$材料损耗率=\frac{材料损耗量}{材料总消耗量}\times 100\%$$

$$材料消耗定额=\frac{材料消耗净用量定额}{1-材料损耗率}$$

或：

$$总消耗量=\frac{净用量}{1-损耗率}$$

在实际工作中，为了简化上述计算过程，常用下列公式计算总消耗量：

总消耗量=净用量×(1+损耗率′)

其中：

$$损耗率'=\frac{损耗量}{净用量}$$

2.5.2 编制材料消耗定额的基本方法

1. 现场技术测定法

用该方法可以取得编制材料消耗定额的全部资料。

一般，材料消耗定额中的净用量比较容易确定，损耗量较难确定。我们可以通过现场技术测定方法来确定材料的损耗量。

2. 试验法

试验法是在实验室内采用专门的仪器设备，通过实验的方法来确定材料消耗定额的一种方法。用这种方法提供的数据，虽然精确度较高，但容易脱离现场实际情况。

3. 统计法

统计法是通过对现场用料的大量统计资料进行分析计算的一种方法。用该方法可以获得材料消耗定额的数据。

虽然统计法比较简单，但不能准确区分材料消耗的性质，因而不能区分材料净用量和损耗量，只能笼统地确定材料消耗定额。

4. 理论计算法

理论计算法是运用一定的计算公式确定材料消耗定额的方法。该方法较适合计算块状、板状、卷材状的材料消耗量计算。

2.5.3 砌体材料用量计算方法

1. 砌体材料用量计算的一般公式

$$\text{每立方米砌体砌块净用量(块)}=\frac{1\text{m}^3\text{砌体}}{\text{墙厚}\times(\text{砌块长}+\text{灰缝})\times(\text{砌块厚}+\text{灰缝})}\times\text{分母体积中砌块的数量}$$

$$\text{砂浆净用量}=1\text{m}^3\text{ 砌体}-\text{砌块净数量}\times\text{砌块的单位体积}$$

2. 砖砌体材料用量计算（图 2-1）

灰砂砖的尺寸为 240mm×115mm×53mm，其材料用量计算公式为：

$$\text{每立方米砌体灰砂砖净用量(块)}=\frac{1}{\text{墙厚}\times(\text{砖长}+\text{灰缝})\times(\text{砖厚}+\text{灰缝})}\times\text{墙厚的砖数}\times 2$$

$$\text{灰砂砖总消耗量}=\frac{\text{净用量}}{1-\text{损耗率}}$$

$$\text{砂浆净用量}=1\text{m}^3-\text{灰砂砖净用量}\times 0.24\times 0.115\times 0.053$$

$$\text{砂浆总消耗量}=\frac{\text{净用量}}{1-\text{损耗率}}$$

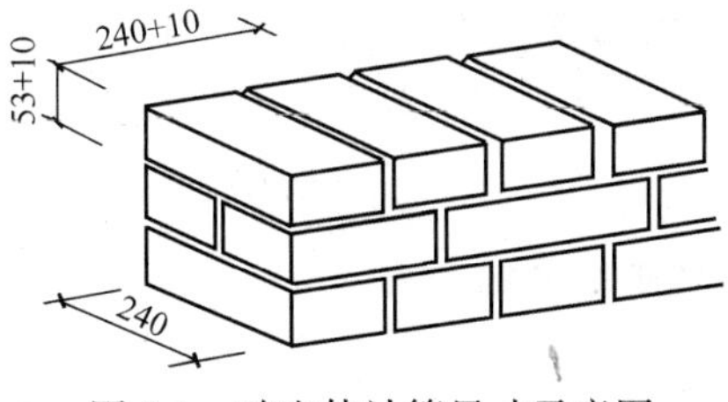

图 2-1 砖砌体计算尺寸示意图

【例 2-2】 计算 1m³ 一砖厚灰砂砖墙的砖和砂浆的总消耗量，灰缝 10mm 厚，砖损耗率 1.5%，砂浆损耗率 1.2%。

【解】 （1）灰砂砖净用量

$$\text{每立方米砖墙砂砖净用量}=\frac{1}{0.24\times(0.24+0.01)\times(0.053+0.01)}\times 1\times 2$$

$$=\frac{1}{0.24\times 0.25\times 0.063}\times 2$$

$$=\frac{1}{0.00378}\times 2$$

$$=529.1\text{块}$$

（2）灰砂砖总消耗量

$$\text{每立方米砌墙灰砂砖总消耗量}=\frac{529.1}{1-1.5\%}=\frac{529.1}{0.985}=537.16\text{块}$$

（3）砂浆净用量

$$\text{每立方米砌体砂浆净用量}=1-529.1\times0.24\times0.115\times0.053=1-0.773967=0.226\text{m}^3$$

（4）砂浆总消耗量

$$\text{每立方米砌体砂浆总消耗量}=\frac{0.226}{1-1.2\%}=\frac{0.226}{0.988}=0.229\text{m}^3$$

3. 砌块砌体材料用量计算

【例 2-3】 计算尺寸为 390mm×190mm×190mm 的每立方米 190mm 厚混凝土空心砌块墙的砌块和砂浆总消耗量，灰缝 10mm，砌块与砂浆的损耗率均为 1.8%。

【解】 （1）空心砌块总消耗量

$$\text{每立方米砌体空心砌块净用量}=\frac{1}{0.19\times(0.39+0.01)\times(0.19+0.01)}\times1$$

$$=\frac{1}{0.19\times0.40\times0.20}=65.8\text{块}$$

$$\text{每立方米砌体空心砌块总消耗量}=\frac{65.8}{1-1.8\%}=\frac{65.8}{0.982}=67.0\text{块}$$

（2）砂浆总消耗量

$$\text{每立方米砌体砂浆净用量}=1-65.8\times0.19\times0.19\times0.39$$

$$=1-0.9264=0.074\text{m}^3$$

$$\text{每立方米砌体砂浆总消耗量}=\frac{0.074}{1-1.8\%}$$

$$=\frac{0.074}{0.982}=0.075\text{m}^3$$

2.5.4 块料面层材料用量计算

$$\text{每100m}^2\text{材料面层净用量(块)}=\frac{100}{(\text{块料长}+\text{灰缝})\times(\text{块料宽}+\text{灰缝})}$$

$$\text{每100m}^2\text{块料总消耗量(块)}=\frac{\text{净用量}}{1-\text{损耗率}}$$

$$\text{每 100m}^2\text{ 结合层砂浆净用量}=100\text{m}^2\times\text{结合层厚度}$$

$$\text{每 100m}^2\text{ 结合层砂浆总消耗量}=\frac{\text{净用量}}{1-\text{损耗率}}$$

$$\text{每100m}^2\text{块料面层灰缝砂浆净用量}=(100-\text{块料长}\times\text{块料宽}\times\text{块料净用量})\times\text{灰缝深}$$

$$\text{每100m}^2\text{块料面层灰缝砂浆总消耗量}=\frac{\text{净用量}}{1-\text{损耗率}}$$

【例 2-4】 用水泥砂浆贴 500mm×500mm×15mm 花岗石板地面，结合层 5mm 厚，灰缝 1mm 宽，花岗石损耗率 2%，砂浆损耗率 1.5%，试计算每 100m²

地面的花岗石和砂浆的总消耗量。

【解】（1）计算花岗石总消耗量

$$\text{每}100\text{m}^2\text{地面花岗石净消耗量}=\frac{100}{(0.5+0.001)\times(0.5+0.001)}=\frac{100}{0.501\times0.501}=398.4\text{块}$$

$$\text{每}100\text{m}^2\text{地面花岗石总消耗量}=\frac{398.4}{1-2\%}=\frac{398.4}{0.98}=406.5\text{块}$$

（2）计算砂浆总消耗量

$$\text{每}100\text{m}^2\text{花岗石地面结合层砂浆净用量}=100\text{m}^2\times0.005=0.5\text{m}^3$$

$$\text{每}100\text{m}^2\text{花岗石地面灰缝砂浆净用量}=(100-0.5\times0.5\times398.4)\times0.015=(100-99.6)\times0.015=0.006\text{m}^3$$

$$\text{砂浆总消耗量}=\frac{0.5+0.006}{1-1.5\%}=\frac{0.506}{0.985}=0.514\text{m}^3$$

2.5.5 预制构件模板摊销量计算

预制构件模板摊销量是按多次使用、平均摊销的方法计算的。计算公式如下：

$$\text{模板一次使用量}=\text{1m}^3\text{构件模板接触面积}\times\text{1m}^2\text{接触面积模板净用量}\times\frac{1}{1-\text{损耗率}}$$

$$\text{模板摊销量}=\frac{\text{一次使用量}}{\text{周转次数}}$$

【例2-5】 根据选定的预制过梁标准图计算，每立方米构件的模板接触面积为10.16m²，每立方米接触面积的模板净用量0.095m³，模板损耗率5%，模板周转28次，试计算每立方米预制过梁的模板摊销量。

【解】（1）模板一次使用量计算

$$\text{模板一次使用量}=10.16\times0.095\times\frac{1}{1-5\%}=\frac{0.9652}{0.95}=1.016\text{m}^3$$

（2）模板摊销量计算

$$\text{预制过梁模板摊销量}=\frac{1.016}{28}=0.036\text{m}^3$$

2.6 机械台班定额编制

施工机械台班定额是施工机械生产率的反映。编制高质量的机械台班定额是合理组织机械施工，有效利用施工机械，进一步提高机械生产率的必备条件。

编制机械台班定额，主要包括以下内容：

2.6.1 拟定正常施工条件

机械操作与人工操作相比，劳动生产率在更大程度上受施工条件的影响，所以需要更好地拟定正常的施工条件。

拟定机械工作正常的施工条件，主要是拟定工作地点的合理组织和拟定合理的工人编制。

2.6.2 确定机械纯工作一小时的正常生产率

确定机械正常生产率必须先确定机械纯工作一小时的正常劳动生产率。因为只有先取得机械纯工作一小时正常生产率，才能根据机械利用系数计算出施工机械台班定额。

机械纯工作时间，就是指机械必须消耗的净工作时间，包括：正常负荷下工作时间、有根据降低负荷下工作时间、不可避免的无负荷工作时间、不可避免的中断时间。

机械纯工作一小时的正常生产率，就是在正常施工条件下，由具备一定技能的技术工人操作施工机械净工作一小时的劳动生产率。

确定机械纯工作一小时正常劳动生产率可分三步进行。

第一步，计算机械循环一次的正常延续时间。它等于本次循环中各组成部分延续时间之和，计算公式为：

$$\text{机械循环一次正常延续时间}=\sum\text{循环内各组成部分延续时间}$$

【例 2-6】 某轮胎式起重机吊装大型屋面板，每次吊装一块，经过现场计时观察，测得循环一次的各组成部分的平均延续时间如下，试计算机械循环一次的正常延续时间。

挂钩时的停车 30.2s；

将屋面板吊至 15m 高 95.6s；

将屋面板下落就位 54.3s；

解钩时的停车 38.7s；

回转悬臂、放下吊绳空回至构件堆放处 51.4s。

【解】 轮胎式起重机循环一次的正常延续时间＝30.2＋95.6＋54.3＋38.7＋51.4＝270.2s

第二步，计算机械纯工作一小时的循环次数，计算公式为：

$$\text{机械纯工作 1 小时循环次数}=\frac{60\times60\text{s}}{\text{一次循环的正常延续时间}}$$

【例 2-7】 根据上例计算结果，计算轮胎式起重机纯工作一小时的循环次数。

【解】

$$\text{轮胎式起重机纯工作 1 小时循环次数}=\frac{60\times60}{270.2}=13.32\text{ 次}$$

第三步，求机械纯工作一小时的正常生产率，计算公式为：

$$\text{机械纯工作 1 小时正常生产率}=\text{机械纯工作 1 小时正常循环次数}\times\text{一次循环的产品数量}$$

【例 2-8】 根据上例计算结果和每次吊装的产品数量，计算轮胎式起重机纯工作 1 小时的正常生产率。

【解】

$$\text{轮胎式起重机纯工作 1 小时正常生产率}=13.32(\text{次})\times1(\text{块/次})=13.32\text{块}$$

2.6.3 确定施工机械的正常利用系数

机械的正常利用系数，是指机械在工作班内工作时间的利用率。

机械正常利用系数与工作班内的工作状况有着密切的关系。

拟定工作班的正常状况，关键是如何保证合理利用工时，因此，要注意下列几个问题：

(1) 尽量利用不可避免的中断时间、工作开始前与结束后的时间，进行机械的维护和养护。

(2) 尽量利用不可避免的中间时间作为工人的休息时间。

(3) 根据机械工作的特点，在担负不同工作时，规定不同的开始与结束时间。

(4) 合理组织施工现场，排除由于施工管理不善造成的机械停歇。

确定机械正常利用系数，首先要计算工作班在正常状况下，准备与结束工作，机械开动，机械维护等工作必须消耗的时间，以及有效工作的开始与结束时间，然后再计算机械工作班的纯工作时间，最后确定机械正常利用系数。机械正常利用系数按下列公式计算。

$$\text{机械正常利用系数}=\frac{\text{工作班内机械纯工作时间}}{\text{机械工作班延续时间}}$$

2.6.4 计算机械台班定额

计算机械台班定额是编制机械台班定额的最后一个环节。

在确定了机械正常工作条件、机械一小时纯工作时间正常生产率和机械利用系数后，就可以确定机械台班的定额消耗指标了。计算公式如下。

$$\text{施工机械台班产量定额}=\text{机械纯工作1小时正常生产率}\times\text{工作班延续时间}\times\text{机械正常利用系数}$$

【例 2-9】 轮胎式起重机吊装大型屋面板，机械纯工作一小时的正常生产率为13.32块，工作班8小时内实际工作时间7.2小时，求产量定额和时间定额。

【解】 (1) 计算机械正常利用系数

$$\text{机械正常利用系数}=\frac{7.2}{8}=0.9$$

(2) 计算机械台班产量定额

$$\text{轮胎式起重机台班产量定额}=13.32\times8\times0.9=96\text{块/台班}$$

(3) 求机械台班时间定额

$$\text{轮胎式起重机台班时间定额}=\frac{1}{96}=0.01\text{台班/块}$$

2.7 预算定额编制

2.7.1 预算定额的编制步骤

编制预算定额一般分为以下三个阶段进行。

1. 准备工作阶段

(1) 根据工程造价主管部门的要求，组织编制预算定额的领导机构和专业小组。

(2) 拟定编制定额的工作方案，提出编制定额的基本要求，确定编制定额的原则、适用范围，确定定额的项目划分以及定额表格形式等。

(3) 调查研究，收集各种编制依据和资料。

2. 编制初稿阶段

(1) 对调查和收集的资料进行分析研究。

(2) 按编制方案中项目划分的要求和选定的典型工程施工图计算工程量。

(3) 根据取定的各项消耗指标和有关编制依据，计算分项工程定额中的人工、材料和机械台班消耗量，编制出定额项目表。

(4) 测算定额水平。定额初稿编出后，应将新编定额与原定额进行比较，测算新定额的水平。

3. 修改和定稿阶段

组织有关部门和单位讨论新编定额，将征求到的意见交编制专业小组修改定稿，并写出送审报告，交审批机关审定。

2.7.2 确定预算定额消耗量指标

1. 定额项目计量单位的确定

预算定额项目计量单位的选择，与预算定额的准确性、简明适用性有着密切的关系。因此，要首先确定好定额各项目的计量单位。

在确定项目计量单位时，应首先考虑采用该单位能否确切反映单位产品的工、料、机消耗量，保证预算定额的准确性；其次，要有利于减少定额项目数量，提高定额的综合性；最后，要有利于简化工程量计算和预算的编制，保证预算的准确性和及时性。

由于各分项工程的形状不同，定额计量单位应根据分项工程不同的形状特征和变化规律来确定。一般要求如下。

凡物体的长、宽、高三个度量都在变化时，应采用立方米为计量单位。例如，土方、石方、砌筑、混凝土构件等项目。

当物体有一固定的厚度，而长和宽两个度量所决定的面积不固定时，宜采用平方米为计量单位。例如，楼地面面层、屋面防水层、装饰抹灰、木地板等项目。

如果物体截面形状大小固定，但长度不固定时，应以延长米为计量单位。例如，装饰线、栏杆扶手、给排水管道、导线敷设等项目。

有的项目体积、面积变化不大，但重量和价格差异较大，如金属结构制、运、安等，应当以重量单位“t”或“kg”计算。

有的项目还可以“个、组、座、套”等自然计量单位计算。例如，屋面排水用的水斗、水口以及给排水管道中的阀门、水嘴安装等均以“个”为计量单位；电气照明工程中的各种灯具安装则以“套”为计量单位。

定额项目计量单位确定之后，在预算定额项目表中，常用所采单位的“10倍”或“100倍”等倍数的计量单位来计算定额消耗量。

2. 预算定额消耗指标的确定

确定预算定额消耗指标，一般按以下步骤进行。

（1）按选定的典型工程施工图及有关资料计算工程量

计算工程量的目的是为了综合不同类型工程在本定额项目中实物消耗量的比例数，使定额项目的消耗量更具有广泛性、代表性。

（2）确定人工消耗指标

预算定额中的人工消耗指标是指完成该分项工程必须消耗的各种用工量。包括基本用工、材料超运距用工、辅助用工和人工幅度差。

1）基本用工。指完成该分项工程的主要用工。例如，砌砖墙中的砌砖、调制砂浆、运砖等的用工。采用劳动定额综合成预算定额项目时，还要增加附墙烟囱、垃圾道砌筑等的用工。

2）材料超运距用工。拟定预算定额项目的材料、半成品平均运距要比劳动定额中确定的平均运距远。因此在编制预算定额时，比劳动定额远的那部分运距，要计算超运距用工。

3）辅助用工。指施工现场发生的加工材料的用工。例如筛砂子、淋石灰膏的用工。这类用工在劳动定额中是单独的项目，但在编制预算定额时，要综合进去。

4）人工幅度差。主要指在正常施工条件下，预算定额项目中劳动定额没有包含的用工因素以及预算定额与劳动定额的水平差。例如，各工种交叉作业的停歇时间，工程质量检查和隐蔽工程验收等所占的时间。

预算定额的人工幅度差系数一般在10%～15%之间。人工幅度差的计算公式为：

人工幅度差=(基本用工+超运距用工+辅助用工)×人工幅度差系数

（3）材料消耗指标的确定

由于预算定额是在劳动定额、材料消耗定额、机械台班定额的基础上综合而成的，所以其材料消耗量也要综合计算。例如，每砌 $10m^3$ 一砖内墙的灰砂砖和砂浆用量的计算过程如下：

1）计算 $10m^3$ 一砖内墙的灰砂砖净用量；

2）根据典型工程的施工图计算每 $10m^3$ 一砖内墙中梁头、板头所占体积；

3）扣除 $10m^3$ 砖墙体积中梁头、板头所占体积；

4）计算 $10m^3$ 一砖内墙砌筑砂浆净用量；

5）计算 $10m^3$ 一砖内墙灰砂砖和砂浆的总消耗量。

（4）机械台班消耗指标的确定

预算定额中配合工人班组施工的施工机械，按工人小组的产量计算台班产量。计算公式为：

$$\text{分项工程定额机械台班使用量}=\frac{\text{分项工程定额计量单位值}}{\text{小组总产量}}$$

2.7.3 编制预算定额项目表

当分项工程的人工、材料、机械台班消耗量指标确定后，就可以着手编制预算定额项目表。根据典型工程计算编制的预算项目表，见表2-1。

预算定额项目表 **表 2-1**

工程内容：略　　　　　　　　　　　　　　　　　　　　　单位：$10m^3$

定额编号			××××	××××
项目		单位	混合砂浆砌砖墙	
			1 砖	3/4 砖
人工	砖工	工日	12.046	……
	其他用工	工日	2.736	
	小计	工日	14.782	
材料	灰砂砖	千块	5.194	……
	砂浆	m^3	2.218	
	水	m^3	2.16	
机械	2t 塔吊	台班	0.475	……
	200L 灰浆搅拌机	台班	0.475	

2.8 预算定额编制实例

2.8.1 典型工程工程量计算

计算一砖厚标准砖内墙及墙内构件体积时选择了六个典型工程，他们是某食品厂加工车间、某单位职工住宅、某中学教学楼、某职业技术学院教学楼、某单位综合楼、某住宅商品房。具体计算过程见表 2-2。

标准砖一砖内墙及墙内构件体积工程量计算表 **表 2-2**

分部名称：砖石工程　　　　　　项目：砖内墙

分节名称：砌砖　　　　　　　　子目：一砖厚

序号	工程名称	砖墙体积(m^3)		门窗面积(m^2)		板头体积(m^3)		梁头体积(m^3)		弧形及圆形璇(m)	附墙烟囱孔(m)	垃圾道(m)	抗震柱孔(m)	墙顶抹灰找平(m^2)	壁橱(个)	吊柜(个)
		1	2	3	4	5	6	7	8	9	10	11	12	13	14	15
		数量	%	数量	%	数量	%	数量	%	数量	数量	数量	数量	数量	数量	数量
一	加工车间	30.01	2.51	24.50	16.38	0.26	0.87									
二	职工住宅	66.10	5.53	40.00	12.68	2.41	3.65	0.17	0.26	7.18			59.39	8.21		
三	普通中学教学楼	149.13	12.47	47.92	7.16	0.17	0.11	2.00	1.34					10.33		
四	高职教学楼	164.14	13.72	185.09	21.30	5.89	3.59	0.46	0.28							
五	综合楼	432.12	36.12	250.16	12.20	10.01	2.32	3.55	0.82		217.36	19.45	161.31	28.68		
六	住宅商品房	354.73	29.65	191.58	11.47	8.65	2.44				189.36	16.44	138.17	27.54	2	2
	合计	1196.23	100	739.25	81.89	27.39	12.98	6.18	0.52	7.18	406.72	35.89	358.87	74.76	2	2

一砖内墙及墙内构件体积工程量计算表中门窗洞口面积占墙体总面积的百分比计算公式为：

$$\text{门窗洞口面积占墙体总面积百分比} = \frac{\text{门窗面积}}{\text{砖墙体积} \div \text{墙厚} + \text{门窗面积}} \times 100\%$$

例如，加工车间门窗洞口面积占墙体总面积百分比的计算式为：

$$\text{加工车间门窗洞口面积占墙总面积百分比}=\frac{24.50}{30.01\div 0.24+24.50}\times 100\%$$

$$=\frac{24.5}{149.54}\times 100\%=16.38\%$$

通过上述六个典型工程测算，在一砖内墙中，单面清水、双面清水墙各占20％，混水墙占60％。

2.8.2 人工消耗指标确定

预算定额砌砖工程材料超运距计算见表2-3。

根据上述计算的工程量有关数据和某劳动定额计算的每10m³一砖内墙的预算定额人工消耗指标见表2-4。

预算定额砌砖工程材料超运距计算表 **表2-3**

材料名称	预算定额运距	劳动定额运距	超运距
砂子	80m	50m	30m
石灰膏	150m	100m	50m
灰砂砖	170m	50m	120m
砂浆	180m	50m	130m

注：每砌10m³一砖内墙的砂子定额用量为2.43m³，石灰膏用量为0.19m³。

预算定额项目劳动力计算表 **表2-4**

子目名称：一砖内墙　　　　单位：10m³

用工	施工过程名称	工程量	单位	劳动定额编号	工种	时间定额	工日数
	1	2	3	4	5	6	7＝2×6
基本工	单面清水墙	2.0	m³	§4-2-10	砖工	1.16	2.320
	双面清水墙	2.0	m³	§4-2-5	砖工	1.20	2.400
	混水内墙	6.0	m³	§4-2-16	砖工	0.972	5.832
	小计						10.552
	弧形及圆形碹	0.006	m	§4-2加工表	砖工	0.03	0.002
	附墙烟囱孔	0.34	m	§4-2加工表	砖工	0.05	0.170
	垃圾道	0.03	m	§4-2加工表	砖工	0.06	0.018
	预留抗震柱孔	0.30	m	§4-2加工表	砖工	0.05	0.150
	墙顶面抹灰找平	0.0625	m²	§4-2加工表	砖工	0.08	0.050
	壁柜	0.002	个	§4-2加工表	砖工	0.30	0.006
	吊柜	0.002	个	§4-2加工表	砖工	0.15	0.003
	小计						0.399
	合计						10.951
超运距用工	砂子超运30m	2.43	m³	§4-超运距加工表-192	普工	0.0453	0.110
	石灰膏超运50m	0.19	m³	§4-超运距加工表-193	普工	0.128	0.024
	标准砖超运120m	10.00	m³	§4-超运距加工表-178	普工	0.139	1.390
	砂浆超运130m	10.00	m³	§4-超运距加工表-{178 173	普工	{0.0516 0.00816	0.598
	合计						2.122
辅助工	筛砂子	2.43	m³	§1-4-82	普工	0.111	0.270
	淋石灰膏	0.19	m³	§1-4-95	普工	0.50	0.095
	合计						0.365
共计	人工幅度差＝(10.951＋2.122＋0.365)×10％＝1.344工日						
	定额用工＝10.951＋2.122＋0.365＋1.344＝14.782工日						

2.8.3 材料消耗指标确定

（1）$10m^3$ 一砖内墙灰砂砖净用量

$$\text{每 }10m^3\text{ 砌体灰砂砖净用量}=\frac{1}{0.24\times0.25\times0.063}\times2\text{ 块}\times10m^3$$

$$=529.1\times10m^3=5291\text{ 块}/10m^3$$

（2）扣除 $10m^3$ 砌体中梁头板头所占体积

查表 2-2，梁头和板头占墙体积的百分比为：梁头 0.52%＋板头 2.29%＝2.81%。

扣除梁、板头体积后的灰砂砖净用量为：

$$\text{灰砂砖净用量}=5291\times(1-2.81\%)=5291\times0.9719=5142\text{块}$$

（3）$10m^3$ 一砖内墙砌筑砂浆净用量

$$\text{砖浆净用量}=(1-529.1\times0.24\times0.115\times0.053)\times10m^3=2.26m^3$$

（4）扣除梁、板头体积后的砂浆净用量

$$\text{砖浆净用量}=2.26\times(1-2.81\%)=2.26\times0.9719=2.196m^3$$

（5）材料总消耗量计算

当灰砂砖损耗率为 1%，砌筑砂浆损耗率为 1%时，计算灰砂砖和砂浆的总消耗量。

$$\text{灰砂砖总消耗量}=\frac{5142}{1-1\%}=5194\text{ 块}/10m^3$$

$$\text{砌筑砂浆总消耗量}=\frac{2.196}{1-1\%}=2.218m^3/10m^3$$

2.8.4 机械台班消耗指标确定

预算定额项目中配合工人班组施工的施工机械台班按小组产量计算。

根据上述六个典型工程的工程量数据和劳动定额规定砌砖工人小组由 22 人组成的规定，计算每 $10m^3$ 一砖内墙的塔吊和灰浆搅拌机的台班定额。

$$\text{小组总产量}=22\text{人}\times(\text{单面清水}20\%\times0.862m^3/\text{工日}+\text{双面清水}20\%\times0.833m^3/\text{工日}+\text{混水}60\%\times1.029m^3/\text{工日})$$

$$=22\text{人}\times0.9564m^3/\text{工日}=21.04m^3/\text{工日}$$

$$2t\text{ 塔吊时间定额}=\frac{\text{分项定额计量单位值}}{\text{小组总产量}}=\frac{10}{21.04}$$

$$=0.475\text{ 台班}/10m^3$$

$$\text{200L 砂浆搅拌机时间定额}=\frac{10}{21.04}=0.475\text{ 台班}/10m^3$$

2.8.5 编制预算定额项目表

根据上述计算的人工、材料、机械台班消耗指标编制的一砖厚内墙的预算定额项目表见表 2-5。

预算定额项目表　　　　表 2-5

工程内容：略　　　　单位：10m³

定额编号			×××	×××	×××
项目		单位	内墙		
			1 砖	3/4 砖	1/2 砖
人工	砖工 其他用工 小计	工日 工日 工日	12.046 2.736 14.782	……	……
材料	灰砂砖 砂浆	块 m³	5194 2.218	……	……
机械	塔吊 2t 砂浆搅拌机 200L	台班 台班	0.475 0.475	……	……

2.9　市政工程预算定额应用

2.9.1　市政工程预算定额的组成

《全国统一市政工程预算定额》由说明部分、工程量计算规则、定额正文和附录等内容组成。

1. 说明部分

说明部分包括总说明、册说明、章说明和定额正文中的“注”。

2. 工程量计算规则

工程量计算规则是计算工程量的重要依据。它规定了增加、扣减的数据和内容，例如“道路基层计算不扣除各种井位所占的面积”。

3. 定额正文

定额正文是主要内容，它由定额编号、工作内容、项目名称、工料机消耗量、定额基价等要素构成。道路工程分册，道路基层章节的预算定额示例见表 2-6。

石灰、炉渣、土基层　　　　表 2-6

工作内容：放样、清理路床、运料、上料、铺石灰、焖水、配料拌合、找平、碾压、人工处理碾压不到之处、清除杂物。

计算单位：100m²

定额编号				2-84	2-85	2-86	2-87	2-88	2-89
项目				石灰∶炉渣∶土(12∶38∶50)			石灰∶炉渣∶土(12∶48∶40)		
				厚度(cm)					
				15	20	每增减 1	15	20	每增减 1
基价(元)				1084.73	1416.22	66.63	1196.84	1565.65	73.64
其中	人工费(元)			291.89	366.94	15.05	290.76	365.36	14.83
	材料费(元)			759.35	1011.79	50.73	872.59	1162.80	57.96
	机械费(元)			33.49	37.49	0.85	33.49	37.49	0.85
名称		单位	单价(元)	数量					
人工	综合人工	工日	22.47	12.99	16.33	0.67	12.94	16.26	0.66
材料	生石灰	t	120.00	2.71	3.61	0.18	2.71	3.61	0.18
	炉渣	m³	39.97	10.73	14.30	0.72	13.55	18.06	0.90
	黄土	m³		(9.92)	(13.23)	(0.66)	(7.94)	(10.58)	(0.53)
	水	m³	0.45	3.32	4.42	0.22	3.25	4.33	0.22
	其他材料费	%		0.50	0.50	0.50	0.50	0.50	0.50
机械	光轮压路机　12t	台班	263.69	0.038	0.043	0.001	0.038	0.043	0.001
	光轮压路机　15t	台班	297.14	0.079	0.088	0.002	0.079	0.088	0.002

（1）定额编号

定额编号确定后，方便定额的使用。

（2）工作内容

我们在根据施工图确定预算的分项工程量项目时，根据预算定额的工作内容选择应该套用的定额。也就是说，一旦选择了某定额子目的定额，那么其工作内容就确定了该项工程量计算所包括的范围。工作内容是判断预算漏项或重复计算的重要依据。

（3）项目名称

预算定额的项目名称是我们套用定额重要依据。只有项目名称完全能对应得上的预算分项工程项目，才能直接套用该定额。

（4）工料机消耗量

工料机消耗量是预算定额的核心内容。套用定额的主要目的就是要获得正确的工料机消耗量。

（5）定额基价

定额基价由人工费、材料费、机械台班费构成。我们根据表 2-6 中的数据，分析定额基价与工料机消耗量的关系。

定额基价＝人工费＋材料费＋机械台班费

其中：人工费＝人工×人工单价

$$\text{材料费}=\sum_{i=1}^{n}(\text{材料消耗量}\times\text{材料单价})_i$$

$$\text{机械台班费}=\sum_{j=1}^{m}(\text{机械台班消耗量}\times\text{台班单价})_j$$

通过表 2-6 中 2-84 号定额，道路石灰：炉渣：土（12：38：50）的基层（人工拌合 15cm 厚）基价的分析，来说明他们之间的关系。

人工费＝12.99 工日×22.47 元/工日＝291.89 元

材料费 A＝2.71t×120.00 元/t（生石灰）＋10.73m^3×39.97 元/m^3（炉渣）＋3.32m^3×0.45 元/m^3（水）＝755.57 元

材料费 B＝其他材料费

＝材料费 A×0.5%

＝755.57×0.5%

＝3.78 元

材料费小计：755.57＋3.78＝759.35 元

机械台班费＝0.038 台班×263.69 元/台班（光辊压路机 12t）

＋0.079 台班×297.14 元/台班（光辊压路机 15t）

＝10.02＋23.47

＝33.49 元

基价＝人工费＋材料费＋机械台班费
＝291.89＋759.35＋33.49
＝1084.73 元/$100m^2$

说明：2-84 号定额中的黄土消耗量用括号括起，黄土也没有给出单价。这称为未计价材料。该类材料根据工程所在地的材料单价计算出后合并到基价中。

2.9.2 市政工程预算定额应用

1. 通用项目分册

通用项目包括土石方工程、打拔工具桩、围堰工程、支撑工程、拆除工程、脚手架及其他工程、护坡和挡土墙工程。

（1）土方工程

干、湿土的划分首先以地质勘察资料为准，含水率≥25%为湿土；或以地下常水位为准，常水位以上为干土，以下为湿土。挖湿土时，人工和机械乘以系数 1.18。

【例 2-10】 人工挖沟槽，二类湿土，4m 深。求定额基价。

【解】 选用《全国统一市政工程预算定额》中的 1-5 号定额换算（以下相同）。

定额基价＝1054.29×1.18＝1244.06 元/$100m^3$

（2）打拔工具桩

打拔工具桩以直桩为准，如遇打斜桩（包括俯打、仰打）按相应定额人工、机械乘以系数 1.35。

【例 2-11】 陆上柴油打桩机打圆木桩（斜桩），乙级土，桩长 5m。求定额基价。

【解】 选用 1-472 号定额换算。

定额基价＝3021.58＋(846.67＋764.62)×(1.35－1)
＝3021.58＋1611.29×0.35
＝3585.53 元/$10m^3$

（3）围堰工程

围堰工程 50m 范围以内取土、砂、砂砾，均不计土方和砂、砂砾的材料价格。取 50m 范围以外的土方、砂、砂砾，应计算土方和砂、砂砾材料的挖、运或外购费用，但应扣除定额中土方现场挖运的人工：55.50 工日/$100m^3$ 黏土。

【例 2-12】 筑土围堰（取土距离 100m，黏土挖运的单价：15.00 元/m^3）。求定额基价。

【解】 选用 1-509 号定额换算。

$$\text{定额基价}=2788.09-\overbrace{55.50\times22.47}^{\text{现场挖运人工}}+\overbrace{121.00\text{m}^3\times15.00\text{元}/\text{m}^3}^{\text{挖运土方费用}}$$

＝2788.09－1247.09＋1815.00
＝3356.00 元/$100m^3$

(4) 支撑工程

定额中挡土板支撑按槽坑两侧同时支撑挡土板考虑，支撑面积为两侧挡土板面积之和，支撑宽度为4.1m以内。如槽坑宽度超过4.1m，其两侧均按一侧支挡土板考虑。按槽坑一侧支撑挡土板面积计算时，工日数乘以系数1.33，除挡土板外，其他材料乘以系数2.0。

【例2-13】 某沟槽采用一侧密支撑木挡土板，槽宽4.5m，支撑高度1.8m，槽长20m。求定额基价。

【解】 选用1-531号定额换算。

$$\text{定额基价}=\overbrace{480.63\times1.33}^{\text{人工}}+\overbrace{1126.08\times2.0-0.395\times1764}^{\text{材料}}$$
$$=639.24+2252.16-696.78$$
$$=2194.62\text{元}/100\text{m}^2$$

(5) 拆除工程

拆除后的旧料应整理干净就近堆放整齐。如需运至指定地点回收利用，则另行计算运费和回收价值。

【例2-14】 某工地伐$\phi30$内树，并运回仓库，每根树市值50元，运杂费每根10元，求树的回收价值。

【解】 运到仓库后每根树的价值。

$$\phi30\text{内已伐树木价值}=50-10=40\text{元/根}$$

(6) 护坡、挡土墙

块石如需冲洗时（利用旧料），每立方米块石增加：用工0.24工日，用水0.5m³。

【例2-15】 干砌块石护坡20cm厚，（块石需冲洗）。求定额基价。

【解】 选用1-689号定额换算。

$$\text{定额基价}=790.84+\overbrace{11.66\times0.24\times22.47}^{\text{增加用工}}+\overbrace{11.66\times0.5\times0.45}^{\text{增加用水}}$$
$$=790.84+62.88+2.62$$
$$=856.34\text{元}/10\text{m}^3$$

2. 道路工程分册

(1) 路基

【例2-16】 人工拌合石灰土路基17cm厚（含灰量5%），求定额基价。

【解】 选用2-40、2-C50定额计算。黄土按12元/m³计算。

$$\text{定额基价}=502.36+29.51\times2+(21.30+1.42)\times12$$
$$=502.36+59.02+272.64$$
$$=834.02\text{元}/100\text{m}^2$$

(2) 路面

水泥混凝土路面以平口为准，如设计为企口时，其用工量按本定额相应项目乘以系数1.01。木材摊销量按本定额相应项目摊销量乘以系数1.051。

【例2-17】 C25水泥混凝土路面15cm厚，企口。求定额基价。C25混凝土单价：175 元/m^3。

【解】 选用 2-287 号定额换算。

其他材料费＝(96.25÷1.005＋0.037×1764×0.051)×0.005

＝(95.77＋3.33)×0.005

＝0.50元/100m^2

定额基价＝ 620.62×1.01（人工费）＋0.037×1.051×1764（枋板材）＋15.30×175（混凝土）

＋0.20×6.66（圆钉）＋5.50×3.84（铁件）＋18×0.45（水）

＋0.50（他材费）＋63.30（机械费）

＝626.83＋68.60＋2677.50＋1.33＋21.12＋8.10＋0.50

＝3403.98 元/100m^2

3. 桥涵工程分册

（1）打桩工程

送桩定额按送 4m 为界，如实际超过 4m 时，按相应定额乘以下列调整系数：

送桩 5m 以内乘以 1.2 系数；

送桩 6m 以内乘以 1.5 系数；

送桩 7m 以内乘以 2.0 系数；

送桩 7m 以上，以调整后 7m 为基础，每超过 1m 递增 0.75 系数。

【例 2-18】 陆上 ϕ400 钢筋混凝土管桩送桩。送桩 6.5m。

【解】 选用 3-88 号定额换算。

定额基价＝5151.70×1.5＝7727.55 元/10m^3

（2）现浇混凝土工程

定额中混凝土按常用强度等级列出，如设计要求不同时可以换算。

【例 2-19】 现浇 C30 混凝土拱桥墩身。C30 混凝土单价：185 元/m^3。

【解】 选用 3-276 号定额换算。

定额基价＝577.52＋10.15×185

＝2455.27 元/10m^3

（3）装饰工程

镶贴面层定额中，贴面材料与定额不同时，可以调整换算，但人工与机械台班消耗量不变。

【例 2-20】 200×300 瓷砖贴墙面，瓷砖单价：1.25 元/块。求定额基价。

【解】 选用 3-573 号定额换算。

瓷砖用量＝0.15×0.15×4560÷(0.20×0.30)

＝102.6÷0.06

＝1710 块/100m^2

定额基价＝4900.41－4.560×650.70＋1.71×1250.00

＝4900.41－2967.19＋2137.50

$$=4070.72 元/100m^2$$

4. 给水工程分册

(1) 管道安装

套管内的管道铺设按相应的管道安装人工、机械乘以系数 1.2。

【例 2-21】 套管内安装 D110 塑料给水管（粘接），求定额基价。D110 塑料管单价：28.00 元/m。

【解】 选用 5-88 号定额换算。

$$\begin{aligned}定额基价&=25.26+(23.37+0.06)\times(1.20-1.0)+10.0\times28.00\\&=25.26+4.69+280.00\\&=309.95 元/10m\end{aligned}$$

(2) 取水工程

模板制作安装拆除、钢筋制作安装、沉井工程，如发生时，执行第六册“排水工程”有关定额，其中渗渠制作的模板安装拆除人工按相应项目乘以系数 1.2。

【例 2-22】 求渗渠直墙复合木模板制作项目的定额基价。

【解】 按规定选用 6-1306 号定额。

$$\begin{aligned}定额基价&=2611.47+552.92\times(1.20-1.0)\\&=2611.47+110.58\\&=2722.05 元/100m^2\end{aligned}$$

5. 排水工程分册

(1) 混凝土管道铺设

如在无基础的槽内铺设管道，其人工、机械乘以系数 1.18。

【例 2-23】 求 ϕ200 承插式混凝土管道铺设（人工下管）的定额基价。ϕ200 混凝土管单价：26.00 元/m。

【解】 选用 6-96 号定额换算。

$$\begin{aligned}定额基价&=230.03\times1.18+102.50\times26\\&=2936.44 元/100m\end{aligned}$$

(2) 非定型井、渠、管道基础及砌筑

石砌体均按块石考虑，如采用片石或平石时，块石与砂浆用量分别乘以系数 1.09 和 1.19，其他不变。

【例 2-24】 片石砌非定型渠道墙身。

【解】 选用 6-619 号定额换算。

$$\begin{aligned}定额基价&=949.47+11.526\times41.00\times(1.09-1.0)\\&\quad+3.67\times88.38\times(1.19-1.0)\\&=949.47+42.53+61.63\\&=1053.63元/10m^3\end{aligned}$$

(3) 模板

模板安拆以槽（坑）深 3m 为准，超过 3m 时，人工增加 8% 系数，其他不变。

【例 2-25】 沉淀池木模安拆（池深 3.5m）。

【解】 选用 6-1296 号定额。

$$
\begin{aligned}
\text{定额基价} &= 5805.74 + 1123.14 \times 0.08 \\
&= 5805.74 + 89.85 \\
&= 5895.59\ \text{元}/100\text{m}^2
\end{aligned}
$$

思考题与习题

1. 什么是技术测定法?
2. 什么是经验估计法?
3. 预算定额有哪些特性?
4. 预算定额的编制原则是什么?
5. 劳动定额有哪两种表现形式?
6. 时间定额的特点是什么?
7. 产量定额的特点是什么?
8. 叙述编制材料消耗定额的基本方法。
9. 请计算一立方米 370 标准砖墙的砖和砂浆净用量。
10. 如何编制机械台班定额?
11. 编制预算定额应该经历哪三个阶段?
12. 全国统一市政工程预算定额由哪些内容组成?
13. 土方挖湿土应该怎样套用定额?
14. 超过 4m 的送桩，应该如何调整定额?
15. 在无基础的槽内铺设管道，其人工、机械如何调整?

教学单元3　工程单价

【教学目标】 通过对综合平均工作等级系数和工资标准计算方法、材料单价的费用构成、材料加权平均原价计算、机械台班单价费用构成等人工单价、材料单价、机械台班单价编制知识点的学习，学生熟练掌握人工单价、材料单价、机械台班单价的编制方法和技能，为编制工程量清单报价的综合单价打好基础。

3.1　概　　述

原本预算定额只反映工料机消耗量指标。如果要反映货币量指标，就要另行编制单位估价表。但是现行的建筑工程预算定额多数都列出了定额子目的基价，具备了反映货币量指标的要求。因此，凡是含有定额基价的预算定额都具有了单位估价表的功能。为此，本书没有严格区分预算定额和单位估价表的概念。

预算定额基价由人工费、材料费、机械费构成。其计算过程如下：

$$定额基价=人工费+材料费+机械费$$

其中，

$$人工费=定额工日数\times人工单价$$

$$材料费=\sum_{i=1}^{n}(定额材料用量\times材料单价)_i$$

$$机械费=\sum_{i=1}^{n}(定额机械台班用量\times机械台班单价)_i$$

3.2　人工单价确定

人工单价一般包括基本工资、工资性补贴及有关保险费等。

传统的基本工资是根据工资标准计算的。现阶段企业的工资标准基本上由企业内部制定。为了从理论上理解基本工资的确定原理，就需要了解原工资标准的计算方法。

3.2.1　工资标准的确定

研究工资标准的主要目的是为了计算非整数等级的基本工资。

1. 工资标准的概念

工资标准是指国家规定的工人在单位时间内（日或月）按照不同的工资等级所取得的工资数额。

2. 工资等级

工资等级是按国家有关规定或企业有关规定，按劳动者的技术水平、熟练程度和工作责任大小等因素所划分的工资级别。

3. 工资等级系数

工资等级系数也称工资级差系数，是某一等级的工资标准与一级工工资标准的比值。例如，国家原规定的建筑工人的工资等级系数 K_n 的计算公式为：

$$K_n=(1.187)^{n-1}$$

式中 n——工资等级；

K_n——n 级工资等级系数；

1.187——工资等级系数的公比。

4. 工资标准的计算方法

计算月工资标准的计算公式为：

$$F_n=F_1\times K_n$$

式中 F_n——n 级工工资标准；

F_1——一级工工资标准；

K_n——工资等级系数。

国家原规定的某类工资区建筑工人工资标准及工资等级系数见表 3-1。

建筑工人工资标准表 **表 3-1**

工资等级 n	一	二	三	四	五	六	七
工资等级系数 K_n	1.000	1.187	1.409	1.672	1.985	2.358	2.800
级差(%)	—	18.7	18.7	18.7	18.7	18.7	18.7
月工资标准 F_n(元/月)	33.66	39.95	47.43	56.28	66.82	79.37	94.25

【例 3-1】 求建筑工人四级工的工资等级系数。

【解】 $K_4=(1.187)^{4-1}=1.672$

【例 3-2】 求建筑工人 4.6 级工的工资等级系数。

【解】 $K_{4.6}=(1.187)^{4.6-1}=1.854$

【例 3-3】 已知某地区一级工月工资标准为 33.66 元，三级工的工资等级系数为 1.409，求三级工的月工资标准。

【解】 $K_3=33.66\times1.409=47.43$元/月

【例 3-4】 已知某地区一级工的月工资标准为 33.66 元，求 4.8 级建筑工人的月工资标准。

【解】 (1) 求工资等级系数

$$K_{4.8}=(1.187)^{4.8-1}=1.918$$

(2) 求月工资标准

$$F_{4.8}=33.66\times1.918=64.56\text{ 元/月}$$

3.2.2 人工单价的计算

预算定额的人工单价包括综合平均工资等级的基本工资、工资性补贴、医疗保险费等。

1. 综合平均工资等级系数和工资标准的计算方法

计算工人小组的平均工资或平均工资等级系数，应采用综合平均工资等级系数的计算方法，计算公式如下：

$$\text{小组成员综合平均工资等级系数}=\frac{\sum_{i=1}^{n}(\text{某工资等级系数}\times\text{同等级工人数})_i}{\text{小组成员总人数}}$$

【例 3-5】 某砖工小组由 10 人组成，各等级的工人及工资等级系数如下，求综合平均工资等级系数和工资标准（已知 F_1＝33.66 元/月）。

二级工：1 人　　工资等级系数　　1.187

三级工：2 人　　工资等级系数　　1.409

四级工：2 人　　工资等级系数　　1.672

五级工：3 人　　工资等级系数　　1.985

六级工：1 人　　工资等级系数　　2.358

七级工：1 人　　工资等级系数　　2.800

【解】（1）求综合平均工资等级系数

$$\text{砖工小组综合平均工资等级系数}=\frac{1.187\times1+1.409\times2+1.672\times2+1.985\times3+2.358\times1+2.800\times1}{1+2+2+3+1+1}$$

$$=\frac{18.462}{10}=1.8462$$

（2）求综合平均工资标准

砖工小组综合平均工资标准＝33.66×1.8462＝62.14 元/月

2. 人工单价计算方法

预算定额人工单价的计算公式为：

$$\text{人工单价}=\frac{\text{基本工资}+\text{工资性补贴}+\text{保险费}}{\text{月平均工作天数}}$$

式中　基本工资——指规定的月工资标准；

工资性补贴——包括流动施工补贴、交通费补贴、附加工资等；

保险费——包括医疗保险、失业保险费等。

$$\text{月平均工作天数}——\frac{365-52\times2-10}{12\text{ 个月}}=20.92\text{ 天}$$

【例 3-6】 已知砌砖工人小组综合平均月工资标准为 291 元/月，月工资性补贴为 180 元/月，月保险费为 52 元/月，求人工单价。

【解】 $\text{人工单价}=\frac{291+180+52}{20.92}=\frac{523}{20.92}=25.00\text{ 元/日}$

3.2.3 预算定额基价的人工费计算

预算定额基价中的人工费按以下公式计算：

预算定额基价人工费＝定额用工量×人工单价

【例 3-7】 某预算定额砌 $10m^3$ 砖基础的综合用工为 12.18 工日/$10m^3$，人工单价为 25 元/工日，求该定额项目的人工费。

【解】 砌 $10m^3$ 砖基础的定额人工费＝12.18×25.00＝304.50 元/$10m^3$

3.3 材料单价确定

材料单价类似于以前的材料预算价格，但是随着工程承包计价的发展，原来材料预算价格的概念已经包含不了更多的含义了。

3.3.1 材料单价的概念

材料单价是指材料从采购时起运到工地仓库或堆放场地后的出库价格。

材料从采购、运输到保管，在使用前所发生的全部费用构成了材料单价。

3.3.2　材料单价的费用构成

按照材料采购和供应方式的不同，其构成材料单价的费用也不同。一般有以下几种：

1. 材料供货到工地现场

当材料供应商将材料送到施工现场时，材料单价由材料原价、采购保管费构成。

2. 到供货地点采购材料

当需要派人到供货地点采购材料时，材料单价由材料原价、运杂费、采购保管费构成。

3. 需二次加工的材料

当某些材料采购回来后，还需要进一步加工的材料，材料单价除了上述费用外还包括二次加工费。

综上所述，材料单价包括材料原价、运杂费、采购及保管费和二次加工费。

3.3.3　材料原价计算

材料原价是指付给材料供应商的材料单价。当某种材料有两个或两个以上的材料供应商供货且材料原价不同时，要计算加权平均原价。

加权平均原价的计算公式为：

$$\text{加权平均材料原价}=\frac{\sum_{i=1}^{n}(\text{材料原价}\times\text{材料数量})_i}{\sum_{i=1}^{n}(\text{材料数量})_i}$$

注：1. 式中 i 是指不同材料供应商。

2. 包装费和手续费均已包含在材料原价中。

【例 3-8】 某工地所需的墙面面砖由三个材料供应商供货，其数量和原价如下，试计算墙面砖的加权平均原价（表 3-2）。

表 3-2

供应商	墙面砖数量(m^2)	供货单价(元/m^2)
甲	250	32.00
乙	680	31.50
丙	900	31.20

【解】 墙面砖加权平均原价$=\frac{32.00\times250+31.50\times680+31.20\times900}{250+680+900}=\frac{57500}{1830}$

$=31.42$ 元/m^2

3.3.4　材料运杂费计算

材料运杂费是指在采购材料后运回工地仓库发生的各项费用。包括装卸费、运输费和合理的运输损耗费等。

材料装卸费按行业标准支付。

材料运输费按运输价格计算，若供货来源地不同且供货数量不同时，需要计算加权平均运输费，其计算公式为：

$$加权平均运输费=\frac{\sum_{i=1}^{n}(运输单价\times材料数量)_i}{\sum_{i=1}^{n}(材料数量)_i}$$

材料运输损耗费是指在运输和装卸材料过程中不可避免产生的损耗所发生的费用，一搬按下列公式计算：

材料运输损耗费=(材料原价+装卸费+运输费)×运输损耗率

【例 3-9】 上例墙面砖由三个供应地点供货，根据下列资料计算墙面砖运杂费（见表 3-3）。

表 3-3

供货地点	面砖数量(m^2)	运输单价(元/m^2)	装卸费(元/m^2)	运输损耗率(%)
甲	250	1.20	0.80	1.5
乙	680	1.80	0.95	1.5
丙	900	2.40	0.85	1.5

【解】 (1) 计算加权平均装卸费

$$墙面砖加权平均装卸费=\frac{0.80\times250+0.95\times680+0.85\times900}{250+680+900}=\frac{1611}{1830}$$

$$=0.88元/m^2$$

(2) 计算加权平均运输费

$$墙面砖加权平均运输费=\frac{1.20\times250+1.80\times680+2.40\times900}{250+680+900}=\frac{3684}{1830}$$

$$=2.01元/m^2$$

(3) 计算运输损耗费

$$墙面砖运输损耗费=(31.42+0.88+2.01)\times1.5\%$$

$$=34.31\times1.5\%=0.51元/m^2$$

(4) 计算运杂费

$$墙面砖运杂费=0.88+2.01+0.51=3.40元/m^2$$

3.3.5 材料采购及保管费计算

材料采购及保管费是指施工企业在组织采购材料和保管材料过程中发生的各项费用。包括采购人员的工资、差旅交通费、通信费、业务费、仓库保管的各项费用等。采购及保管费一般按前面各项费用之和乘以一定的费率计算，通常取2%左右。计算公式为：

材料采购及保管费=(材料原价+运杂费)×采购及保管费率

【例 3-10】 上述墙面砖的采购保管费率为 2%，根据前面计算结果计算墙面砖的采购及保管费。

【解】 墙面砖采购及保管费=(31.42+3.40)×2%=34.82×2%=0.70 元/m^2

3.3.6 材料单价汇总

通过以上分析，我们可以知道，材料单价的计算公式为：

$$材料单价=\left(\frac{加权平均}{材料原价}+\frac{加权平均}{材料运杂费}\right)\times\left(1+\frac{采购及保}{管费费率}\right)$$

【例 3-11】 根据已经算出的结果，计算墙面砖的材料单价。

【解】 $\frac{墙面砖}{材料单价}=(31.42+3.40)\times(1+2\%)=35.52$ 元/m^2

或$=31.42+3.40+0.70=35.52$ 元/m^2

3.4　机械台班单价确定

3.4.1　机械台班单价的概念

机械台班单价亦称施工机械台班单价。它是指在单位工作台班中为使机械正常运转所分摊和支出的各项费用。

3.4.2　机械台班单价的费用构成

按现行的规定，机械台班单价由七项费用构成。这些费用按其性质划分为第一类费用和第二类费用。

1. 第一类费用

第一类费用亦称不变费用，是指属于分摊性质的费用，包括折旧费、大修理费、经常修理费、安拆及场外运输费。

2. 第二类费用

第二类费用亦称可变费用，是指属于支出性质的费用，包括燃料动力费、人工费、养路费及车船使用税。

3.4.3　第一类费用计算

1. 折旧费

折旧费是指机械设备在规定的使用期限内（耐用总台班），陆续收回其原值及支付贷款利息等费用。计算公式为：

$$台班折旧费=\frac{机械预算价格\times(1-残值率)+贷款利息}{耐用总台班}$$

式中，若是国产运输机械，则：

$$机械预算价格=销售价\times(1+购置附加费)+运杂费$$

【例 3-12】 6t 载重汽车的销售价为 83000 元，购置附加费率为 10%，运杂费为 5000 元，残值率为 2%，耐用总台班为 1900 个，贷款利息为 4650 元，试计算台班折旧费。

【解】 (1) 求 6t 载重汽车预算价格

6t 载重汽车预算价格$=83000\times(1+10\%)+5000=96300$元

(2) 求台班折旧费

$$\frac{6t载重汽车}{台班折旧费}=\frac{96300\times(1-2\%)+4650}{1900}$$

$$=\frac{99024}{1900}=52.12元/台班$$

2. 大修理费

大修理费是指机械设备按规定的大修理间隔台班进行大修理，以恢复正常使用功能所需支出的费用。计算公式为：

$$台班大修理费=\frac{一次大修理费\times(大修理周期-1)}{耐用总台班}$$

【例 3-13】 6t 载重汽车一次大修理费为 9900 元，大修理周期为 3 个，耐用总台班为 1900 个，试计算台班大修理费。

【解】 $$\begin{array}{c}6t载重汽车\\台班大修理费\end{array}=\frac{9900\times(3-1)}{1900}=\frac{19800}{1900}=10.42元/台班$$

3. 经常修理费

经常修理费是指机械设备除大修理外的各级保养及临时故障所需支出的费用，包括为保障机械正常运转所需替换设备、随机配置的工具、附具的摊销及维护费用，包括机械正常运转及日常保养所需润滑、擦拭材料费用和机械停置期间的维护保养费用等。

台班经常修理费可以用以下简化公式计算：

台班经常修理费＝台班大修理费×经常修理费系数

【例 3-14】 经测算 6t 载重汽车的台班经常修理系数为 5.8，根据上例计算出的台班大修费，计算台班经常修理费。

【解】 6t 载重汽车台班经常修理费＝10.42×5.8＝60.44 元/台班

4. 安拆费及场外运输费

安拆费是指机械在施工现场进行安装、拆卸所需人工、材料、机械和试运转费用，以及机械辅助设施（如行走轨道、枕木等）的折旧、搭设、拆除等费用。

场外运输费是指机械整体或分体自停置地点运至施工现场或由一工地运至另一工地的运输、装卸、辅助材料以及架线费用。计算公式为：

$$\begin{array}{c}台班安拆及\\场外运输费\end{array}=\begin{array}{c}台班辅助\\设施摊销费\end{array}+\frac{\begin{array}{c}机械一次\\安拆费\end{array}\times\begin{array}{c}年平均安\\拆次数\end{array}+\left(\begin{array}{c}一次运输\\装卸费\end{array}+\begin{array}{c}辅助材料\\一次摊销费\end{array}+\begin{array}{c}一次架\\线费\end{array}\right)\times\begin{array}{c}年平均场外\\运输次数\end{array}}{年工作台班}$$

3.4.4 第二类费用计算

1. 燃料动力费

燃料动力费是指机械设备在运转作业中所耗用的各种燃料、电力、风力、水等的费用。计算公式为：

$$\begin{array}{c}台班燃料\\动力费\end{array}=\begin{array}{c}每台班耗用的\\燃料或动力数量\end{array}\times燃料或动力单价$$

【例 3-15】 6t 载重汽车每台班耗用柴油 32.19kg，每 1kg 单价 2.40 元，求台班燃料费。

【解】 6t 汽车台班燃料费＝32.19×2.40＝77.26 元/台班

2. 人工费

人工费是指机上司机、司炉和其他操作人员的工作日工资。计算公式为：

$$台班人工费=\begin{array}{c}机上操作人员\\人工工日数\end{array}\times工日单价$$

【例 3-16】 6t 载重汽车每个台班的机上操作人工工日数为 1.25 个，人工工日单价为 25 元，求台班人工费。

【解】 $\text{6t 载重汽车台班人工费} = 1.25 \times 25 = 31.25\ \text{元/台班}$

3. 养路费及车船使用税

是指按国家规定缴纳的养路费和车船使用税。计算公式为：

$$\text{台班养路费及车船使用税} = \frac{\text{载重量或核定吨位} \times \left\{\text{养路费}[\text{元/(t·月)}] \times 12 + \text{车船使用税}[\text{元/(t·车)}]\right\}}{\text{年工作台班}} + \text{保险费及年检费}$$

$$\text{保险费及年检费} = \frac{\text{年保险费及年检费}}{\text{年工作台班}}$$

【例 3-17】 6t 载重汽车每月应缴纳养路费 150 元/t，每年应缴纳保险费 900 元、车船使用税 50 元/t，每年工作台班 240 个，保险费及年检费共计 2000 元，计算台班养路费及车船使用税。

【解】 $$\text{6t 载重汽车养路费及车船使用税} = \frac{6 \times (150 \times 12 + 50) + 900}{240} + \frac{2000}{240} = \frac{14000}{240} = 58.33\text{元/台班}$$

3.4.5　机械台班单价计算表

将上述 6t 载重汽车台班单价的计算过程汇总在机械台班单价计算表内（表3-4）。

机械台班单价计算表　　**表 3-4**

单位：台班

项　目		6t 载重汽车		
		单　位	金　额	计　算　式
台班单价		元	289.82	122.98+166.84=289.82
第一类费用	折旧费	元	52.12	$\frac{96300 \times (1-2\%) + 4650}{1900} = 52.12$
	大修理费	元	10.42	9900×(3−1)÷1900=10.42
	经常修理费	元	60.44	10.42×5.8* =60.44
	安拆及场外运输费	元	—	—
小　计		元	122.98	
第二类费用	燃料动力费	元	77.26	32.19×2.40=77.26
	人工费	元	31.25	1.25×25.00=31.25
	养路费及车船使用税	元	58.33	$\frac{6 \times (150 \times 12 + 50) + 900 + 2000}{240} = 58.33$
小　计		元	166.84	

注：带“*”号为取定值。

思考题与习题

1. 什么是工资标准？
2. 什么是工资等级系数？
3. 如何计算综合平均工资标准？
4. 材料单价的概念。
5. 材料单价由哪些费用构成？
6. 如何计算材料原价？
7. 如何计算材料运杂费？
8. 如何计算材料采购保管费？
9. 机械台班单价的费用构成。
10. 什么是第一类费用？
11. 什么是第二类费用？

教学单元4　定额计价方式确定市政工程造价

【教学目标】 通过对预算分类、施工图预算费用构成、土石方工程量计算规则、围堰工程量计算规则、脚手架工程量计算规则、护坡工程量计算规则、桥涵工程量计算规则、给水排水工程量计算规则等知识点的学习，学生掌握土石方工程量、围堰工程量、脚手架工程量、护坡工程量、桥涵工程量、给水排水工程量等定额工程量计算方法与技能及施工图预算的编制方法与技能。

定额计价方式是指采用编制预算的方式来确定市政工程造价。

广义的预算包括设计概算、施工图预算和施工预算。狭义的预算单指施工图预算。

4.1　概　　述

4.1.1　预算的分类

1. 设计概算

设计概算一般在设计阶段编制，是设计单位根据扩大初步设计图纸（或施工图）、概算指标或概算定额及有关费用定额编制的确定工程概算造价的文件，是工程投资的控制文件。

2. 施工图预算

市政工程施工图预算是施工单位在开工前，根据施工图、施工方案、市政工程预算定额、费用定额等编制的确定工程预算造价的文件。该文件是招标人编制工程标底和施工单位办理工程结算的依据。市政工程预算一般由施工单位编制，当作为工程标底时可由建设单位负责编制。

3. 施工预算

施工预算根据施工图、施工方案、企业定额编制用于控制工程造价的文件。

施工预算由施工单位编制，是企业签发施工任务单、限额领料单、考核劳动成果的依据。

4.1.2　施工图预算的费用组成

施工图预算费用亦称施工图预算造价，是指构成发承包工程预算造价的各项费用，根据《建筑安装工程费用项目组成》建标［2013］44号文件确定。

为了加强建设项目投资管理和适应建筑市场的发展、有利于合理确定和控制工程造价、提高建设投资效益，国家统一了建筑安装工程费用划分的口径。这一做法使得设计单位、业主、承包商、监理单位、造价咨询公司、招标代理公司、政府主管及监督部门各方，在编制设计概算、施工图预算、建设工程招标文件、编制招标控制价、编制投标报价、确定工程承包价、工程成本核算、工程结构等方面有了统一的标准。

1. 按照费用构成要素划分

建筑安装工程费按照费用构成要素划分由直接费、间接费、利润和税金组成。

(1) 直接费

直接费由人工费、材料费、施工机械使用费组成。

1) 人工费

人工费是指按工资总额构成规定，支付给从事工程施工的生产工人和附属生产单位的各项费用。内容包括：

① 计时工资或计件工资：按计时工资标准和工作时间或已做工作按计件单价支付给个人的劳动报酬。

② 津贴、补贴：为了补偿职工特殊或额外的劳动消耗和因其他特殊原因支付给个人的津贴，以及为了保证职工工资水平不受物价影响支付给个人的物价补贴，如流动施工津贴、高温作业临时津贴、高空津贴等。

③ 特殊情况下支付的工资：根据国家法律、法规和政策规定，因病、工伤、产假、计划生育假、婚丧假、事假、探亲假、定期休假、停工学习、执行国家或社会义务等原因按计时工资标准或计时工资标准的一定比例支付的工资。

2) 材料费

材料费是指施工过程中耗费的原材料、辅助材判、构配件、零件、半成品或成品的费用和周转使用材料的摊销（或租赁）费用。内容包括：

① 材料原价：材料的出厂价格或商家供应价格。

② 运杂费：材料自来源地运至工地仓库或指定堆放地点所发生的全部费用。

③ 运输损耗费：材料在运输装卸过程中不可避免的损耗。

④ 采购及保管费：为组织采购、供应、保管材料的过程中所需要的各项费用，包括采购费、仓储费、工地保管费、仓储损耗等。

3) 施工机械使用费

施工机械使用费是指施工作业所发生的机械使用费以及机械安拆费和场外运输费或其租赁费。由下列七项费用组成：

① 折旧费：施工机械在规定的使用年限内，陆续收回其原值的费用及购置资金的时间价值。

② 大修理费：施工机械按规定的大修理间隔台班进行必要的大修理，以恢复其正常功能所需的费用。

③ 经常修理费：施工机械除大修理以外的各级保养和临时故障排除所需的费用。包括为保障机械正常运转所需替换设备与随机配备工具附具的摊销和维护费用，机械运转中日常保养所需润滑与擦拭的材料费用及机械停滞期间的维护和保养费用等。

④ 安拆费及场外运费。安拆费指施工机械（大型机械另计）在现场进行安装与拆卸所需的人工、材料、机械和试运转费用以及机械辅助设施的拆旧、搭设、拆除等费用；场外运费指施工机械整体或分体自停放地点运至施工现场或由一施工地点运至另施工地点的运输、装卸、辅助材料及架线等费用。

⑤ 人工费：机上司机和其他操作人员的人工费。

⑥ 燃料动力费：施工机械在运转作业中所消耗的各种燃料及水、电等。

⑦ 税费：施工机械按照国家规定应缴纳的车船使用税、保险费及年检费等。

（2）间接费

间接费由企业管理费和规费组成。

1）企业管理费

企业管理费是指施工企业组织施工生产和经营管理所需的费用。内容包括：

① 管理人员工资：按规定支付给管理人员的计时工资、津贴补贴、加班加点工资及特殊情况下支付的工资等。

② 办公费：企业管理办公用的文具、纸张、账表、印刷、邮电、书报、办公软件、现场监控、会议、水电、烧水和集体取暖降温（包括现场临时舍取暖降温）等费用。

③ 差旅交通费：职工因公出差、调动工作的差旅费、住勤补助费，市内交通费和误餐补助费，职工探亲路费，劳动力招募费，职工退休、退职一次性路费，工伤人员就医路费，工地转移费以及管理部门使用的交通工具的油料、燃料等费用。

④ 固定资产使用费：管理和附属生产单位使用的属于固定资产的房屋、设备、仪器等的折旧、大修、维修或租赁费。

⑤ 工具用具使用费：企业管理使用的多属于固定资产的工具、器具、家具、交通工具、测绘、消防用具等的购置、维修和摊销费。

⑥ 劳动保险和职工福利费：由企业支付的职工退职金、按规定支付给离休干部的经费，集体福利费、冬季取暖补贴、上下班交通补贴等。

⑦ 劳动保护费：企业按规定发放的劳动保护用品的支出，如工作服、手套、防暑降温饮料以及在有碍身体健康的环境中施工的保健费用等。

⑧ 检验试验费：施工企业按照有关标准规定，对建筑以及材料、构件和建筑安装物进行一般鉴定、检查所发生的费用，包括自设试验室进行试验所耗用的材料等费用。不包括新结构、新材料的试验费，对构件做破坏性试验及其他特殊要求检验试验的费用和建设单位委托检测机构进行检测的费用，对此类检测发生的费用，由建设单位在工程建设其他费用中列支。但对施工企业提供的具有合格证明的材料进行检测不合格的，该检测费用由施工企业支付。

⑨ 工会经费：企业按《工会法》规定的全部职工工资总额比例计提的工会经费。

⑩ 职工教育经费：按职工工资总额的规定比例计提，企业为职工进行专业技术和职业技能培训，专业技术人员继续教育、职工职业技能鉴定、职业资格认定以及根据需要对职工进行各类文化教育所发生的费用。

⑪ 财产保险费：施工管理用财产、车辆等的保险费用。

⑫ 财务费：企业为施工生产筹集资金或提供预付款担保、履约担保、职工工资支付担保等所发生的各种费用。

⑬ 税金：企业按规定缴纳的房产税、非施工机械车船使用税、土地使川税、印花税等。

⑭ 其他：包括技术转让费、技术开发费、投标费、业务招待费、绿化费、广告费、公证费、法律顾问费、审计费、咨询费、保险费等。

2）规费

规费是指按国家法律、法规规定，由省级政府和省级有关权力部门规定必须缴纳或计取的费用。包括：

① 社会保险费：包括养老保险费、失业保险费、医疗保险费、生育保险费、工伤保险费。

② 住房公积金：企业按规定标准为职工缴纳的住房公积金。

③ 工程排污费：企业按规定缴纳的施工现场工程排污费。

其他应列而未列入的规费，按实际发生计取。

（3）利润

利润是指施工企业完成所承包上程获得的盈利。

（4）税金

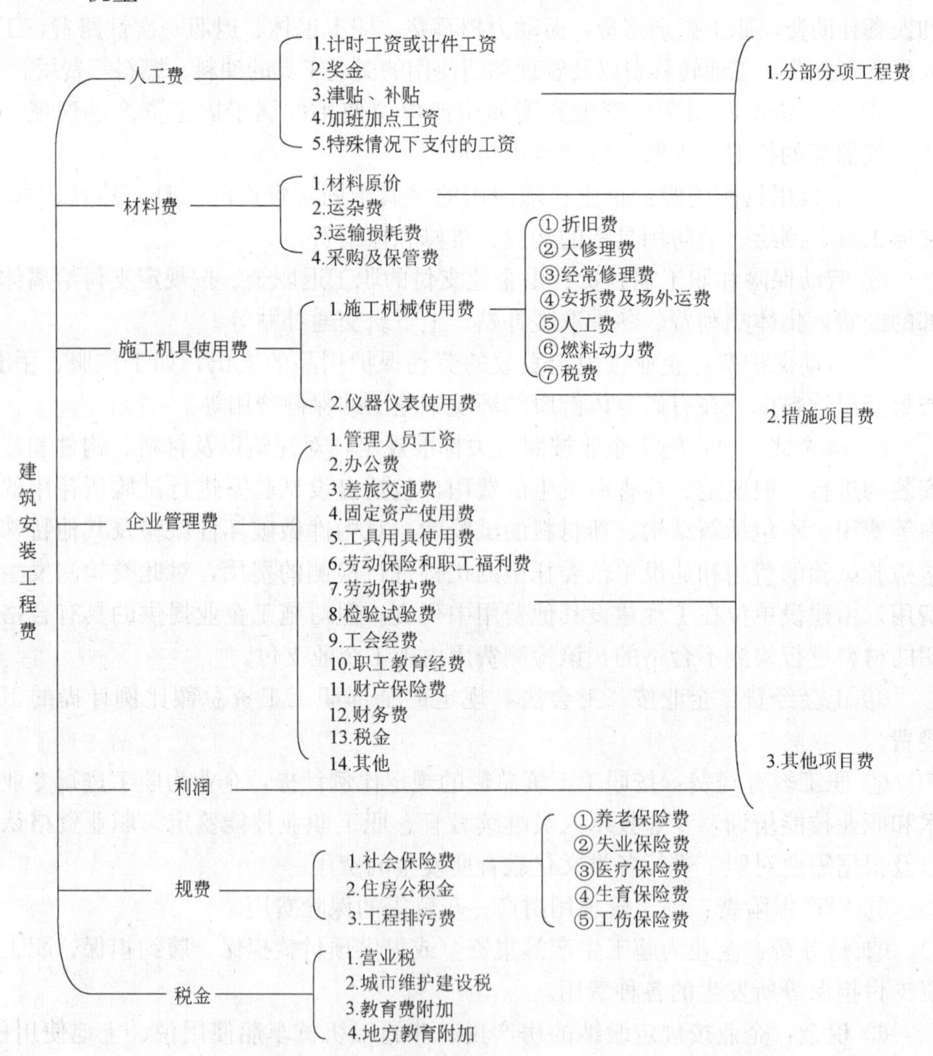

图 4-1　建筑安装工程费用项目组成表（按费用构成要素划分）

是指国家税法规定的应计入建筑安装工程造价内的营业税、城市维护建设税、教育费附加以及地方教育附加。

按照现行规定，建筑安装工程费用（施工图预算费用）可以由直接费、间接费、利润和税金构成，如图4-1所示。其中，直接费与间接费之和称为工程成本。

2. 建筑安装工程费按照工程造价形成划分

建筑安装工程费按照工程造价形成由分部分项工程费、措施项目费、其他项目费、规费、税金组成。

分部分项工程费、措施项目费、其他项目费均包含人工费、材料费、施工机具使用费、企业管理费和利润，如图4-2所示。

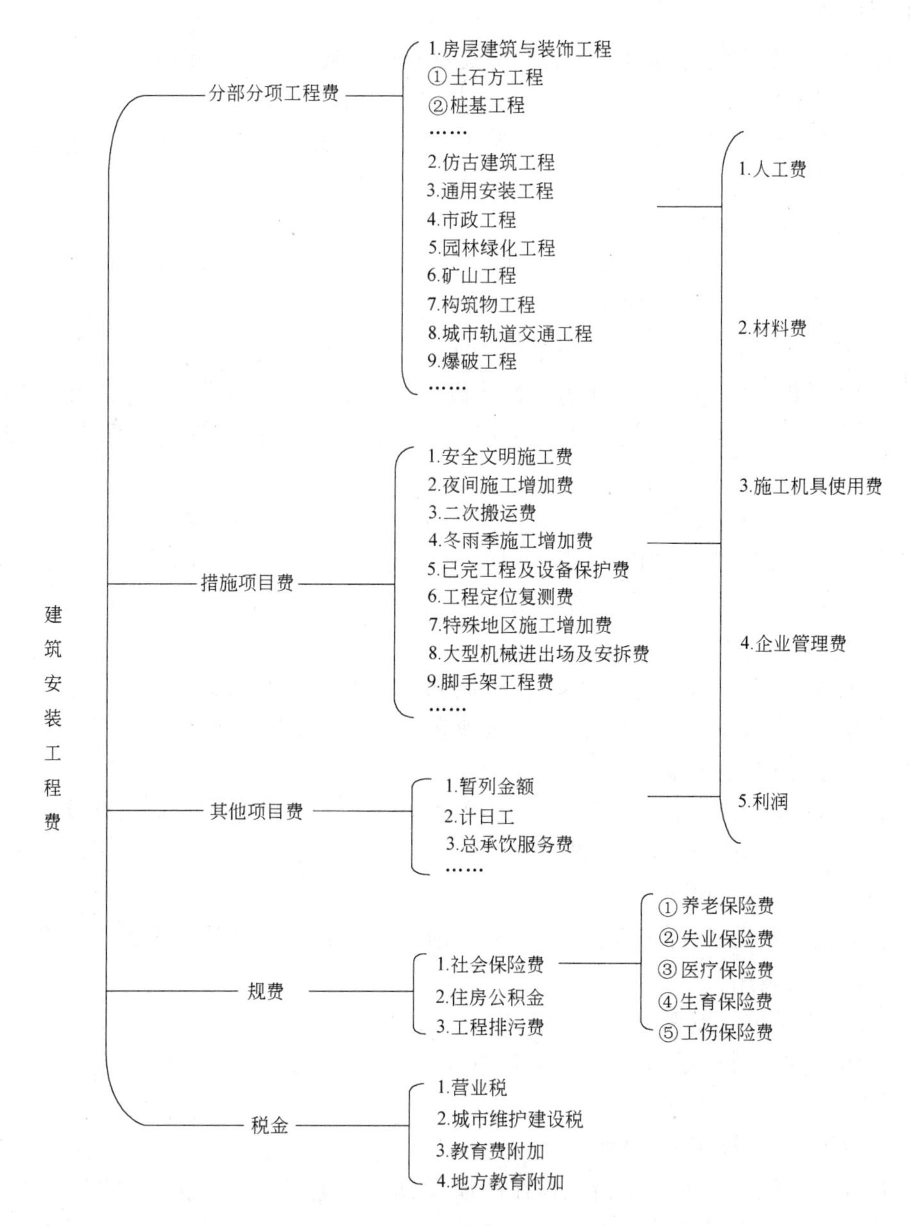

图4-2　建筑安装工程费用项目组成表（按造价形成划分）

（1）分部分项工程费

分部分项工程费是指各专业工程的分部分项工程应予列支的各项费用。

1）专业工程

专业工程是指按现行国家计量规范划分的房屋建筑与装饰工程、仿古建筑工程、通用安装工程、市政工程、园林绿化工程、矿山工程、构筑物工程、城市轨道交通工程、爆破工程等各类工程。

2）分部分项工程

分部分项工程指按现行国家计量规范对各专业工程划分的项目，如房屋建筑与装饰工程划分的土石方工程、地基处理与桩基工程、砌筑工程、钢筋及钢筋混凝土工程等。

各类专业工程的分部分项工程划分见现行国家或行业计量规范。

（2）措施项目费

措施项目费是指为完成建设工程施工，发生于该工程施工前和施工过程中的技术、生活、安全、环境保护等方面的费用。内容包括：

1）安全文明施工费

① 环境保护费：施工现场为达到环保部门要求所需要的各项费用。

② 文明施工费：施工现场文明施工所需要的各项费用。

③ 安全施工费：施工现场安全施工所需要的各项费用。

④ 临时设施费：施工企业为进行建设工程施工所必须搭设的生活和生产用的临时建筑物、构筑物和其他临时设施费用，包括临时设施的搭设、维修、拆除、消理费或摊销费等。

2）夜间施工增加费

夜间施工增加费是指因夜间施工所发生的夜班补助费、夜间施工降效、夜间施工照明设备摊销及照明用电等费用。

3）二次搬运费

二次搬运费是指因施工场地条件限制而发生的材料、构配件、半成品等一次运输不能到达堆放地点，必须进行二次或多次搬运所发生的费用。

4）冬、雨季施工增加费

冬、雨季施工增加费是指在冬季或雨季施工需增加的临时设施、防滑、排除雨雪，人工及施工机械效率降低等费用。

5）已完工程及设备保护费

已完工程及设备保护费是指竣工验收前，对已完工程及设备采取的必要保护措施所发生的费用。

6）工程定位复测费

工程定位复测费是指工程施工过程中进行全部施工测量放线和复测工作的费用。

7）特殊地区施工增加费

特殊地区施工增加费是指工程在沙漠或其边缘地区、高海拔、高寒、原始森林等特殊地区施工增加的费用。

8）大型机械设备进出场及安拆费

大型机械设备进出场及安拆费是指机械整体或分体自停放场地运至施工现场或由一个施工地点运至另一个施工地点，所发生的机械进出场运输转移费用及机械在施工现场进行安装、拆卸所需的人工费、材料费、机械费、试运转费和安装所需的辅助设施的费用。

9）脚手架工程费

脚手架工程费是指施工需要的各种脚手架搭、拆、运输费用以及脚手架购置费的摊销（或租赁）费用。

措施项目及其包含的内容详见各类专业工程的现行国家或行业计量规范。

（3）其他项目费

1）暂列金额

暂列金额是指建设单位在工程量清单中暂定并包括在工程合同价款中的一笔款项。用于施工合同签订时尚未确定或者不可预见的所需材料、工程设备、服务的采购，施工中可能发生的工程变更、合同约定调整因素出现时的工程价款调整以及发生的索赔、现场签证确认等的费用。

2）计日工

计日工是指在施工过程中，施工企业完成建设单位提出的施工图纸以外的零星项目或工作所需的费用。

3）总承包服务费

总承包服务费是指总承包人为配合、协调建设单位进行的专业工程发包，对建设单位自行采购的材料、工程设备等进行保管以及施工现场管理、竣工资料汇总整理等服务所需的费用。

（4）规费

规费定义同“费用构成要素划分”。

（5）税金

税金定义同“费用构成要素划分”。

4.2　工程量计算规则

4.2.1　土石方

（1）本章（《市政工程预算定额》下同）定额的土、石方体积均以天然密实体积（自然方）计算，回填土按碾压后的体积（实方）计算，土方体积换算见表4-1。

土方体积换算表　　　　**表4-1**

虚方体积	天然密实度体积	夯实后体积	松填体积
1.00	0.77	0.67	0.83
1.30	1.00	0.87	1.08
1.50	1.15	1.00	1.25
1.20	0.92	0.80	1.00

（2）土方工程量按图纸尺寸计算，修建机械上下坡的便道土方量并入土方工

程量内。石方工程量按图纸尺寸加允许超挖量。开挖坡面每侧允许超挖量：松、次坚石 20cm，普、特坚石 15cm。

（3）夯实土堤按设计断面计算。清理土堤基础按设计规定以水平投影面积计算，清理厚度为 30cm 内，废土运距按 30m 计算。

（4）人工挖土堤台阶工程量，按挖前的堤坡斜面积计算，运土应另行计算。

（5）人工铺草皮工程量以实际铺设的面积计算，花格铺草皮中的空格部分不扣除。花格铺草皮，设计草皮面积与定额不符时可以调整草皮数量，人工按草皮增加比例增加，其余不调整。

（6）管道接口作业坑和沿线各种井室所需增加开挖的土石方工程量按有关规定如实计算。管沟回填土应扣除管径在 200mm 以上的管道、基础、垫层和各种构筑物所占的体积。

（7）挖土放坡和沟、槽底加宽应按图纸尺寸计算，如无明确规定，可按表4-2和表 4-3 计算。

放坡系数 **表 4-2**

土壤类别	放坡起点深度（m）	机械开挖		人工开挖
		坑内作业	坑上作业	
一、二类土	1.20	1∶0.33	1∶0.75	1∶0.50
三类土	1.50	1∶0.25	1∶0.67	1∶0.33
四类土	2.00	1∶0.10	1∶0.33	1∶0.25

管沟底部每侧工作面宽度（cm） **表 4-3**

普通结构宽（cm）	混凝土管道基础≤90°	混凝土管道基础>90°	金属管道	构筑物	
				无防潮层	有防潮层
50 以内	40	40	30	40	60
100 以内	50	50	40		
250 以内	60	50	40		

挖土交接处产生的重复工程量不扣除。如在同一断面内遇有数类土壤，其放坡系数可按各类土占全部深度的百分比加权计算。

管道结构宽：无管座按管道外径计算，有管座按管道基础外缘计算，构筑物按基础外缘计算，如设挡土板则每侧增加 10cm。

（8）土石方运距应以挖土重心至填土重心或弃土重心最近距离计算，挖土重心、填土重心、弃土重心按施工组织设计确定。如遇下列情况应增加运距：

1）人力及人力车运土、石方上坡坡度在 15%以上，推土机、铲运机重车上坡坡度大于 5%，斜道运距按斜道长度需乘以系数（表 4-4）。

系数表 **表 4-4**

项　目	推土机、铲运机				人力及人力车
坡度(%)	5～10	15 以内	20 以内	25 以内	15 以上
系数	1.75	2	2.25	2.5	5

2）采用人力垂直运输土、石方，垂直深度每米折合水平运距 7m 计算。

3）拖式铲运机 $3m^3$ 加 27m 转向距离，其余型号铲运机加 45m 转向距离。

（9）沟槽、基坑、平整场地和一般土石方的划分：底宽 7m 以内，底长大于底宽 3 倍以上按沟槽计算；底长小于底宽 3 倍以内按基坑计算，其中基坑底面积在 $150m^2$ 以内执行基坑定额。厚度在 30cm 以内就地挖、填土按平整场地计算。超过上述范围的土、石方按挖土方和石方计算。

（10）机械挖土方中如需人工辅助开挖（包括切边、修整底边），机械挖土按实挖土方量计算，人工挖土土方量按实套相应定额乘以系数 1.5。

（11）人工装土汽车运土时，汽车运土定额乘以系数 1.1。

（12）土壤及岩石分类见土壤及岩石（普氏）分类表。

4.2.2　打拔工具桩

（1）圆木桩：按设计桩长 L（检尺长）和圆木桩小头直径 D（检尺径）查《木材、立木材积速算表》，计算圆木桩体积。

（2）钢板桩：以 t 为单位计算。

钢板桩使用费＝钢板桩定额使用量×使用天数×钢板桩使用费标准（元/t・d）

（3）凡打断、打弯的桩，均需拔除重打，但不重复计算工程量。

（4）竖、拆打拔桩架次数，按施工组织设计规定计算。如无规定时按打桩的进行方向：双排桩每 100 延长米、单排桩每 200 延长米计算一次，不足一次者均各计算一次。

（5）打拔桩土质类别的划分，见打拔桩土质类别划分表。

4.2.3　围堰工程

（1）围堰工程分别采用立方米和延长米计量。

（2）用立方米计算的围堰工程按围堰的施工断面乘以围堰中心线的长度。

（3）以延长米计算的围堰工程按围堰中心线的长度计算。

（4）围堰高度按施工期内的最高临水面加 0.5m 计算。

（5）草袋围堰如使用麻袋、尼龙袋装土其定额消耗量应乘以调整系数，调整系数为：装 $1m^3$ 土需用麻袋或尼龙袋数除以 17.86。

4.2.4　拆除工程

（1）拆除旧路及人行道按实际拆除面积以“m^2”计算。

（2）拆除侧缘石及各类管道按长度以“m”计算。

（3）拆除构筑物及障碍物按体积以“m^3”计算。

（4）伐树、挖树蔸按实挖数以棵计算。

（5）路面凿毛、路面铣刨按施工组织设计的面积以“m^2”计算。铣刨路面厚度大于 5cm 须分层铣刨。

4.2.5　脚手架及其他工程

（1）脚手架工程量按墙面水平边线长度乘以墙面砌筑高度以“m^2”计算。柱形砌体按图示柱结构外围周长另加 3.6m 乘以砌筑高度以“m^2”计算。浇混凝土用仓面脚手架按仓面的水平面积以“m^2”计算。

（2）轻型井点 50 根为一套；喷射井点 30 根为一套；大口径井点以 10 根为一套。井点使用定额单位为“套天”，累计根数不足一套者作一套计算，一天系按

24h计算。井管的安装、拆除以“根”计算。

4.2.6 护坡、挡土墙

(1) 块石护底、护坡以不同平面厚度按“m^3”计算。

(2) 浆砌料石、预制块的体积按设计断面以“m^3”计算。

(3) 浆砌台阶以设计断面的实砌体积计算。

(4) 砂石滤沟按设计尺寸以“m^3”计算。

4.2.7 道路工程

道路工程路床（槽）碾压宽度计算应按设计车行道宽度另计两侧加宽值，加宽值的宽度由各省自治区、直辖市自行确定，以利路基的压实。

(1) 道路工程路基应按设计车行道宽度另计两侧加宽值，加宽值的宽度由各省、自治区、直辖市自行确定。

(2) 道路工程石灰土、多合土养生面积计算，按设计基层、顶层的面积计算。

(3) 道路基层计算不扣除各种井位所占的面积。

(4) 道路工程的侧缘（平）石、树池等项目以延米计算，包括各转弯处的弧形长度。

(5) 水泥混凝土路面以平口为准，如设计为企口时，其用工量按本定额相应项目乘以系数1.01。木材摊销量按本定额相应项目摊销量乘以系数1.051。

(6) 道路工程沥青混凝土、水泥混凝土及其他类型路面工程量以设计长乘以设计宽计算（包括转弯面积），不扣除各类井所占面积。

(7) 伸缩缝以面积为计量单位。此面积为缝的断面积，即设计宽×设计厚。

(8) 道路面层按设计图所示面积（带平石的面层应扣除平石面积）以“m^2”计算。

人行道板、异型彩色花砖安砌面积按实铺面积计算。

4.2.8 桥涵工程

1. 打桩

(1) 钢筋混凝土方桩、板桩按桩长度（包括桩尖长度）乘以桩横断面面积计算；

(2) 钢筋混凝土管桩按桩长度（包括桩尖长度）乘以桩横断面面积，减去空心部分体积计算；

(3) 钢管桩按成品桩考虑，以吨计算。

2. 焊接桩型钢用量可按实调整

3. 送桩

(1) 陆上打桩时，以原地面平均标高增加1m为界线，界线以下至设计桩顶标高之间的打桩实体积为送桩工程量。

(2) 支架上打桩时，以当地施工期间的最高潮水位增加0.5m为界线，界线以下至设计桩顶标高之间的打桩实体积为送桩工程量。

(3) 船上打桩时，以当地施工期间的平均水位增加1m为界线，界线以下至设计桩顶标高之间的打桩实体积为送桩工程量。

(4) 灌注桩成孔工程量按设计入土深度计算。定额中的孔深指护筒顶至桩底的深度。成孔定额中同一孔内的不同土质，不论其所在的深度如何，均执行总孔深定额。

（5）人工挖桩孔土方工程量按护壁外缘包围的面积乘以深度计算。

（6）灌注桩水下混凝土工程量按设计桩长增加1.0m乘以设计横断面面积计算。

（7）灌注桩工作平台按本册（《市政工程预算定额》下同）第九章有关项目计算。

（8）钻孔灌注桩钢筋笼按设计图纸计算，套用本册第四章钢筋工程有关项目。

（9）钻孔灌注桩需使用预埋铁件时，套用本册第四章钢筋工程有关项目。

（10）砌筑工程量按设计砌体尺寸以立方米体积计算，嵌入砌体中的钢管、沉降缝、伸缩缝以及单孔面积0.3m^{2}以内的预留孔所占体积不予扣除。

（11）拱圈底模工程量按模板接触砌体的面积计算。

（12）钢筋按设计数量套用相应定额计算（损耗已包括在定额中）。设计未包括施工用筋经建设单位同意后可另计。

（13）T形梁连接钢板项目按设计图纸，以"t"为单位计算。

（14）锚具工程量按设计用量乘以下列系数计算：

锥形锚：1.05；OVM锚：1.05；墩头锚：1.00。

（15）管道压浆不扣除钢筋体积。

（16）混凝土工程量按设计尺寸以实体积计算（不包括空心板、梁的空心体积），不扣除钢筋、铁丝、铁件、预留压浆孔道和螺栓所占的体积。

（17）模板工程量按模板接触混凝土的面积计算。

（18）现浇混凝土墙、板上单孔面积在0.3m^{2}以内的孔洞体积不予扣除，洞侧壁模板面积亦不再计算；单孔面积在0.3m^{2}以上时，应予扣除，洞侧壁模板面积并入墙、板模板工程量之内计算。

4. 混凝土工程量计算

（1）预制桩工程量按桩长度（包括桩尖长度）乘以桩横断面面积计算。

（2）预制空心构件按设计图尺寸扣除空心体积，以实体积计算。空心板梁的堵头板体积不计入工程量内，其消耗量已在定额中考虑。

（3）预制空心板梁，凡采用橡胶囊做内模的，考虑其压缩变形因素，可增加混凝土数量，当梁长在16m以内时，可按设计计算体积增加7%，若梁长大于16m时，则增加9%计算。如设计图已注明考虑橡胶囊变形时，不得再增加计算。

（4）预应力混凝土构件的封锚混凝土数量并入构件混凝土工程量计算。

5. 模板工程量计算

（1）预制构件中预应力混凝土构件及T形梁、I形梁、双曲拱、桁架拱等构件均按模板接触混凝土的面积（包括侧模、底模）计算。

（2）灯柱、端柱、栏杆等小型构件按平面投影面积计算。

（3）预制构件中非预应力构件按模板接触混凝土的面积计算，不包括胎、地模。

(4) 空心板梁中空心部分，本定额均采用橡胶囊抽拔，其摊销量已包括在定额中，不再计算空心部分模板工程量。

(5) 空心板中空心部分，可按模板接触混凝土的面积计算工程量。

6. 预制构件中的钢筋混凝土桩、梁及小型构件，可按混凝土定额基价的2%计算其运输、堆放、安装损耗，但该部分不计材料用量。

7. 箱涵滑板下的肋楞，其工程量并入滑板内计算。

8. 箱涵混凝土工程量，不扣除单孔面积0.3m^{2}以下的预留孔洞体积。

9. 顶柱、中继间护套及挖土支架均属专用周转性金属构件，定额中已按摊销量计列，不得重复计算。

10. 箱涵顶进定额分空顶、无中继间实土顶和有中继间实土顶三类，其工程量计算如下：

(1) 空顶工程量按空顶的单节箱涵重量乘以箱涵位移距离计算；

(2) 实土顶工程量按被顶箱涵的重量乘以箱涵位移距离分段累计计算。

11. 气垫只考虑在预制箱涵底板上使用，按箱涵底面积计算。气垫的使用天数由施工组织设计确定，但采用气垫后在套用顶进定额时应乘以系数0.7。

12. 本章定额安装预制构件以立方米为计量单位的，均按构件混凝土实体积(不包括空心部分)计算。

13. 驳船不包括进出场费，其元/(吨·天)单价由各省、自治区、直辖市确定。

本章定额除金属面油漆以吨计算外，其余项目均按装饰面积计算。

4.2.9 给水工程

(1) 管道安装均按施工图中心线的长度计算(支管长度从主管中心开始计算到支管末端交接处的中心)，管件、阀门所占长度已在管道施工损耗中综合考虑，计算工程量时均不扣除其所占长度。

(2) 管道安装均不包括管件(指三通、弯头、异径管)、阀门的安装，管件安装执行本册有关定额。

(3) 遇有新旧管连接时，管道安装工程量计算到碰头的阀门处，但阀门及与阀门相连的承(插)盘短管、法兰盘的安装均包括在新旧管连接定额内，不再另计。

管道内防腐按施工图中心线长度计算，计算工程量时不扣除管件、阀门所占的长度，但管件、阀门的内防腐也不另行计算。

管件、分水栓、马鞍卡子、二合三通、水表的安装按施工图数量以“个”或“组”为单位计算。

(4) 各种井均按施工图数量，以“座”为单位。

(5) 管道支墩按施工图以实体积计算，不扣除钢筋、铁件所占的体积。

大口井内套管、辐射井管安装按设计图中心线长度计算。

4.2.10 排水工程

(1) 各种角度的混凝土基础、混凝土管、缸瓦管铺设，井中至井中的中心扣除检查井长度，以延长米计算工程量。每座检查井扣除长度按表4-5计算。

检查井扣除长度表　　表4-5

检查井规格(mm)	扣除长度(m)	检查井规格(mm)	扣除长度(m)
φ700	0.4	各种矩形井	1.0
φ1000	0.7	各种交汇井	1.20
φ1250	0.95	各种扇形井	1.0
φ1500	1.20	圆形跌水井	1.60
φ2000	1.70	矩形跌水井	1.70
φ2500	2.20	阶梯式跌水井	按实扣

(2) 管道接口区分管径和做法，以实际接口个数计算工程量。

(3) 管道闭水试验，以实际闭水长度计算，不扣各种井所占长度。

(4) 管道出水口区分形式、材质及管径，以“处”为单位计算。

(5) 各种井按不同井深、井径以“座”为单位计算。

(6) 各类井的井深按井底基础以上至井盖顶计算。

(7) 本章所列各项目的工程量均以施工图为准计算，其中：

1) 砌筑按计算体积，以“$10m^3$”为单位计算。

2) 抹灰、勾缝以“$100m^2$”为单位计算。

3) 各种井的预制构件以实体积“m^3”计算，安装以“套”为单位计算。

4) 井、渠垫层、基础按实体积以“$10m^3$”计算。

5) 沉降缝应区分材质按沉降缝的断面积或铺设长度分别以“$100m^2$”和“100m”计算。

6) 各类混凝土盖板的制作按实体积以“m^3”计算，安装应区分单件（块）体积，以“$10m^3$”计算。

(8) 检查井筒的砌筑适用于混凝土管道井深不同的调整和方沟井筒的砌筑，区分高度以“座”为单位计算，高度与定额不同时采用每增减0.5m计算。

(9) 方沟（包括存水井）闭水试验的工程量，按实际闭水长度的用水量，以“$100m^3$”计算。

(10) 工作坑土方区分挖土深度，以挖方体积计算。

(11) 各种材质管道的顶管工程量，按实际顶进长度，以延长米计算。

(12) 顶管接口应区分操作方法、接口材质分别以口的个数和管口断面积计算工程量。

(13) 钢板内、外套环的制作，按套环重量以“t”为单位计算。

(14) 沉井垫木按刃脚中心线以“100延长米”为单位。

(15) 沉井井壁及隔墙的厚度不同，如上薄下厚时，可按平均厚度执行相应定额。

(16) 钢筋混凝土各类构件均按图示尺寸，以混凝土实体积计算，不扣除$0.3m^2$以内的孔洞体积。

(17) 各类池盖中的进入孔、透气孔盖以及与盖相连接的结构，工程量合并在池盖中计算。

(18) 平底池的池底体积，应包括池壁下的扩大部分；池底带有斜坡时，斜坡部分应按坡底计算；锥形底应算至壁基梁底面，无壁基梁者算至锥底坡的上口。

(19) 池壁分别按不同厚度计算体积，如上薄下厚的壁，以平均厚度计算。池壁高度应自池底板面算至池盖下面。

(20) 无梁盖柱的柱高，应自池底上表面算至池盖的下表面，并包括柱座、柱帽的体积。

(21) 无梁盖应包括与池壁相连的扩大部分的体积；肋形盖应包括主、次梁及盖部分的体积；球形盖应自池壁顶面以上，包括边侧梁的体积在内。

(22) 沉淀池水槽，系指池壁上的环形溢水槽及纵横U形水槽，但不包括与水槽相连接的矩形梁，矩形梁可执行梁的相应项目。

(23) 预制钢筋混凝土滤板按图示尺寸区分厚度以“$10m^3$”计算，不扣除滤头套管所占体积。

(24) 除钢筋混凝土滤板外其他预制混凝土构件均按图示尺寸以“m^3”计算，不扣除$0.3m^2$以内孔洞所占体积。

(25) 折板安装区分材质均按图示尺寸以“m^2”计算。

(26) 稳流板安装区分材质不分断面均按图示长度以“延长米”计算。

(27) 滤料铺设：各种滤料铺设均按设计要求的铺设平面乘以铺设厚度以“m^3”计算，锰砂、铁矿石滤料以“10t”计算。

(28) 各种防水层按实铺面积，以“$100m^2$”计算，不扣除$0.3m^2$以内孔洞所占面积。

(29) 平面与立面交接处的防水层，其上卷高度超过500mm时，按立面防水层计算。

(30) 施工缝：各种材质的施工缝填缝及盖缝均不分断面按设计缝长以“延长米”计算。

(31) 井、池渗漏试验：井、池的渗漏试验区分井、池的容量范围，以“$1000m^3$”水容量计算。

(32) 格栅除污机、滤网清污机、搅拌机械、曝气机、生物转盘、带式压滤机均区分设备重量，以“台”为计量单位，设备重量均包括设备带有的电动机的重量在内。

(33) 螺旋泵、水射器、管式混合器、辊压转鼓式污泥脱水机、污泥造粒脱水机均区分直径以“台”为计量单位。

(34) 排泥、撇渣和除砂机械均区分跨度或池径按“台”为计量单位。

(35) 闸门及驱动装置，均区分直径或长×宽以“座”为计量单位。

(36) 曝气管不分曝气池和曝气沉砂池，均区分管径和材质按“延长米”为计量单位。

(37) 集水槽制作安装分别按碳钢、不锈钢，区分厚度按“$10m^2$”为计量单位。

（38）集水槽制作、安装以设计断面尺寸乘以相应长度以"m^2"计算，断面尺寸应包括需要折边的长度，不扣除出水孔所占面积。

（39）堰板制作分别按碳钢、不锈钢区分厚度按"$10m^2$"为计量单位。

（40）堰板安装分别按金属和非金属区分厚度按"$10m^2$"计量。金属堰板适用于碳钢、不锈钢，非金属堰板适用于玻璃钢和塑料。

（41）齿型堰板制作安装按堰板的设计宽度乘以长度以"m^2"计算，不扣除齿型间隔空隙所占面积。

（42）穿孔管钻孔项目，区分材质按管径以"100个孔"为计量单位。钻孔直径是综合考虑取定的，不论孔径大与小均不作调整。

（43）斜板、斜管安装仅是安装费，按"$10m^2$"为计量单位。

（44）格栅制作安装区分材质按格栅重量，以"t"为计量单位，制作所需的主材应区分规格、型号分别按定额中规定的使用量计算。

（45）现浇混凝土构件模板按构件与模板的接触面积以"m^2"计算。

（46）预制混凝土构件模板，按构件的实体积以"m^3"计算。

（47）砖、石拱圈的拱盔和支架均以拱盔与圈弧弧形接触面积计算，并执行《市政工程预算定额》第三册"桥涵工程"相应项目。

（48）各种材质的地模胎膜，按施工组织设计的工程量，并应包括操作等必要的宽度以"m^2"计算，执行《市政工程预算定额》第三册"桥涵工程"相应项目。

（49）井字架区分材质和搭设高度以"架"为单位计算，每座井计算一次。

（50）井底流槽按浇筑的混凝土流槽与模板的接触面积计算。

（51）钢筋工程，应区别现浇、预制分别按设计长度乘以单位重量，以"t"计算。

（52）计算钢筋工程量时，设计已规定搭接长度的，按规定搭接长度计算；设计未规定搭接长度的，已包括在钢筋的损耗中，不另计算搭接长度。

（53）先张法预应力钢筋，按构件外形尺寸计算长度，后张法预应力钢筋按设计图规定的预应力钢筋预留孔道长度，并区别不同锚具，分别按下列规定计算：

1）钢筋两端采用螺杆锚具时，预应力的钢筋按预留孔道长度减0.35m，螺杆另计。

2）钢筋一端采用镦头插片，另一端采用螺杆锚具时，预应力钢筋长度按预留孔道长度计算。

3）钢筋一端采用镦头插片，另一端采用帮条锚具时，增加0.15m，如两端均采用帮条锚具，预应力钢筋共增加0.3m长度。

4）采用后张混凝土自锚时，预应力钢筋共增加0.35m长度。

（54）钢筋混凝土构件预埋铁件，按设计图示尺寸，以"t"为单位计算工程量。

4.2.11　燃气与集中供热工程

（1）本章中各种管道的工程量均按延长米计算，管件、阀门、法兰所占长度已在管道施工损耗中综合考虑，计算工程量时均不扣除其所占长度。

(2) 埋地钢管使用套管时（不包括顶进的套管），按套管管径执行同一安装项目。套管封堵的材料费可按实际耗用量调整。

(3) 铸铁管安装按N1型和X型接口计算，如采用N型和SMJ型人工乘以系数1.05。

(4) 强度试验，气密性试验项目，分段试验合格后，如需总体试压和发生二次或二次以上试压时，应再套用本定额相应项目计算试压费用。

(5) 管件长度未满10m者，以10m计，超过10m者按实际长度计。

(6) 管道总试压按每公里为一个打压次数，执行本定额一次项目，不足0.5km按实际计算，超过0.5km计算一次。

(7) 集中供热高压管道压力试验执行低中压相应定额，其人工乘以系数1.3。

4.3 工程量计算方法

4.3.1 地槽（沟）土方

有放坡地槽（图4-3）计算公式：

$$V=(a+2c+KH)HL$$

式中 a——管座基础宽度；

c——工作面宽度；

H——地槽平均深；

K——放坡系数；

L——地槽长度。

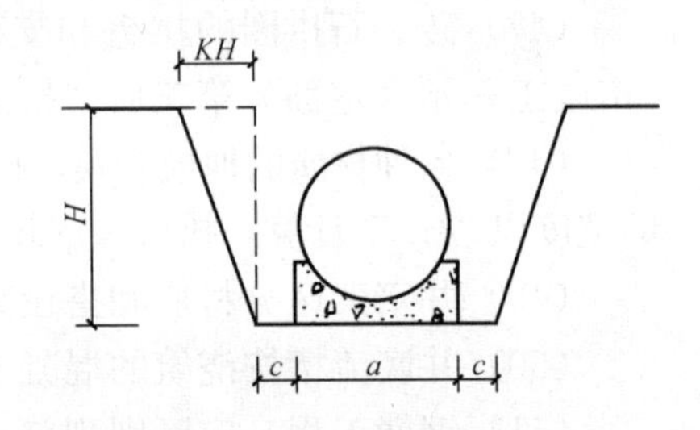

图4-3 有放坡地槽示意图

【例4-1】 某混凝土管道沟槽长157m，地槽平均深2.20m，混凝土管座基础宽1.20m，混凝土管外径800mm，有工作面，三类土，计算人工挖沟槽土方工程量。

【解】 已知 $a=1.20\text{m}$

$c=0.50\text{m}$（查“管沟底部每侧工作面宽度”表）

$H=2.20\text{m}$

$L=157\text{m}$

$K=0.33$（查“放坡系数”表）

$V=(1.20+2\times0.50+0.33\times2.20)\times2.20\times157$

$=2.926\times2.20\times157$

$=1010.64\text{m}^3$

4.3.2 挖孔桩土方

人工挖孔桩土方应按图示桩断面积乘以设计桩孔中心线深度计算。

挖孔桩的底部一般是球冠体（图4-4）。

球冠体的体积计算公式为：

$$V=\pi h^2\left(R-\frac{h}{3}\right)$$

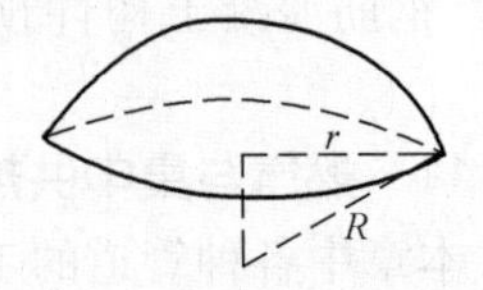
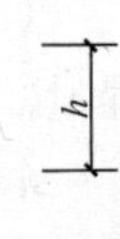

由于施工图中一般只标注 r 的尺寸，无 R 尺寸，

图4-4 球冠体示意图

所以需变换一下求 R 的公式：

已知：$r^2=R^2-(R-h)^2$

故：$r^2=2Rh-h^2$

$$\therefore\quad R=\frac{r^2+h^2}{2h}$$

【例 4-2】　根据图 4-5 中的有关数据和上述计算公式，计算挖孔桩土方工程量。

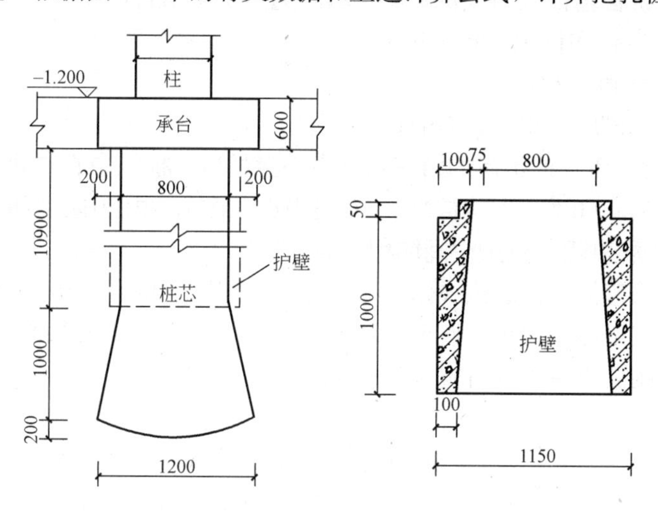

图 4-5　挖孔桩示意图

【解】（1）桩身部分

$$V=3.1416\times\left(\frac{1.15}{2}\right)^2\times10.90=11.32\text{m}^3$$

（2）圆台部分

$$\begin{aligned}V&=\frac{1}{3}\pi h(r^2+R^2+rR)\\&=\frac{1}{3}\times3.1416\times1.0\times\left[\left(\frac{0.80}{2}\right)^2+\left(\frac{1.20}{2}\right)^2+\frac{0.80}{2}\times\frac{1.20}{2}\right]\\&=1.047\times(0.16+0.36+0.24)\\&=1.047\times0.76=0.80\text{m}^3\end{aligned}$$

（3）球冠部分

$$R=\frac{\left(\frac{1.20}{2}\right)^2+(0.2)^2}{2\times0.2}=\frac{0.40}{0.4}=1.0\text{m}$$

$$V=\pi h^2\left(R-\frac{h}{3}\right)=3.1416\times(0.20)^2\times\left(1.0-\frac{0.20}{3}\right)=0.12\text{m}^3$$

$\therefore$　挖孔桩体积$=11.32+0.80+0.12=12.24\text{m}^3$

4.3.3　搭拆打桩工作平台面积计算

（1）桥梁打桩：　　$F=N_1F_1+N_2F_2$

每座桥台（桥墩）：　　$F_1=(5.5+A+2.5)\times(6.5+D)$

每条通道：　　$F_2=6.5\times[L-(6.5+D)]$

(2) 钻孔灌注桩：　$F=N_1F_1+N_2F_2$

每座桥台（桥墩）：　$F_1=(A+6.5)\times(6.5+D)$

每条通道：　$F_2=6.5\times[L-(6.5+D)]$

式中　F——工作平台总面积；

F_1——每座桥台（桥墩）工作平台面积；

F_2——桥台至桥墩间或桥墩至桥墩间通道工作平台面积；

N_1——桥台和桥墩总数量；

N_2——通道总数量；

D——二排桩之间距离（m）；

L——桥梁跨径或护岸的第一根桩中心至最后一根桩中心之间的距离（m）；

A——桥台（桥墩）每排桩的第一根桩中心至最后一根桩中心之间的距离（m）。

4.3.4　桥涵拱盔、支架空间体积计算

(1) 桥涵拱盔体积按起拱线以上弓形侧面积乘以（桥宽+2m）计算；

(2) 桥涵支架体积为结构底至原地面（水上支架为水上支架平台顶面）平均标高乘以纵向距离再乘以（桥宽+2m）计算。

4.4　直接费计算及工料机用量分析

当一个单位工程的工程量计算完毕后，就要套用预算定额基价进行直接费的计算。

本节只介绍直接工程费的计算方法，措施费的计算方法详见“建筑工程费用”。

计算直接工程费常采用两种方法，即单位估价法和实物金额法。

4.4.1　用单位估价法计算直接工程费

预算定额项目的基价构成，一般有两种形式，一是基价中包含了全部人工费、材料费和机械使用费，这种方式称为完全定额基价，建筑工程预算定额常采用此种形式；二是基价中包含了全部人工费、辅助材料费和机械使用费，不包括主要材料费，这种方式称为不完全定额基价，市政工程预算定额部分项目、安装工程预算定额和建筑装饰工程预算定额常采用此种形式。

凡是采用完全定额基价的预算定额计算直接工程费的方法称为单位估价法，计算出的直接工程费称为定额直接费。

(1) 单位估价法计算直接工程费的数字模型

单位工程定额直接工程费=定额人工费+定额材料费+定额机械费

其中：定额人工费=∑(分项工程量×定额人工费单价)

定额机械费=∑(分项工程量×定额机械费单价)

定额材料费=∑[(分项工程量×定额基价)−定额人工费−定额机械费]

(2) 单位估价法计算定额直接工程费的方法与步骤

1) 先根据施工图和预算定额计算分项工程量；

2) 根据分项工程量的内容套用相对应的定额基价（包括人工费单价、机械费单价）；

3）根据分项工程量和定额基价计算出分项工程定额直接工程费、定额人工费和定额机械费；

4）将各分项工程的各项费用汇总成单位工程定额直接工程费、单位工程定额人工费、单位工程定额机械费。

（3）单位估价法简例

某道路C30水泥混凝土路面856m²，24cm厚。根据该项目的工程量数据和表1-1中的2-291定额，用单位估价法计算定额直接工程费、定额人工费、定额机械费，并进行工料分析。

1）计算定额直接工程费、定额人工费、定额机械费见表4-6。

直接工程费计算表（单位估价法）　　表4-6

定额编号	项目名称	单位	工程数量	单价				总价			
				基价	其中			合价	其中		
					人工费	材料费	机械费		人工费	材料费	机械费
1	2	3	4	5	6	7	8	9=4×5	10=4×6	11	12=4×8
	一、道路工程										
2-291	C30水泥混凝土路面	m²	856	11.21	8.72		1.01	9595.76	7464.32		864.56
	……										
	分部小计							9595.76	7464.32		864.56
	二、给水工程										
	……										
	分部小计										
	三、排水工程										
	……										
	……										
	分部小计										
	合计							9595.76	7464.32		864.56

注：其他材料费暂不计算。

由于2-291定额中混凝土是未计价材料，所以还应计算未计价材料费。当C30混凝土单价为：198元/m³时，其未计价材料费和该项目完整的直接工程费是：

未计价材料费＝未计价材料量×单价

＝856m²×0.2448m³/m²×198元/m³

＝41490.66元

完整的直接工程费＝定额直接费＋未计价材料费

＝9595.76＋41490.66

＝51086.42元

2）工料分析

人工工日及各种材料分析见表4-7。

人工、材料分析表　　表4-7

定额编号	项目名称	单位	工程量	人工（工日）	主要材料				
					C30混凝土（m^3）	枋板材（m^3）	圆钉（kg）	铁件（kg）	水（m^3）
	一、道路工程								
2-291	C30水泥混凝土路面	m^2	856	$\frac{0.3879}{332.04}$	$\frac{0.2448}{209.55}$	$\frac{0.00059}{0.505}$	$\frac{0.002}{1.71}$	$\frac{0.077}{65.91}$	$\frac{0.288}{246.53}$
	……								
	合计			332.04	209.55	0.505	1.71	65.91	246.53

注：主要材料栏的分数中，分子表示定额用量，分母表示工程量乘以定额用量的结构。

4.4.2　用实物金额法计算直接工程费

（1）实物金额法计算直接工程费的方法与步骤

凡是用分项工程量分别乘以预算定额子目中的实物消耗量（即人工工日、材料数量、机械台班数量）求出分项工程的人工、材料、机械台班消耗量，然后汇总成单位工程实物消耗量，再分别乘以人工单价、材料单价、机械台班单价价格求出单位工程人工费、材料费、机械使用费，最后汇总成单位工程直接工程费的方法，称为实物金额法。

（2）实物金额法的数学模型

单位工程直接工程费＝人工费＋材料费＋机械费

其中：人工费＝∑(分项工程量×定额用工量)×人工单价

材料费＝∑(分项工程量×定额材料用量×材料单价)

机械费＝∑(分项工程量×定额台班用量×机械台班单价)

（3）实物金额法计算直接费简例

某水泥混凝土路面采用塑料液养护，工程量为15500m^2。根据这一数据和表1-3中2-301号定额分析工料机消耗量，再根据表4-8中的工料机单价计算直接工程费。

人工、材料、机械台班单价表　　表4-8

序号	名称	单位	单价(元)
一、	人工单价	工日	25.00
二、	材料单价		
	草袋	个	2.60
	水	m^3	1.20
	塑料液	kg	7.50
三、	机械台班单价		
	电动空气压缩机0.6m^3/min	台班	62.50

1）分析人工、材料、机械台班消耗量

人工、材料、机械台班消耗量见表4-9。

人工、材料、机械台班消耗量分析表　　表 4-9

定额编号	项目名称	单位	工程量	人工（工日）	草袋（个）	水（m^3）	塑料液（kg）	电动空气压缩机（0.6m^3/min）
	一、道路工程							
2-301	水泥混凝土路面塑料液养护	m^2	15500	$\frac{0.022}{341}$	$\frac{0.10}{1550}$	$\frac{0.02}{310}$	$\frac{0.30}{4650}$	$\frac{0.0054}{83.7}$
	……							
	小计			341	1550	310	4650	83.7

注：1. 其他材料费不计；2. 分子为定额用量，分母为计算结果。

2）计算直接工程费

直接工程费计算见表 4-10。

直接工程费计算表（实物金额法）　　表 4-10

序号	名　称	单位	数量	单价(元)	合价(元)	备　注
1	人工	工日	341	25.00	8525.00	人工费:8525.00 元
2	草袋	个	1550	2.60	4030.00	材料费:39277.00 元
3	水	m^3	310	1.20	372.00	
4	塑料液	kg	4650	7.50	34875.00	
5	电动空气压缩机 0.6m^3/min	台班	83.7	62.50	5231.25	机械费:5231.25 元
	合计				53033.25	直接工程费:53033.25

4.5　材料价差调整

1. 材料价差调整产生的原因

凡是使用完全定额基价的预算定额，编制的施工图预算，一般需调整材料价差。

目前，预算定额基价中的材料费是根据编制定额所在地区的省会所在地的材料价格计算。由于地区材料价格随着时间的变化而发生变化，其他地区使用该预算定额时材料价格也会发生变化，所以，用单位估价法计算定额直接工程费后，一般还要根据工程所在地区的材料单价调整材料价差。

2. 材料价差调整方法

材料价差的调整有两种基本方法，即单项材料价差调整法和材料价差综合系数调整法。

1）单项材料价差调整

当采用单位估价法计算定额直接工程费时，一般，对影响工程造价较大的主要材料（如钢材、木材、水泥等）进行单项材料价差调整。

单项材料价差调整的计算公式为：

$$\begin{matrix}\text{单项材料}\\\text{价差调整}\end{matrix}=\sum\left[\begin{matrix}\text{单位工程某}\\\text{种材料用量}\end{matrix}\times\left(\begin{matrix}\text{现行材}\\\text{单价}\end{matrix}-\begin{matrix}\text{预算定额中}\\\text{材料单价}\end{matrix}\right)\right]$$

【例 4-3】 根据某工程有关材料消耗量和现行材料单价，调整材料价差；有关数据见表 4-11。

表 4-11

材料名称	单位	数量	现行材料单价(元)	预算定额中材料单价(元)
42.5 级	kg	7345.10	0.35	0.30
ϕ10 钢筋	kg	5618.25	2.65	2.80
花岗石板	m^2	816.40	350.00	290.00

【解】 (1) 直接计算

$$\text{某工程单项材料价差}=7345.10\times(0.35-0.30)+5618.25\times(2.65-2.80)+816.40\times(350-290)$$
$$=7345.10\times0.05-5618.25\times0.15+816.40\times60$$
$$=48508.52\text{元}$$

(2) 用“单项材料价差调整表（表 4-12）”计算

单项材料价差调整表 表 4-12

工程名称：××工程

序号	材料名称	数量	现行材料单价	预算定额中材料单价	价差(元)	调整金额(元)
1	42.5 级水泥	7345.10kg	0.35 元/kg	0.30 元/kg	0.05	367.26
2	ϕ10 钢筋	5618.25kg	2.65 元/kg	2.80 元/kg	−0.15	−842.74
3	花岗石板	816.40m^2	350.00 元/m^2	290.00 元/m^2	60.00	48984.00
	合计					48508.52

2) 综合系数调整材料价差

采用单项材料价差的调整方法，其优点是准确性高，但计算过程较繁杂。因此，一些用量大、单价相对低的材料（如地方材料、辅助材料等）常采用综合系数的方法来调整单位工程材料价差。

采用综合系数调整材料价差的具体做法就是用单位工程定额材料费或定额直接工程费乘以综合调整系数，求出单位工程材料价差，其计算公式如下：

$$\text{单位工程采用综合系数调整材料价差}=\text{单位工程定额材料费}\left(\text{定额直接工程费}\right)\times\text{材料价差综合调整系数}$$

【例 4-4】 某工程的定额材料费为 786457.35 元，按规定以定额材料费为基础乘以综合调整系数 1.38%，计算该工程地方材料价差。

【解】 $\text{某工程地方材料的材料价差}=786457.35\times1.38\%=10853.11\text{元}$

4.6 间接费、利润、税金计算方法

4.6.1 间接费计算方法

1. 企业管理费计算方法

企业管理费计算方法一般有三种。即以定额直接费为计算基础计算；以定额人工费为计算基础计算；以定额人工费加定额机械费为基础计算。

（1）以直接费为计算基础

$$间接费=\sum 分项工程项目定额直接费\times 间接费费率(\%)$$

（2）以定额人工费为计算基础

$$间接费=\sum 分项工程项目定额人工费\times 间接费费率(\%)$$

（3）以定额人工费加定额机械费为计算基础

$$间接费=\sum(分项工程项目定额人工费+定额机械费)\times 间接费费率(\%)$$

2. 规费计算方法

规费计算方法一般是以定额人工费为基础计算。即：

$$规费=\sum 分项工程项目定额人工费\times 对应的规费费率(\%)$$

3. 企业管理费费率

（1）以分部分项工程费为计算基础

$$企业管理费费率(\%)=\frac{生产工人年平均管理费}{年有效施工天数\times 人工单价}\times 人工费占分部分项工程费比例(\%)$$

（2）以人工费和机械费合计为计算基础

$$企业管理费费率(\%)=\frac{生产工人年平均管理费}{年有效施工天数\times(人工单价+每一工日机械使用费)}\times 100\%$$

（3）以人工费为计算基础

$$企业管理费费率(\%)=\frac{生产工人年平均管理费}{年有效施工天数\times 人工单价}\times 100\%$$

工程造价管理机构在确定计价定额中企业管理费时，应以定额人工费或（定额人工费+定额机械费）作为计算基数，其费率根据历年工程造价积累的资料，辅以调查数据确定，列入分部分项工程和措施项目中。

4. 规费计算方法及费率

（1）社会保险费和住房公积金

社会保险费和住房公积金应以定额人工费为计算基础，根据工程所在地省、自治区、直辖市或行业建设主管部门规定费率计算。

$$社会保险费和住房公积金=\sum(工程定额人工费+社会保险费和住房公积金费率)$$

式中社会保险费和住房公积金费率可以每万元发承包价的生产工人人工费和管理人员工资含量与工程所在地规定的缴纳标准综合分析取定。

（2）工程排污费

工程排污费等其他应列而未列入的规费应按工程所在地环境保护等部门规定的标准缴纳，按实计取列入。

4.6.2 利润计算方法

（1）施工企业根据企业自身需求并结合建筑市场实际自主确定，列入报价中。

（2）工程造价管理机构在确定工程造价中利润中，应以定额人工费或（定额人工费+定额机械费）作为计算基数，其费率根据历年工程造价积累的资料，并结合建筑市场实际确定，以单位（单项）工程测算，利润在税前建筑安装工程费的比例可按不低于5%且不高于7%的费率计算。

$$利润=\sum 分项工程定额人工费(或人工费+机械费)\times 利润率$$

4.6.3 税金计算方法与税率

1. 税金

$$税金=税前造价\times 综合税率(\%)$$

2. 综合税率

$$综合税=营业税+城市维护建设税+教育费附加+地方教育附加$$

（1）纳税地点在市区的企业

$$综合税率(\%)=\frac{1}{1-3\%-(3\%\times 7\%)-(3\%\times 3\%)-(3\%\times 2\%)}-1$$

（2）纳税地点在县城、镇的企业

$$综合税率(\%)=\frac{1}{1-3\%-(3\%\times 5\%)-(3\%\times 3\%)-(3\%\times 2\%)}-1$$

（3）纳税地点不在市区、县城、镇的企业

$$综合税率(\%)=\frac{1}{1-3\%-(3\%\times 1\%)-(3\%\times 3\%)-(3\%\times 2\%)}-1$$

（4）实行营业税改增值税的，按纳税地点现行税率计算。

4.7 建筑安装工程费用计算方法

4.7.1 建筑安装工程费用（造价）理论计算方法

根据前面论述的建筑安装工程预算编制原理中计算工程造价的理论公式和建筑安装工程的费用构成，可以确定以下理论计算方法见表4-13。

建筑安装工程费用（造价）理论计算方法　　表4-13

序号	费用名称	计算式	
（一）	直接费	定额直接费	$\sum$(分项工程量×定额基价)
		措施费	定额直接工程费×有关措施费费率 或:定额人工费×有关措施费费率 或:按规定标准计算
（二）	间接费	(一)×间接费费率 或:定额人工费×间接费费率	
（三）	利润	(一)×利润率 或:定额人工费×利润率	
（四）	税金	营业税=[(一)+(二)+(三)]×$\frac{营业税率}{1-营业税率}$ 城市维护建设税=营业税×税率 教育费附加=营业税×附加税率	
	工程造价	(一)+(二)+(三)+(四)	

4.7.2　计算建筑安装工程费用的原则

定额直接费根据预算定额基价算出，这具有很强的规范性。按照这一思路，对于措施费、规费、企业管理费等有关费用的计算也必须遵循其规范性，以保证建筑安装工程造价的社会必要劳动量的水平。为此，工程造价主管部门对各项费用计算作了明确的规定：

（1）建筑工程一般以定额直接工程费为基础计算各项费用；

（2）安装工程一般以定额人工费为基础计算各项费用；

（3）装饰工程一般以定额人工费为基础计算各项费用；

（4）材料价差不能作为计算间接费等费用的基础。

为什么要规定上述计算基础呢？因为这是确定工程造价的客观需要。

首先，要保证计算出的措施费、间接费等各项费用的水平具有稳定性。我们知道，措施费、间接费等费用是按一定的取费基础乘以规定的费率确定的。当费率确定后，要求计算基础必须相对稳定。因而，以定额直接工程费或定额人工费作为取费基础，具有相对稳定性，不管工程在定额执行范围内的什么地方施工，不管由哪个施工单位施工，都能保证计算出水平较一致的各项费用。

其次，以定额直接工程费作为取费基础，既考虑了人工消耗与管理费用的内在关系，又考虑了机械台班消耗量对施工企业提高机械化水平的推动作用。

再者，由于安装工程设计的要求不同，使材料费产生较大幅度的变化，而定额人工费具有相对稳定性，再加上措施费、间接费等费用与人员的管理幅度有直接联系，所以，安装工程、装饰工程采用定额人工费为取费基础计算各项费用较合理。

4.7.3　建筑安装工程费用计算程序

建筑安装工程费用计算程序亦称建筑安装工程造价计算程序，是指计算建筑安装工程造价有规律的顺序。

建筑安装工程费用计算程序没有全国统一的格式，一般由省、市、自治区工程造价主管部门结合本地区具体情况确定。

（1）建筑安装工程费用计算程序的拟定

拟定建筑安装工程费用计算程序主要有两个方面的内容，一是拟定费用项目和计算顺序；二是拟定取费基础和各项费率。

1）建筑安装工程费用项目及计算顺序的拟定

各地区参照国家主管部门规定的建筑安装工程费用项目和取费基础，结合本地区实际情况拟定费用项目和计算顺序，并颁布在本地区使用的建筑安装工程费用计算程序。

2）费用计算基础和费率的拟定

在拟定建筑安装工程费用计算基础时，应遵照国家的有关规定，应遵守确定工程造价的客观经济规律，使工程造价的计算结果较准确地反映本行业的生产力水平。

当取费基础和费用项目确定之后，就可以根据有关资料测算出各项费用的费率，以满足计算工程造价的需要。

（2）建筑安装工程费用计算程序实例

某地区根据计标（2013）44号文件精神设计的建筑安装工程费用计算程序见表4-14。

某地区建筑安装工程费用计算程序　　表 4-14

<table>
<tr><th rowspan="2">序号</th><th rowspan="2" colspan="2">费用名称</th><th>建筑工程</th><th>装饰、安装工程</th></tr>
<tr><th>计算基数</th><th>计算基数</th></tr>
<tr><td>1</td><td colspan="2">直接费</td><td>∑分项工程费＋单价措施项目费</td><td>∑分项工程费＋单价措施项目费</td></tr>
<tr><td>2</td><td colspan="2">企业管理费</td><td rowspan="2">∑分项工程、单价措施项目定额人工费＋定额机械费</td><td rowspan="2">∑分项工程、单价措施项目定额人工费＋定额机械费</td></tr>
<tr><td>3</td><td colspan="2">利润</td></tr>
<tr><td>4</td><td rowspan="5">总价措施费</td><td>安全文明施工费</td><td rowspan="2">∑分项工程、单价措施项目人工费</td><td rowspan="2">∑分项工程、单价措施项目人工费</td></tr>
<tr><td>5</td><td>夜间施工增加费</td></tr>
<tr><td>6</td><td>冬雨季施工增加费</td><td>∑分项工程费</td><td>∑分部分项工程费</td></tr>
<tr><td>7</td><td>二次搬运费</td><td>∑分部分项工程费＋单价措施项目费</td><td>∑分项工程费＋单价措施项目费</td></tr>
<tr><td>8</td><td>提前竣工费</td><td>按经审定的赶工措施方案计算</td><td>按经审定的赶工措施方案计算</td></tr>
<tr><td>9</td><td rowspan="3">其他项目费</td><td>暂列金额</td><td>∑分项工程费＋措施项目费</td><td>∑分项工程费＋措施项目费</td></tr>
<tr><td>10</td><td>总承包服务费</td><td>分包工程造价</td><td>分包工程造价</td></tr>
<tr><td>11</td><td>计日工</td><td>按暂定工程量×单价</td><td>按暂定工程量×单价</td></tr>
<tr><td>12</td><td rowspan="3">规费</td><td>社会保险费</td><td rowspan="2">∑分项工程、单价措施项目人工费</td><td rowspan="2">∑工程、单价措施项目人工费</td></tr>
<tr><td>13</td><td>住房公积金</td></tr>
<tr><td>14</td><td>工程排污费</td><td>∑分项工程费</td><td>∑分项工程费</td></tr>
<tr><td>15</td><td colspan="2">税金</td><td>序 1～序 14 之和</td><td>序 1～序 14 之和</td></tr>
<tr><td colspan="3">工程造价</td><td>序 1～序 15 之和</td><td>序 1～序 15 之和</td></tr>
</table>

4.8　施工企业工程取费级别

每个施工企业都要由省级建设行政主管部门根据规定的条件核定规费的取费等级。某地区施工企业工程取费等级评审条件见表 4-15。

某地区施工企业工程取费级别评审条件　　表 4-15

取费等级	评审条件
特级	1. 企业具有特级资质证书 2. 企业近五年来承担过两个以上一类工程 3. 企业参加了社会劳保统筹，退（离）休职工人数占在册职工人数 30%以上
一级	1. 企业具有一级资质证书 2. 企业近五年来承担过两个以上二类及其以上工程 3. 企业参加了社会劳保统筹，退（离）休职工人数占在册职工人数 20%以上
二级	1. 企业具有二级资质证书 2. 企业近五年来承担过两个三类及其以上工程 3. 企业参加了社会劳保统筹，退（离）休职工人数占在册职工人数 10%以上
三级	1. 企业具有三级资质证书 2. 企业近五年来承担过两个四类及其以上工程 3. 企业参加了社会劳保统筹，退（离）休职工人数占在册职工人数 10%以下

4.9　间接费、利润、税金费（税）率实例

间接费中不可竞争费费率有省级或行业行政主管部门规定外其余费率可以由企业自主确定。

计标（2013）44号文件精神是，利润率由工程造价管理机构确定，利润在税前建筑安装工程费的比例可按不低于5%且不高于7%的费率计算。

税率是国家税法规定的，当工程在市、县镇、其他的不同情况时综合税率分别按3.48%、3.41%、3.28%计取。

例如某地区建筑安装工程费用标准将表4-16。

某地区建筑安装工程费用标准　　　　**表4-16**

名称	建筑工程费率			装饰、安装工程费率(%)		
	取费基数	企业等级	费率(%)	取费基数	企业等级	费率(%)
企业管理费	Σ分项工程、单价措施项目定额人工费＋定额机械费	一级	30	Σ分部分项、单价措施项目定额人工费＋定额机械费	一级	34
		二级	25		二级	30
		三级	20		三级	26
安全文明施工费	Σ分项工程、单价措施项目定额人工费	—	28	Σ分部分项、单价措施项目定额人工费	—	28
夜间施工增加费	Σ分项工程、单价措施项目定额人工费	—	2	Σ分项工程、单价措施项目定额人工费	—	2
冬雨季施工增加费	Σ分项工程费	—	0.5	Σ分项工程费	—	0.5
二次搬运费	Σ分项工程费＋单价措施项目费	—	1	Σ分项工程费＋单价措施项目费	—	1
提前竣工费	按经审定的赶工措施方案计算			按经审定的赶工措施方案计算		
总承包服务费	分包工程造价	—	2	分包工程造价	—	2
社会保险费	Σ分项工程、单价措施项目人工费	一级	18	Σ分项工程、单价措施项目人工费	一级	18
		二级	15		二级	15
		三级	13		三级	13
住房公积金费	Σ分项工程、单价措施项目人工费	一级	5	Σ分项工程、单价措施项目人工费	一级	5
		二级	4		二级	4
		三级	3		三级	3
工程排污	Σ分项工程费		0.6	Σ分项工程费		0.6
利润	Σ分项工程、单价措施项目定额人工费	一级	32	Σ分项工程、单价措施项目定额人工费	一级	32
		二级	27		二级	27
		三级	24		三级	24
综合税率　市区	税前造价		3.48	税前造价		3.48
综合税率　县镇			3.41			3.41
综合税率　其他			3.28			3.28

思考题与习题

1. 预算是怎样分类的?
2. 什么是设计概算?
3. 什么是施工图预算?
4. 什么是施工预算?
5. 施工图预算由哪些费用构成?
6. 直接费包括哪些费用?
7. 直接工程费包括哪些费用?
8. 措施费包括哪些费用?
9. 间接费包括哪些费用?
10. 税金包括哪些内容?
11. 如何换算不同状态下的土方体积?
12. 四类土人工开挖的放坡规定有哪些?
13. 如何计算管沟土方工程量?
14. 如何计算挖孔桩土方工程量?
15. 如何计算搭拆打桩工作平台面积?
16. 什么是单位估价法?
17. 如何用单位估价法计算直接工程费?
18. 什么是实物金额法?
19. 如何用实物金额法计算直接工程费?
20. 叙述建筑安装费用计算程序。

教学单元5　清单计价方式确定市政工程造价

【教学目标】 通过对工程量清单的概念、工程量清单报价的概念、工程量清单编制原则、工程量清单编制内容、分部分项工程量清单内容、措施项目清单内容、其他项目清单内容、综合单价确定、分部分项工程费确定、措施项目费确定、其他项目费确定等知识点学习，学生掌握工程量清单和工程量清单报价的编制程序和编制方法。

5.1　工程量清单计价概述

5.1.1　工程量清单的概念

工程量清单是指表达拟建工程的分部分项工程项目、措施项目、其他项目、规费项目和税金项目的名称和相应数量的明细清单。

分部分项工程量清单表明了拟建工程的全部分项实体工程的名称和相应的工程数量，例如，某工程现浇C20钢筋混凝土基础梁，167.26m^3；低碳钢ϕ219×8无缝钢管安装，320m等。

措施项目清单表明了为完成拟建工程全部分项实体工程而必须采取的措施性项目及相应的费用，例如，某工程大型施工机械设备（塔吊）进场及安拆；脚手架搭拆等。

其他项目清单主要表明了，招标人提出的与拟建工程有关的特殊要求所发生的费用，例如，某工程考虑可能发生工程量变更而预先提出的暂列金额项目、零星工作项目费等。

规费项目清单主要表明了有关权力部门规定必须缴纳的费用明细，例如社会保障费等。

工程量清单是招标投标活动中，对招标人和投标人都具有约束力的重要文件，是招标投标活动的重要依据。

5.1.2　工程量清单计价的概念

工程量清单计价包括两个方面的内容，一是工程量清单的编制；二是工程量清单报价的编制。

在建设工程招标投标中，招标人按照国家统一的《建设工程工程量清单计价规范》、《市政工程工程量计算规范》的要求、施工图、招标文件编制工程量清单；投标人依据工程量清单、《建筑工程工程量清单计价规范》、《市政工程工程量计算规范》、施工图、招标文件、企业定额（或有关消耗量定额）、工料机市场价、自主确定的利润率等，编制工程量清单报价。

工程量清单计价是一种国际上通行的工程造价计价方式，是经评审后合理低价中标的工程造价计价方式。

5.1.3 《建设工程工程量清单计价规范》的编制依据

《建设工程工程量清单计价规范》依据《中华人民共和国招标投标法》、建设部2001年第107号令《建筑工程施工发包与承包计价管理办法》编制，并遵照国家宏观调控、市场竞争形成价格的原则，结合我国当前的实际情况制定的。

5.1.4 工程量清单编制原则

工程量清单编制原则包括“四个统一、三个自主、两个分离”。

1. 四个统一

分部分项工程量清单包括的内容，应满足两方面的要求，一是满足方便管理和规范管理的要求；二是满足工程计价的要求。为了满足上述要求，工程量清单编制必须符合四个统一的要求，即项目编码统一、项目名称统一、计量单位统一、工程量计算规则统一。

2. 三个自主

工程量清单计价是市场形成工程造价的主要形式。《建设工程工程量清单计价规范》第4.3.1条指出“除本规范强制性规定外，投标价由投标人自主确定，但不得低于成本”。这一要求使得投标人在报价时自主确定工料机消耗量、自主确定工料机单价、自主确定措施项目费及其他项目费的内容和费率。

3. 两个分离

两个分离是指：量与价分离、清单工程量与计价工程量分离。

量与价分离是从定额计价方式的角度来表达的。因为定额计价的方式采用定额基价计算直接费，工料机消耗量是固定的，工料机单价也是固定的，量价没有分离；而工程量清单计价由于自主确定工料机消耗量、自主确定工料机单价，量价是分离的。

清单工程量与计价工程量分离是从工程量清单报价方式来描述的。我们知道清单工程量是根据《建设工程工程量清单计价规范》编制的，计价工程量是根据所选定的消耗量定额计算的，一项清单工程量可能要对应几项消耗量定额，两者的计算规则也不一定相同，所以，一项清单工程量可能要对应几项计价工程量，其清单工程量与计价工程量要分离。

5.2 工程量清单编制内容

工程量清单主要包括三部分内容，一是分部分项工程量清单；二是措施项目清单；三是其他项目清单。

5.2.1 分部分项工程量清单

分部分项工程量清单主要包括以下内容：

1. 项目编码

分部分项工程量清单编码以12位阿拉伯数字表示，前9位为全国统一编码，由《建设工程工程量清单计价规范》确定，不得改变。后3位是清单项目名称编码，由清单编制人根据拟建工程确定的清单项目编码，例如，某拟建工程的砖基础清单项目的编码为“010301001001”，前9位“010301001”为计价规范的统一编码，后3位“001”为该项目名称的顺序编码；又如，某拟建工程的静置设备碳钢填料塔制作清单项目的编码为“030501002001”，前9位“030501002”为计价规范的统一编码，后3位“001”为该项目名称的顺序编码。

2. 项目名称

与现行的“预算定额”项目一样，每一个分部分项工程量清单项目都有一个项目名称，该名称由《建设工程工程量清单计价规范》统一规定。分部分项工程量清单项目名称的确定，应考虑三个方面的因素，一是计价规范中的项目名称；二是计价规范中的项目特征；三是拟建工程的实际情况。编制工程量清单时，应以计价规范中的项目名称为主体，考虑该项目的规格、型号、材质等特征要求，结合拟建工程的实际情况，使其工程量清单项目名称具体化，能够反映影响工程造价的主要因素，如C30钢筋混凝土预应力空心板制、运、安；又如，低压ϕ159×5不锈钢管安装等。

3. 项目特征和工程内容

项目特征、工程内容是与项目名称相对应的。预算定额的项目，一般按施工工序或工作过程、综合工作过程设置，包含的工程内容相对来说较单一，据此规定了相应的工程量计算规则。工程量清单项目的划分，一般按“综合实体”来考虑，一个项目中包含了多个工作过程或综合工作过程，据此也规定了相应的工程量计算规则。这两者的工程内容和工程量计算规则有较大的差别，使用时应充分注意。所以，应该明白，相对地说工程量清单项目的工程内容综合性较强。例如，在工程量清单项目中，砖基础项目的工程内容包括：砂浆制作与运输；材料运输；铺设垫层；砌砖基础；防潮层铺设等。上述项目可由2～3个预算定额项目构成。又如，低压ϕ159×5不锈钢管安装清单项目包含了管道安装、水压试验、管酸洗、管脱脂、管绝热、镀锌薄钢板保护层等6个预算定额项目。

在工程内容中，每一个工作对象都有不同的规格、型号和材质，这些必须在项目中说明。所以，每个项目名称都要表达出项目特征，例如，清单项目的砖基础项目，其项目特征包括：垫层材料的种类、厚度，砖品种、规格、强度等级，基础类型，基础深度，砂浆强度等级等等。

编制工程量清单时，应以工程量清单计价规范的项目名称为主体，再考虑拟建工程的工程内容的实际情况和规格、型号、材质等特征要求，使项目名称具体化、细化、能直观地反映出影响工程造价的主要因素，例如，工程量清单计价规范中编号为“0103401001”的项目名称为“砖基础”，但是，我们根据拟建工程的实际情况可以写成“C15混凝土基础垫层200厚，M5水泥砂浆砌1.2m深标准砖带形基础”，其工程内容包括：“砂浆、混凝土制作，垫层铺设，材料运输，砌砖基础”等。

4. 计量单位

分部分项工程量清单项目的计量单位，由工程量清单计价规范规定。

工程量清单项目的计量单位是按照能够较准确地反映该项目工程内容的原则确定的，例如，“实心砖墙”项目的计量单位是“m^3”；“砖水池”项目的计量单位为“座”；“硬木靠墙扶手”项目的计量单位为“m”；“墙面一般抹灰”项目的计量单位为“m^2”；“墙面干挂石材钢骨架”项目的计量单位为“t”；“荧光灯安装”项目的计量单位为“套”；“车床安装”项目的计量单位为“台”；“接地装置”项目的计量单位为“项”；“电气配线”的计量单位为“m”；“拱顶罐制作、安装”的计量单位为“台”等。

5. 工程量

工程量即工程的实物数量。分部分项工程量清单项目的计算依据有：施工图纸、《建设工程工程量清单计价规范》等。

分部分项工程量清单项目的工程量是一个综合的数量。综合的意思是指一项工程量中，综合了若干项工程内容，这些工程内容的工程量可能是相同的，也可能是不相同的，例如，“砖基础”这个项目中，综合了铺设垫层的工程量、砌砖的工程量、铺设防潮层的工程量。当这些不同工程内容的工程量不相同时，除了应该算出项目实体的（主项）工程量外，还要分别算出相关工程内容的（附项）工程量，例如，根据某拟建工程实际情况，算出的砖基础（主项）工程量为125.51m^3，算出的基础垫层（附项）工程量为36.07m^3，算出的基础防潮层（附项）工程量为8.25m^2，这时，该项目的主项工程量可以确定为砖基础125.51m^3，但计算材料、人工、机械台班消耗量时，应分别按各自的工程量计算。只有这样计算，才能为计算综合单价提供准确的依据。

计算工程量还要依据工程量计算规则。分部分项清单项目的工程量计算，必须按照清单计价规则的规定计算。

还须指出，在分析工、料、机消耗量时套用的定额，必须与所采用的消耗量定额的工程量计算规则的规定相对应，这是因为工程量计算规则与编制定额确定消耗量有着内在的对应关系。

5.2.2 措施项目清单

措施项目是指有助于形成工程实体而不构成工程实体的项目。

措施项目清单包括：“单价项目”和“总价项目”两类。由于措施项目清单项目除了执行《市政工程工程量计算规范》外，还要依据所在地区的措施项目细则确定。所以，措施项目的确定与计算方法具有较强的地区性，教学时应该紧密结合本地区的有关规定学习和举例。例如，以下一些解释就是依据了某些地区的措施项目细则规定。

措施项目清单的编制需考虑多种因素，除工程本身的因素外，还涉及水文、气象、环境、安全等因素。由于这些影响措施项目设置的因素太多，工程量计算规范不可能将施工中可能出现的措施项目一一列出。我们在编制措施项目清单时，因工程情况不同出现一些工程量计算规范中没有列出的措施项目，可以根据工程的具体情况对措施项目清单作必要的补充。

1. 单价措施项目

“单价项目”是指可以计算工程量，列出了项目编码、项目名称、项目特征、计量单位、工程量计算规则和工作内容的措施项目。例如，《市政工程工程量计算规范》附录S的措施项目中，“沉井脚手架”措施项目的编码为“041101004”，项目特征包括“沉井高度”、计量单位“m^2”，工程量计算规则为“井壁中心线周长乘以井高计算”，工程内容包括“清理现、材料场内外运输、搭设拆除脚手架”等。

2. 总价措施项目

“总价项目”是指不能计算工程量，仅列出了项目编码、项目名称，未列出项目特征、计量单位、工程量计算规则的措施项目。例如，《市政工程工程量计算规范》附录L.9的措施项目中，“安全文明施工”措施项的编码为“041109001”、工程内容及包含范围包括“环境保护、文明施工”等。

5.2.3　其他项目清单

工程建设项目标准的高低、工程的复杂程度、工程的工期长短、工程的组成内容等直接影响其他项目清单的具体内容。

其他项目清单应根据拟建工程的具体情况确定，一般包括暂列金额、暂估价(材料暂估价、专业工程暂估价)、计日工、总承包服务费等。

暂列金额是指，招标人在工程量清单中暂定并包括在合同价款中的一笔款项，用于施工合同签订时尚未确定或者不可预见的所需材料、设备、服务的采购，施工中可能发生的工程变更、合同约定调整因素出现时的工程价款调整以及发生的索赔、现场签证确认等的费用。

暂估价是指，招标人在工程量清单中提供的用于支付必然发生但暂时不能确定价格的材料的单价以及专业工程的金额。主要包括材料暂估价和专业工程暂估价两种。

计日工是指在施工过程中，完成发包人提出的施工图纸以外的零星项目或工作，按合同中约定的综合单价计价。例如，某办公楼建筑工程在设计图纸以外发生的零星工作项目，家具搬运用工30个工日。

总承包服务费是指，总承包人为配合协调发包人进行的工程分包自行采购的设备、材料等进行管理、服务以及施工现场管理、竣工资料汇总整理等服务所需的费用。

5.2.4　规费和税金的确定

规费是根据省级政府或省级有关权力部门规定必须缴纳的，应计入建筑安装工程造价的费用。规费省级政府或省级有关权力部门应按规定的费率计取，不得参与竞争。

税金，国家税法规定的应计入建筑安装工程造价内的营业税、城市维护建设税及教育费附加等。该费用也不能参与竞争。

5.3　工程量清单报价编制内容

工程量清单报价编制内容包括工料机消耗量的确定、综合单价的确定、措施项目费的确定和其他项目费的确定。

5.3.1　工料机消耗量的确定

工料机消耗量是根据分部分项工程量和有关消耗量定额计算出来的，其计算公式为：

$$\text{分部分项工程人工工日}=\text{分部分项主项工程量}\times\text{定额用工量}+\sum(\text{分部分项附项工程量}\times\text{定额用工量})$$

$$\text{分部分项工程某种材料用量}=\text{分部分项主项工程量}\times\text{某种材料定额用量}+\sum\left(\text{分部分项附项工程量}\times\text{某种材料定额用量}\right)$$

$$\text{分部分项工程某种机械台班用量}=\text{分部分项主项工程量}\times\text{某种机械定额台班量}+\sum\left(\text{分部分项附项工程量}\times\text{某种机械定额台班用量}\right)$$

在套用定额分析计算工料机消耗量时，分两种情况：一是直接套用；二是分别套用。

1. 直接套用定额，分析工料机用量

当分部分项工程量清单项目与定额项目的工程内容和项目特征完全一致时，就可以直接套用定额消耗量，计算出分部分项的工料机消耗量，例如，某工程250mm半圆球吸顶灯安装清单项目，可以直接套用工程内容相对应的消耗量定额时，就可以采用该定额分析工料机消耗量。

2. 分别套用不同定额，分析工料机用量

当定额项目的工程内容与清单项目的工程内容不完全相同时，需要按清单项目的工程内容，分别套用不同的定额项目，例如，某工程M5水泥砂浆砌砖基础清单项目，还包含了1∶2水泥砂浆防潮层附项工程量时，应分别套用1∶2水泥砂浆防潮层消耗量定额和M5水泥砂浆砌砖基础消耗量定额，分别计算其工料机消耗量；又如，室内*DN*25焊接钢管螺纹连接清单项目包含主项：焊接钢管安装，还包括附项：铁皮套管制作、安装，手工除锈，刷防锈漆项目时，就要分别套用对应的消耗量定额计算其工料机消耗量。

5.3.2 综合单价的确定

综合单价是有别于预算定额基价的另一种确定单价的方式。

综合单价以分部分项工程项目为对象，从我国的实际情况出发，包括了除规费和税金以外的，完成分部分项工程量清单项目规定的，计量单位合格产品所需的全部费用。综合单价主要包括：人工费、材料费、机械费、管理费、利润、风险费等费用。

综合单价不仅适用于分部分项工程量清单，也适用于措施项目清单、其他项目清单等。

综合单价的计算公式表达为：

$$\text{分部分项工程量清单项目综合单价}=\text{人工费}+\text{材料费}+\text{机械费}+\text{管理费}+\text{利润}$$

其中

$$人工费 = \sum_{i=1}^{n}(定额工日 \times 人工单价)_i$$

$$材料费 = \sum_{i=1}^{n}(某种材料定额消耗量 \times 材料单价)_i$$

$$机械费 = \sum_{i=1}^{n}(某种机械定额消耗量 \times 台班单价)_i$$

管理费＝人工费(或直接费)×管理费费率

利润＝人工费(或直接费、或直接费＋管理费)×利润率

5.3.3　措施项目费确定

措施项目费应该由投标人根据拟建工程的施工方案或施工组织设计计算确定，一般可以采用以下几种方法确定。

1. 依据定额计算

脚手架、大型机械设备进出场及安拆费、垂直运输机械费等可以根据已有的定额计算确定。

2. 按系数计算

临时设施费、安全文明施工增加费、夜间施工增加费等，可以按直接费为基础乘以适当的系数确定。

3. 按收费规定计算

室内空气污染测试费、环境保护费等可以按有关规定计取费用。

5.3.4　其他项目费的确定

招标人部分的其他项目费可按估算金额确定；投标人部分的总承包服务费应根据招标人提出要求按所发生的费用确定；计日工应根据计日工表确定。

其他项目清单中的暂列金额、暂估价和计日工均为预测和估算数额，虽在投标时计入投标人的报价中，但不应视为投标人所有。竣工结算时，应按承包人实际完成的工作内容结算，剩余部分仍归招标人所有。

5.4　工程量清单计价与定额计价的区别

工程量清单计价与定额计价主要有以下几个方面的区别。

5.4.1　计价依据不同

1. 依据不同定额

定额计价按照政府主管部门颁发的预算定额计算各项消耗量；工程量清单计价按照企业定额计算各项消耗量，也可以选择其他合适的消耗量定额计算工料机消耗量。选择何种定额，由投标人自主确定。

2. 采用的单价不同

定额计价的人工单价、材料单价、机械台班单价采用预算定额基价中的单价或政府指导价；工程量清单计价的人工单价、材料单价、机械台班单价采用市场价，由投标人自主确定。

3. 费用项目不同

定额计价的费用计算，根据政府主管部门颁发的费用计算程序所规定的项目和费率计算；工程量清单计价的费用按照工程量清单计价规范的规定和根据拟建项目和本企业的具体情况自主确定实际的费用项目和费率。

5.4.2 费用构成不同

定额计价方式的工程造价费用构成一般由直接费（包括直接工程费和措施费）、间接费（包括规费和企业管理费）、利润和税金（包括营业税、城市维护建设税和教育费附加）构成；工程量清单计价的工程造价费用由分部分项工程项目费、措施项目费、其他项目费、规费和税金构成。

5.4.3 计价方法不同

定额计价方式常采用单位估价法和实物金额法计算直接费，然后再计算间接费、利润和税金。而工程量清单计价则采用综合单价的方法计算分部分项工程量清单项目费，然后再计算措施项目费、其他措施项目费、规费和税金。

5.4.4 本质特性不同

定额计价方式确定的工程造价，具有计划价格的特性；工程量清单计价方式确定的工程造价具有市场价格的特性。两者有着本质上的区别。

5.5 工程量清单及其报价格式

5.5.1 招标工程量清单格式

1. 工程量清单格式的内容组成

工程量清单格式由下列内容组成：

（1）封面（表 5-1）；

（2）扉页（表 5-2）；

（3）总说明（表 5-3）；

（4）分部分项工程和单价措施项目清单与计价表（表 5-6）；

（5）总价项目清单与计价表（表 5-7）；

（6）其他项目清单与计价汇总表（表 5-8）；

（7）暂列金额明细表（表 5-9）；

（8）材料（工程设备）暂估单价及调整表（表 5-10）；

（9）专业工程暂估价及结算表（表 5-11）；

（10）总承包服务费计价表（表 5-12）；

（11）计日工表（表 5-13）；

（12）规费、税金项目计价表（表 5-14）。

2. 工程量清单格式的填写要求

（1）工程量清单由招标人填写。

（2）总说明应填写下列内容。

1）工程概况

包括建设规模、工程特征、计划工期、施工现场实际情况、交通运输情况、自然地理条件、环境保护要求等。

2）工程招标和分包范围

3）工程量清单编制依据

4）工程质量、材料、施工等的特殊要求

5）招标人自行采购材料的名称、规格、型号、数量等

6）暂列金额、自行采购材料的金额数量

7）其他需要说明的问题

5.5.2 工程量清单报价格式

1. 工程量清单计价格式的内容组成

(1) 投标总价（表5-15）；

(2) 单项工程投标报价汇总表（表5-4）；

(3) 单位工程投标报价汇总表（表5-5）；

(4) 分部分项工程量和单价措施项目清单与计价表（表5-6）；

(5) 总价措施项目清单与计价表（表5-7）；

(6) 其他项目清单与计价汇总表（表5-8）；

(7) 暂列金额明细表（表5-9）；

(8) 材料（工程设备）暂估价及调整表（表5-10）；

(9) 专业工程暂估价及运算价表（表5-11）；

(10) 总承包服务费计价表（表5-12）；

(11) 计日工表（表5-13）；

(12) 规费、税金项目计价表（表5-14）；

(13) 综合单价分析表（表5-16）；

表 5-1

________________ 工程

招标工程量清单

招　标　人：________________
（单位盖章）

造价咨询人：________________
（单位盖章）

年　月　日

表 5-2

______________ 工程

招标工程量清单

招 标 人：______________（单位盖章）　　造价咨询人：______________（单位资质专用章）

法定代表人　　　　　　　　　　　　法定代表人

或其授权人：______________（签字或盖章）　　或其授权人：______________（签字或盖章）

编 制 人：______________（造价人员签字盖专用章）　　复 核 人：______________（造价工程师签字盖专用章）

编制时间：　年　月　日　　　　　　　　复核时间：　年　月　日

表 5-3

总 说 明

工程名称：　　　　　　　　　　　　　　　　　　　　　　　　　第 页 共 页

单项工程招标控制价/投标报价汇总表　　表 5-4

工程名称：　　第　页　共　页

序号	单项工程名称	金额(元)	其中:(元)		
			暂估价	安全文明施工费	规费
合　计					

注：本表适用于单项工程招标控制价或投标报价的汇总。暂估价包括分部分项工程中的暂估价和专业工程暂估价。

表 5-5

单位工程招标控制价 /投标报价汇总表

工程名称：　　　　　　　标段：　　　　　　　　　　　第　页　共　页

序号	汇 总 内 容	金额(元)	其中:暂估价(元)
1	分部分项工程		
1.1			
1.2			
1.3			
1.4			
1.5			
2	措施项目		
2.1	其中:安全文明施工费		
3	其他项目		
3.1	其中:暂列金额		
3.2	其中:专业工程暂估价		
3.3	其中:计日工		
3.4	其中:总承包服务费		
4	规费		
5	税金		
招标控制价合计=1+2+3+4+5			

注：本表适用于单位工程招标控制价或投标报价的汇总，如无单位工程划分，单项工程也使用本表汇总。

表 5-6

分部分项工程和单价措施项目清单与计价表

工程名称：　　　　　　　　标段：　　　　　　　　第　页　共　页

序号	项目编码	项目名称	项目特征描述	计量单位	工程量	金额(元)		
						综合单价	合价	其中 暂估价
本页小计								
合　计								

注：为计取规费等的使用，可在表中增设其中："定额人工费"。

表 5-7

总价措施项目清单与计价表

工程名称：　　　　标段：　　　　第　页　共　页

序号	项目编码	项 目 名 称	计算基础	费率(%)	金额(元)	调整费率(%)	调整后金额(元)	备注
		安全文明施工费						
		夜间施工增加费						
		二次搬运费						
		冬雨季施工增加费						
		已完工程及设备保护费						
		合计						

编制人（造价人员）：　　　　复核人（造价工程师）：

注：1 “计算基础”中安全文明施工费可为“定额基价”、“定额人工费”或“定额人工费＋定额机械费”，其他项目可为“定额人工费”或“定额人工费＋定额机械费”。

2 按施工方案计算的措施费，若无“计算基础”和“费率”的数值，也可只填“金额”数值，但应在备注栏说明施工方案出处或计算方法。

表 5-8

其他项目清单与计价汇总表

工程名称：　　　　标段：　　　　第　页　共　页

序号	项 目 名 称	金额(元)	结算金额(元)	备注
1	暂列金额			明细详见表-12-1
2	暂估价			
2.1	材料(工程设备)暂估价/结算价	—		明细详见表-12-2
2.2	专业工程暂估价/结算价			明细详见表-12-3
3	计日工			明细详见表-12-4
4	总承包服务费			明细详见表-12-5
5	索赔与现场签证	—		明细详见表-12-6
	合计			—

注：材料（工程设备）暂估单价进入清单项目综合单价，此处不汇总。

表 5-9

暂列金额明细表

工程名称：　　　　　　　　标段：　　　　　　　　　　　第　页　共　页

序号	项 目 名 称	计量单位	暂定金额(元)	备注
1				
2				
3				
4				
5				
6				
7				
8				
9				
10				
11				
合　计				—

注：此表由招标人填写，如不能详列，也可只列暂定金额总额，投标人应将上述暂列金额计入投标总价中。

表 5-10

材料（工程设备）暂估单价及调整表

工程名称：　　　　　　　　标段：　　　　　　　　　　　第　页　共　页

序号	材料(工程设备)名称、规格、型号	计量单位	数量		暂估(元)		确认(元)		差额±(元)		备注
			暂估	确认	单价	合价	单价	合价	单价	合价	
合　计											

注：此表由招标人填写"暂估单价"，并在备注栏说明暂估价的材料、工程设备拟用在哪些清单项目上，投标人应将上述材料、工程设备暂估单价计入工程量清单综合单价报价中。

表 5-11

专业工程暂估价及结算价表

工程名称： 标段： 第 页 共 页

序号	工程名称	工程内容	暂估金额（元）	结算金额（元）	差额±（元）	备注
合 计						

注：此表“暂估金额”由招标人填写，投标人应将“暂估金额”计入投标总价中，结算时按合同约定结算金额填写。

表 5-12

总承包服务费计价表

工程名称： 标段： 第 页 共 页

序号	工程名称	项目价值(元)	服务内容	计算基础	费率(%)	金额(元)
1	发包人发包专业工程					
2	发包人供应材料					
	合 计	—	—		—	

注：此表项目名称、服务内容由招标人填写，编制招标控制价时，费率及金额由招标人按有关计价规定确定；投标时，费率及金额由投标人自主报价，计入投标总价中。

表 5-13

计日工表

工程名称：　　　　　　　　　　标段：　　　　　　　　　　第　页　共　页

编号	项目名称	单位	暂定数量	实际数量	综合单价（元）	合价（元）	
						暂定	实际
一	人工						
1							
2							
3							
4							
人工小计							
二	材料						
1							
2							
3							
4							
材料小计							
三	施工机械						
1							
2							
3							
4							
施工机械小计							
四、企业管理费和利润							
总　计							

注：此表项目名称、暂定数量由招标人填写，编制招标控制价时，单价由招标人按有关计价规定确定；投标时，单价由投标人自主报价，按暂定数量计算合价计入投标总价中。结算时，按发承包双方确认的实际数量计算合价。

表 5-14

规费、税金项目计价表

工程名称：　　　　　　　　标段：　　　　　　　　第　页　共　页

序号	项目名称	计算基础	计算基数	计算费率（%）	金额（元）
1	规费	定额人工费			
1.1	社会保险费	定额人工费			
(1)	养老保险费	定额人工费			
(2)	失业保险费	定额人工费			
(3)	医疗保险费	定额人工费			
(4)	工伤保险费	定额人工费			
(5)	生育保险费	定额人工费			
1.2	住房公积金	定额人工费			
1.3	工程排污费	按工程所在地环境保护部门收取标准，按实计入			
2	税金	分部分项工程费＋措施项目费＋其他项目费＋规费－按规定不计税的工程设备金额			
合计					

编制人（造价人员）：　　　　　　　　复核人（造价工程师）：

表 5-15

投 标 总 价

招　标　人：________________________

工 程 名 称：________________________

投 标 总 价(小写)：____________________

(小写)：____________________

招　标　人：________________________

(单位盖章)

法定代表人
或其授权人：________________________

(签字或盖章)

编　制　人：________________________

(造价人员签字盖专用章)

时　间：　　年　　月　　日

表 5-16

综合单价分析表

工程名称：　　　　　　　　　　　　　标段：　　　　　　　　　　　　　第　页　共　页

<table>
<tr><td colspan="2">项目编码</td><td colspan="2"></td><td>项目名称</td><td colspan="2"></td><td>计量单位</td><td></td><td colspan="2">工程量</td><td></td></tr>
<tr><td colspan="12">清单综合单价组成明细</td></tr>
<tr><td rowspan="2">定额编号</td><td rowspan="2">定额项目名称</td><td rowspan="2">定额单位</td><td rowspan="2">数量</td><td colspan="4">单　价</td><td colspan="4">合　价</td></tr>
<tr><td>人工费</td><td>材料费</td><td>机械费</td><td>管理费和利润</td><td>人工费</td><td>材料费</td><td>机械费</td><td>管理费和利润</td></tr>
<tr><td></td><td></td><td></td><td></td><td></td><td></td><td></td><td></td><td></td><td></td><td></td><td></td></tr>
<tr><td></td><td></td><td></td><td></td><td></td><td></td><td></td><td></td><td></td><td></td><td></td><td></td></tr>
<tr><td></td><td></td><td></td><td></td><td></td><td></td><td></td><td></td><td></td><td></td><td></td><td></td></tr>
<tr><td></td><td></td><td></td><td></td><td></td><td></td><td></td><td></td><td></td><td></td><td></td><td></td></tr>
<tr><td colspan="2">人工单价</td><td colspan="6">小计</td><td></td><td></td><td></td><td></td></tr>
<tr><td colspan="2">元/工日</td><td colspan="6">未计价材料费</td><td colspan="4"></td></tr>
<tr><td colspan="8">清单项目综合单价</td><td colspan="4"></td></tr>
<tr><td rowspan="8">材料费明细</td><td colspan="5">主要材料名称、规格、型号</td><td>单位</td><td>数量</td><td>单价（元）</td><td>合价（元）</td><td>暂估单价（元）</td><td>暂估合价（元）</td></tr>
<tr><td colspan="5"></td><td></td><td></td><td></td><td></td><td></td><td></td></tr>
<tr><td colspan="5"></td><td></td><td></td><td></td><td></td><td></td><td></td></tr>
<tr><td colspan="5"></td><td></td><td></td><td></td><td></td><td></td><td></td></tr>
<tr><td colspan="5"></td><td></td><td></td><td></td><td></td><td></td><td></td></tr>
<tr><td colspan="5"></td><td></td><td></td><td></td><td></td><td></td><td></td></tr>
<tr><td colspan="7">其他材料费</td><td>—</td><td></td><td>—</td><td></td></tr>
<tr><td colspan="7">材料费小计</td><td>—</td><td></td><td>—</td><td></td></tr>
</table>

注：1. 如不使用省级或行业建设主管部门发布的计价依据，可不填写额编号、名称等。
　　2. 招标文件提供了暂估单价的材料，按暂估的单价填入表内“暂估单价”栏及“暂估合价”栏。

2. 工程量清单计价格式填写要求

计价规范提供的工程量清单计价格式为统一格式，不得变更或修改。但是，当工程项目没有采用总承包，而是采用分包制时，表格的使用可以有些变化，需要填写哪些表格，招标方应提出具体要求。

5.6　工程量清单编制方法

5.6.1　编制依据

工程量清单是建设工程招标的主要文件，应由具有编制招标文件能力的招标人或受其委托具有相应资质的中介机构进行编制。

工程量清单的编制依据主要有《建设工程工程量清单计价规范》、工程招标文件、施工图等。

1. 建设工程工程量计价规范

根据《建设工程工程量清单计价规范》及《市政工程工程量计算规范》确定拟建工程的分部分项工程项目、措施项目、其他项目的项目名称和相应的数量。

2. 工程招标文件

根据拟建工程特定工艺要求，确定措施项目；根据工程承包、分包的要求，确定总承包服务费项目；根据对施工图范围外的其他要求，确定零星工作项目费等项目。

3. 施工图

施工图是计算分部分项工程量的主要依据，依据《建设工程工程量清单计价规范》中对项目名称、工程内容、计量单位、工程量计算规则的要求和拟建工程施工图、计算分部分项工程量。

5.6.2　清单工程量计算

1. 清单工程量的概念

清单工程量是分部分项工程量清单的简称，是招标人发布的拟建工程的实物数量，也是投标人计算工、料、机消耗量的依据。按照计价规范计算的分部分项工程量与承包商计算投标报价的工程量有较大的差别。这是因为分部分项工程量清单中每一项工程量的工程内容、工程量计算规则与各承包商采用的分析工、料、机消耗量的定额的工程内容和工程量计算规则各不相同，所以两者有较大的差别。

清单工程量是业主按照《建设工程工程量清单计价规范》的要求编制，起到统一报价标准作用的工程量。

2. 清单工程量计算方法

（1）清单工程量计算的思路

根据拟建工程施工图和建设工程工程量清单计价规范列项；

根据所列项目填写清单项目的项目编码和计量单位；

确定清单工程量项目的主项内容和所包含的附项内容；

根据施工图、项目主项内容和计价规范中的工程量计算规则，计算主项工程量。一般，主项工程量就是清单工程量；

按《建设工程工程量清单计价规范》中附录所示工程量清单项目的顺序，整理清单工程量的顺序，最后形成分部分项工程量清单。

（2）清单工程量计算方法

清单工程量的计算，严格按照计价规范中计算规则规定的要求计算，其具体的长度、面积、体积计算方法，已经在建筑工程预算中介绍，这里不再赘述。

（3）清单工程量计算用表格

清单工程量计算表见表5-17。

表5-17

清单工程量计算表

工程名称：　　　　　　　　　　　　　　　　　　　　第　页　共　页

序号	项目编号	项目名称	单位	工程数量	计　算　式

5.6.3 措施项目清单、其他项目清单编制

1. 措施项目清单

建设工程工程量清单计价规范中列出了措施项目一览表。业主在提交工程量清单时，这一部分的内容主要由承包商自主确定，因此，不作具体的规定。承包商在报这部分内容的价时，根据拟建工程和企业的具体情况自主确定。

2. 其他项目清单

其他项目清单分为两部分内容。一是招标人提出的项目，一般包括暂列金额和专业工程暂估价等，业主在提供工程量清单时，可以明确规定项目的金额。对于招标人提出的这部分清单项目，如果在工程实施过程没有发生或发生一部分，其费用及剩余的费用还是归业主所有。

第二部分是由承包商提出的项目。承包商根据招标文件或承包工程的实际需要发生了分包工程，那么就要提出总承包服务费这个项目。如果在投标报价中根据招标人的要求，完成了分部分项工程量清单项目以外的工作，还要提出计日工等费用。

5.7 工程量清单报价编制方法

5.7.1 编制依据

编制工程量清单报价的依据主要有：清单工程量、施工图、《建设工程工程量清单计价规范》、消耗量定额、施工方案、工料机市场价格等。

1. 清单工程量

清单工程量是由招标人发布的拟建工程的招标工程量。清单工程量是投标人投标报价的重要依据，投标人应根据清单工程量和施工图计算计价工程量。

2. 施工图

由于采取的施工方案不同，并且清单工程量是分部分项工程量清单项目的主项工程量，不能反映报价的全部内容。所以投标人在投标报价时，需要根据施工图和施工方案计算报价工程量，因而，施工图也是编制工程量清单报价的重要依据。

3. 消耗量定额

消耗量定额一般指企业定额、建设行政主管部门发布的预算定额等，它是分析拟建工程工料机消耗量的依据。

4. 工料机市场价格

工料机市场价格是确定分部分项工程量清单综合单价的重要依据。

5.7.2 计价工程量计算

1. 计价工程量的概念

计价工程量也称报价工程量。它是计算工程投标报价的重要数据。

计价工程量是投标人根据拟建工程施工图、施工方案、清单工程量和所采用定额及相对应的工程量计算规则计算出的，用以确定综合单价的重要数据。

清单工程量作为统一各投标人工程报价的口径，这是十分重要的，也是十分

必要的。但是，投标人不能根据清单工程量直接进行报价。这是因为，施工方案不同，其实际发生的工程量是不同的。例如，基础挖方是否要留工作面，留多少，不同的施工方法其实际发生的工程量是不同的；采用的定额不同，其综合单价的综合结果也是不同的。所以在投标报价时，各投标人必然要计算计价工程量。我们就将用于报价的实际工程量称为计价工程量。

2. 计价工程量计算方法

计价工程量是根据所采用的定额和相对应的工程量计算规则计算的，所以，承包商一旦确定采用何种定额时，就应完全按其定额所划分的项目内容和工程量计算规则计算工程量。

计价工程量的计算内容一般要多于清单工程量。因为，计价工程量不但要计算每个清单项目的主项工程量，而且还要计算所包含的附项工程量。这就要根据清单项目的工程内容和定额项目的划分内容具体确定。例如，M5水泥砂浆砌砖基础项目，不但要计算主项的砖基础项目，还要计算混凝土基础垫层的附项工程量。又如，低压ϕ159×5不锈钢管安装项目，除了要计算管道安装主项工程量外，还要计算水压试验、管酸洗、管脱脂、管绝热、镀锌薄钢板保护层等5个附项工程量。

计价工程量的具体计算方法，同建筑安装工程预算中所介绍的工程量计算方法基本相同。

5.7.3 综合单价计算

1. 综合单价的概念

综合单价是相对各分项单价而言，是在分部分项清单工程量以及相对应的计价工程量项目的人工单价、材料单价、机械台班单价、管理费单价、利润单价基础上综合而成的。形成综合单价的综合过程不是简单地将其汇总的过程，而是根据具体分部分项清单工程量和计价工程量及工料机单价通过具体计算后综合而成。

2. 综合单价计算方法

综合单价的计算过程是，先用计价工程量乘以定额消耗量得出工料机消耗量，再乘以对应的工料机单价得出主项和附项直接费，然后再计算出计价工程量清单项目费小计，接着再计算管理费、利润得出清单合价，最后再用清单合价除以清单工程量得出综合单价。其示意图如图5-1所示。

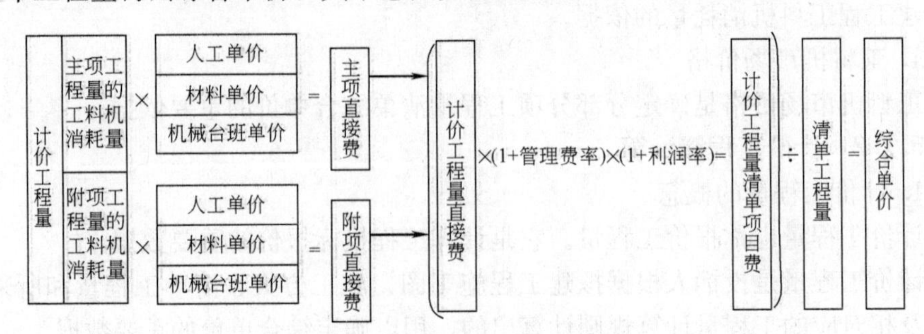

图5-1 综合单价计算方法示意图

3. 综合单价计算实例（表 5-18）

工程量清单综合单价分析表　　　　**表 5-18**

工程名称：××路面　　　　标段：　　　　第 1 页　共 1 页

项目编码		040203005001		项目名称		水泥混凝土路面		计量单位		m²	
清单综合单价组成明细											
定额编号	定额名称	定额单位	数量	单价				合价			
				人工费	材料费	机械费	管理费和利润	人工费	材料费	机械费	管理费和利润
2-289	水泥混凝土路面	m²	13000	10.065	39.577	0.832	4.54	130845	514501	10816	59054.58
2-294	路面伸缩沥青玛琋脂	m²	31.20	10.38	69.60	/	7.20	323.86	2171.66	/	224.64
2-298	锯缝机锯缝	m	4654	1.92	0.784	1.155	0.35	8935.68	3648.15	5375.37	1628.9
2-300	草袋养护	m²	13000	0.345	0.972	/	0.119	4485	12641.69	/	1547
人工单价		小计						144589.54	532967.99	16191.37	62455.12
30 元/工日		未计价材料费									
清单项目综合单价								58.17			
材料费明细	主要材料名称、规格、型号					单位	数量	单价（元）	合价（元）	暂估单价（元）	暂估合价（元）
	C30 路面混凝土					m³	2652	187	495924.00		
	板枋材					m³	6.37	1810	11529.70		
	圆钉					kg	26	5.86	152.36		
	铁件					kg	845	3.66	3092.70		
	水					m³	4940	0.40	1976.00		
	石粉					kg	397.49	0.08	31.80		
	石棉					kg	393.12	4.10	1611.79		
	石油沥青 60 号					kg	396.24	1.25	495.30		
	煤					kg	99.84	0.20	19.97		
	木柴					kg	9.98	0.20	2.00		
	草袋					个	5590	2.12	11850.80		
	钢锯片					片	1820	0.40	3630.00		
	其他材料费							—	2651.57	—	
	材料费小计							—	532967.99	—	

注：1. 如不使用省级或行业建设主管部门发布的计价依据，可不填定额项目、编号等。
　　2. 招标文件提供了暂估单价的材料，按暂估的单价填入表内“暂估单价”栏及“暂估合价”栏。

5.7.4　措施项目费、其他项目费、规费、税金计算

1. 措施项目费

（1）单价措施项目

单价措施项目费是指工程量清单中，除分部分项工程量清单项目费以外，为保证工程顺利进行，按照国家现行规定的建设工程施工及验收规范、规程要求，

必须配套的工程内容所需的费用。例如，临时设施费、脚手架搭拆费等。

（2）单价措施项目费计算方法

单价措施项目费与分部分项工程费的计算方法相同，也是用清单工程量根据计价定额进行综合单价分析后再乘以单价措施项工程量得出。

（3）总价措施项目费及其计算方法

总价措施项目费主要包括“安全文明施工费、夜间施工费”等费用。该类费用分为竞争性费用（安全文明施工费）和非竞争性费用（夜间施工费等）。其计算方法按国家、省市或行业行政主管部门颁发的规定计算。一般以人工费或人工费加机械费为计算基数乘上规定的费率。

2. 其他项目费

（1）其他项目费的概念

其他项目费是指暂列金额、材料暂估价、总承包服务费、计日工项目费、总承包服务费等估算金额的总和。包括：人工费、材料费、机械台班费、管理费、利润和风险费。

（2）其他项目费的确定

1）暂列金额

暂列金额主要指考虑可能发生的工程量变化和费用增加而预留的金额。引起工程量变化和费用增加的原因很多，一般主要有以下几个方面：

① 清单编制人员错算、漏算引起的工程量增加；

② 设计深度不够、设计质量较低造成的设计变更引起的工程量增加；

③ 在施工过程中应业主要求，经设计或监理工程师同意的工程变更增加的工程量；

④ 其他原因引起应由业主承担的增加费用，如风险费用和索赔费用。

暂列金额由招标人根据工程特点，按有关计价规定进行估算确定，一般可以按分部分项工程量清单费的10％～15％作为参考。

暂列金额作为工程造价的组成部分计入工程造价。但暂列金额应根据发生的情况和必须通过监理工程师批准方能使用。未使用部分归业主所有。

2）暂估价

暂估价根据发布的清单计算，不得更改。暂估价中的材料必须按照暂估单价计入综合单价；专业工程暂估价必须按照其他项目清单中列出的金额填写。

3）计日工

计日工应按照其他项目清单列出的项目和估算的数量，自主确定各项综合单价并计算费用。

4）总承包服务费

总包服务费应该依据招标人在招标文件列出的分包专业工程内容和供应材料、设备情况，按照招标人提出协调、配合与服务要求和施工现场管理需要自主确定。

3. 规费

（1）规费的概念

规费是指根据省级政府或省级有关权力部门规定必须缴纳的，应计入建筑安装工程造价的费用。

（2）规费的内容

规费一般包括下列内容：

1）工程排污费

工程排污费是指按规定缴纳的施工现场的排污费。

2）养老保险费

养老保险费是指企业按规定标准为职工缴纳的养老保险费（指社会统筹部分）。

3）失业保险费

失业保险费是指企业按照国家规定标准为职工缴纳的失业保险费。

4）医疗保险费

医疗保险费是指企业按规定标准为职工缴纳的基本医疗保险费。

5）生育保险费指企业按规定标准为职工缴纳的生育保险费。

6）工伤保险费指企业按规定标准为职工缴纳的工伤保险费。

7）住房公积金

住房公积金是指企业按规定标准为职工缴纳的住房公积金。

8）危险作业意外伤害保险

危险作业意外伤害保险是指按照《中华人民共和国建筑法》规定，企业为从事危险作业的建筑安装施工人员支付的意外伤害保险费。

（3）规费的计算

规费可以按“人工费”或“人工费＋机械费”作为基数计算。投标人在投标报价时必须按照国家或省级、行业建设主管部门的规定计算规费。

规费的计算公式为：

$$规费=计算基数\times对应的费率$$

4. 税金

税金是指国家税法规定的应计入建筑安装工程造价内的营业税、城市维护建设税及教育费附加。

其计算公式为：

$$税金=(分部分项清单项目费+措施项目费+其他项目费+规费+税金)\times税率$$

上述公式变换后成为：

$$税金=(分部分项清单项目费+措施项目费+其他项目费+规费)\times\frac{税率}{1-税率}$$

例如，营业税税金计算公式为：

$$营业税金=\left(\begin{matrix}分部分项\\清单项目费\end{matrix}+\begin{matrix}措施\\项目费\end{matrix}+\begin{matrix}其他\\项目费\end{matrix}+规费\right)\times\frac{3\%}{1-3\%}$$

思考题与习题

1. 工程量清单的概念。

2. 工程量清单报价的概念。
3. 编制工程量清单有哪些原则?
4. 叙述工程量清单的编制内容。
5. 什么是措施项目清单?
6. 什么是其他项目清单?
7. 什么是综合单价?如何确定?
8. 工程量清单计价与定额计价的区别?
9. 工程量清单有哪些表格?
10. 工程量清单报价有哪些表格?
11. 什么是计价工程量?如何计算?
12. 叙述综合单价的编制依据。
13. 如何计算措施项目费?
14. 如何计算其他项目费?
15. 如何计算规费?

教学单元 6　土石方工程工程量清单计价

【教学目标】 通过对土壤及岩石的分类、土石方工程施工工艺、建设工程工程量清单计价规范、市政工程工程量计算规范、土石方工程工程量清单编制方法、土石方工程工程量计算规则、土石方工程量清单编制要求、土石方工程清单报价编制要求等知识点的学习，学生掌握土石方分部分项工程量计算、措施项目工程量计算、土石方分部分项工程费计算、措施项目费计算、其他项目费计算、规费和税金计算方法和技能。

6.1　土石方工程基础知识

土壤是地壳岩石经过长期的物理和化学作用，而形成的颗粒和空气、水组成的混合物。土颗粒之间有许多孔隙，孔隙中有气体（一般是空气），也有液体（一般是水），三部分之间的比例随着周围的条件变化而变化。例如，当土层中地下水上升时，原地下水位以上的土中水的含量就要增加，土中的颗粒、空气和水的比例有了变化，造成土质的密实或松软、干土或湿土、黏土或淤泥、含水率高低等等的相应变化。这三部分之间的比例关系以及体积、重量等的相互变化决定了土的物理性质，以此确定土的分类，从而可以较准确地选用工程计价定额。

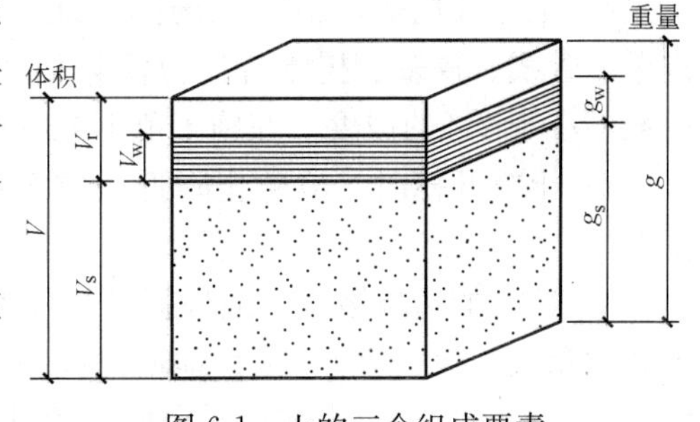

图 6-1　土的三个组成要素

图 6-1 表示了土的三个组成部分在重量和体积上的相互关系。

各部分的体积和重量所用符号：

V——土的总体积；

V_r——土中孔隙部分体积；

V_s——土中固体颗粒体积；

V_w——土中水所占体积；

g——土的总重量；

g_s——土中固体颗粒重量；

g_w——土中水的重量。

6.1.1　土壤及岩石的分类

在市政工程中，土壤及岩石通常采用两种分类方法。一种是土石方工程分类，即按土的地质成因、颗粒组成或塑性指数及工程特征来划分。另一种是土石方定额分类，即按土的坚硬程度、开挖难易划分，也就是常用的普氏分类。

1. 土的分类

在市政工程预算定额中，土壤类别是按土（石）的开挖方法及工具、坚固系数（为普氏岩石强度系数 f）值，划分为一至四类土。一般将一、二类土合并在一起。

2. 岩石的分类

在市政工程预算定额中，根据岩石的极限压碎强度（kg/cm^2）、坚固系数（f）值，将岩石划分为 5～16 类共 12 种，由于在实际开挖中难区别，又分为松石、次坚石、普坚石和特坚石四大类。松石也称为普通岩，鉴别或开挖方法是部分用手凿工具，部分用凿岩机（风镐）和爆破来开挖；其他大类称为坚硬岩，全部用风镐风钻爆破法来开挖。

岩石的分类适用于人工石方工程，也适用于机械石方工程。

6.1.2 土石方工程主要施工工艺简介

市政工程中，常见的土石方工程有场地平整、基坑（槽）与管沟开挖、路基开挖、填土、路基填筑以及基坑回填等。土石方工程施工方法有人工施工和机械施工两种。人工施工比较简单，劳动强度较大。大型土石方工程采用机械施工较多。

1. 人工土石方工程施工工艺

（1）工艺流程

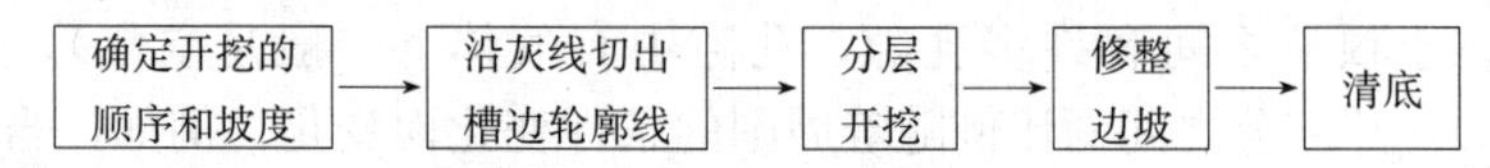

（2）施工要点

1）挖方工程应在定位放线后，方可施工。

2）土方开挖前，施工现场内的地上地下障碍物（建筑物、构筑物、道路、沟渠、管线、坟墓、树木等）应清除和处理，表面要清理平整，做好排水坡向，一般不小于2%的坡度。在施工范围内应挖临时性排水沟。

3）土方开挖时，应防止附近的建筑物或构筑物、道路、管线等发生下沉和变形。

4）挖方的边坡坡度，应根据土的种类、物理力学性质（质量密度、含水量、内摩擦角及内聚力等）、工程地质情况、边坡高度及使用期确定，在土质具有天然湿度、构造均匀、水文地质良好且无地下水时，深度在 5m 以内的基坑边坡可按表 6-1、表 6-2 确定。

深度在 5m 以内的基坑边坡的最大坡度（一）　　表 6-1

土　名　称	人工挖土土抛坑边	土　名　称	人工挖土土抛坑边
砂土	1∶1.0	黏土	1∶0.33
砂质粉土	1∶0.67	干黄土	1∶0.25
粉质黏土	1∶0.50		

深度在 5m 以内的基坑边坡的最大坡度（二）　　表 6-2

土名称	机械在坑底挖土	机械在坑上边挖土
砂土	1∶0.75	1∶1.0
砂质粉土	1∶0.50	1∶0.75
粉质黏土	1∶0.33	1∶0.75
黏土	1∶0.25	1∶0.67
干黄土	1∶0.10	1∶0.33

5）当地质条件良好，土质均匀且地下水位低于基坑（槽）时，在规范允许挖土深度内可以不放坡，也可以不加支撑。

6）挖掘土方有地下水时，应先用人工降低地下水位，防止建筑物基坑（槽）底土壤扰动，然后再进行挖掘。

7）开挖基坑、槽时，应首先沿灰线直边切出槽边的轮廓线。土方开挖宜自上而下分层、分段开挖，随时做成一定的坡势，以利泄水，并不得在影响边坡稳定的范围内积水，开挖端部逆向倒退按踏步型挖掘。坚土、砂砾土先用镐翻松，向下挖掘，每层深度视翻松度而定，每层应清底出土，然后逐层挖掘。所挖土方皆两侧出土，当土质良好时，抛于槽边的土方距槽边 0.8m 以外，高度不宜超过 1.5m。在挖到距槽底 500mm 以内时，测量放线人员应配合定出距槽底 500mm 的水平线。自每条槽端部 200mm 处每隔 2～3m，在槽帮上定水平标高小木橛。在挖至接近槽底标高时，用尺或事先量好的 500mm 标准尺杆，以小木橛为准校核槽底标高。槽底不得挖深，如已挖深，不得用虚土回填。由两端轴线引桩拉通线，以轴线至槽边距离检查槽宽，修整槽壁，最后清除槽底土方，修底铲平。

8）开挖放坡的坑（槽）和管沟时，应先按规定坡度，粗略垂直开挖，每挖至约 1m 深时，再按坡度要求做出坡度线，每隔 3m 做一条，以此为准进行铲坡。

9）开挖大面积浅基坑时，沿基坑三面开挖，挖出的土方由未开挖的一面运至弃土地点，坑边存放一部分好土作为回填土用。

10）基槽挖至槽底后，应对土质进行检查，如遇松软土层、坟坑、枯井、树根等深于设计标高时，应予加深处理。加深部分应以踏步方式自槽底逐步挖至加深部位的底部，每个踏步的高度不应大于 500mm，长度不应小于 1m。

11）在土方开挖过程中，如出现滑坡迹象（如裂缝、滑动等）时，应暂停施工，立即采取相应措施，并观测滑动迹象，作好记录。

2. 机械土石方工程施工工艺

（1）工艺流程

确定开挖的顺序和坡度 → 分层开挖 → 修边和清底

（2）施工要点

1）机械开挖应根据工程规范、地下水位高低、施工机械条件、进度要求等合理的选用施工机械，以充分发挥机械效率，节省机械费用，加速工程进度。一般深度 2m 以内的大面积基坑开挖，宜采用推土机或装载机推土和装车；对长度和宽度均较大的大面积土方一次开挖，可用铲运机铲土；对面积大且深的基础，多采用 $0.5m^3$、$1.0m^3$ 斗容量的液压正铲挖掘；如操作面较狭窄，且有地下水，土的湿度大，可采用液压反铲挖掘机在停机面一次开挖；深 5m 以上，宜分层开挖或开沟道用正铲挖掘机下入基坑分层开挖；对面积很大很深的设备基础基坑或高层建筑地下室深基坑，可采用多层接力开挖方法，土方用翻斗汽车运出；在地下水中挖土可用拉铲或抓铲，效率较高。

2）土方开挖应绘制土方开挖图，如图 6-2 所示。确定开挖路线、顺序、范围、基底标高、边坡坡度、排水沟、集水井位置以及挖出的土方堆放地点等。绘制土方开挖图，应尽可能使机械多挖，减少机械超挖和人工挖方。

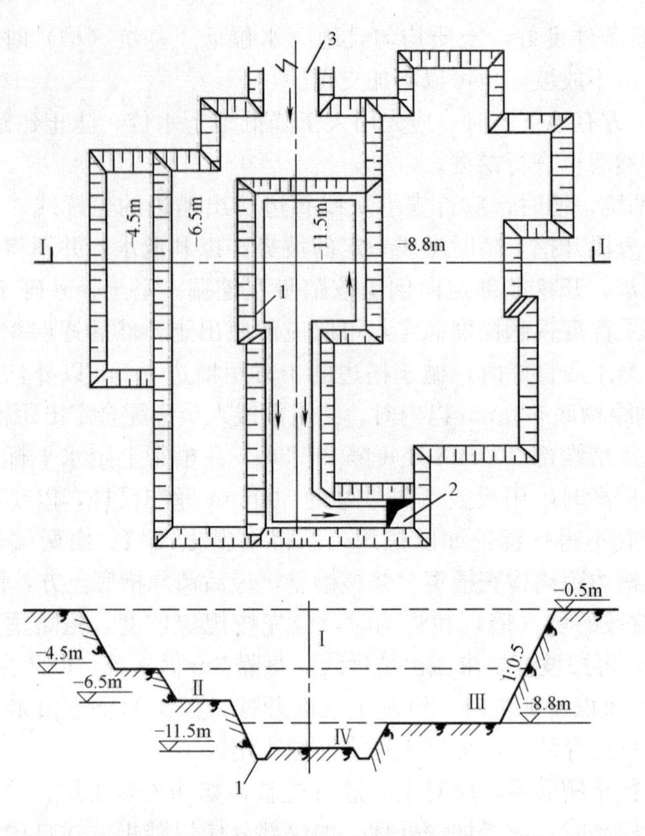

图 6-2　土方开挖图

1—排水沟；2—集水井；3—土方机械进出口

Ⅰ、Ⅱ、Ⅲ、Ⅳ—开挖次序

3）大面积基础群基坑底标高不一，机械开挖次序一般采取先整片挖至一平均标高，然后再挖个别较深部位。当一次开挖深度超过挖土机最大挖掘高度（5m 以上）时，宜分二至三层开挖，并修筑 10%～15%坡道，以便挖土及运输车辆进出。

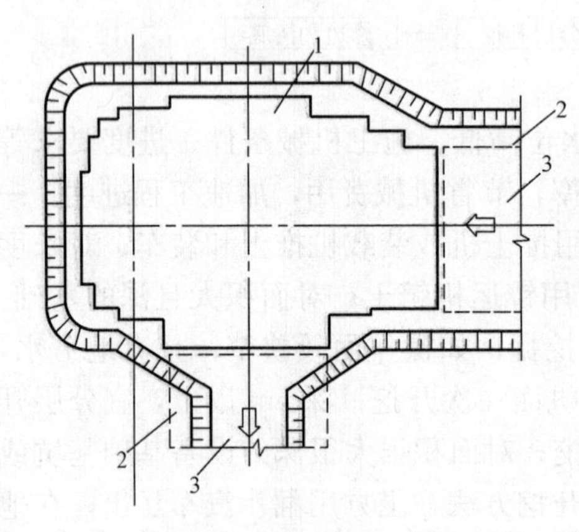

图 6-3　利用后开挖基础部位作车道

1—先开挖设备基础部位；2—后开挖设备基础或地下室、沟道部位；3—挖掘机、汽车进出运输道

4）基坑边角部位，机械开挖不到之处，应用少量人工配合清坡，将松土清至机械作业半径范围内，再用机械掏取运走。人工清土所占比例一般为 1%～10%，挖土方量越大，则人工清土比例越小，修坡以厘米作限制误差。大基坑宜另配一台推土机清土、送土、运土。

5）挖掘机、运土汽车进出基坑的运输道路，应尽量利用基础一侧或两侧相邻的基础以后需开挖的部位，使它互相贯通作为车道，如图 6-3 所示，或利用提前挖除土方后的地下设施部位作为相邻的几个基坑开挖地下运输通道，以减少挖土量。

6）对面积和深度均较大的基坑，通常采用分层挖土施工法，使用大型土方机械，在坑下作业。如为软土地基或在雨期施工，进入基坑行走需铺垫钢板或铺路基箱垫道。

7）对大型软土基坑，为减少分层挖运土方的复杂性，可采用“接力挖土法”，它是利用两台或三台挖土机分别在基坑的不同标高处同时挖土。一台在地表，两台在基坑不同标高的台阶上，边挖土边向上传递到上层由地表挖土机装车，用自卸汽车运至弃土地点。上部可用大型挖土机，中、下层可用液压中小型挖土机，以便挖土。装车均衡作业，机械开挖不到之处，再配以人工开挖修坡、找平。在基坑纵向两端设有道路出入口，上部汽车开行单向行驶。用本法开挖基坑，可一次挖到设计标高，一次完成，一般两层挖土可挖到－10m，三层挖土可挖到－15m 左右，可避免将载重汽车开进基坑装土、运土作业，工作条件好，效率高，并可降低成本。

8）对某些面积不大、深度较大的基坑，一般亦尽量利用挖土机开挖，不开或少开坡道，采用机械接力挖运土方法和人工与机械合理的配合挖土，最后用搭枕木垛的方法，使挖土机开出基坑，如图 6-4 所示。

图 6-4　深基坑机械开挖

1—坡道；2—搭枕木垛

9）机械开挖应由深而浅，基底及边坡应预留一层 300～500mm 厚土层用人工清底、修坡、找平，以保证基底标高和边坡坡度正确，避免超挖和土层遭受扰动。

3. 人工填土工程施工工艺

（1）工艺流程

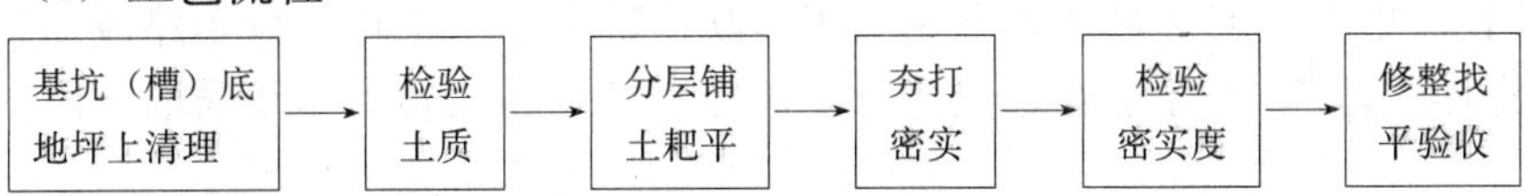

（2）施工要点

1）用手推车送土，以人工用铁锹、耙、锄等工具进行回填土。填土应从场地最低部分开始，由一端向另一端自下而上分层铺填。每层虚铺厚度，用人工木夯夯实时不大于 20cm，用打夯机械夯实时不大于 25cm。

2）深浅坑（槽）相连时，应先填深坑（槽），相平后与浅坑全面分层填夯。如采取分段填筑，交接处应填成阶梯形。墙基及管道回填应在两侧用细土同时均匀回填、夯实，防止墙基及管道中心线位移。

3）夯填土采用人工用 60～80kg 的木夯或铁、石夯，由 4～8 人拉绳，二人扶夯，举高不小于 0.5m，一夯压半夯，按次序进行。较大面积人工回填用打夯机夯实。两机平行时其间距不得小于 3m，在同一夯打路线上，前后间距不得小于 10m。

4）人力打夯前应将填土初步整平，打夯要按一定方向进行，一夯压半夯，夯夯相接，行行相连，两遍纵横交叉，分层夯打。夯实基槽及地坪时，行夯路线应由四边开始，然后再夯向中间。

5）用柴油打夯机等小型机具夯实时，一般填土厚度不宜大于 25cm，打夯之前对填土应初步平整，打夯机依次夯打，均匀分布，不留间隙。

6）基坑（槽）回填应在相对两侧或四周同时进行回填与夯实。

7）回填管沟时，应用人工先在管子周围填土夯实，并应从管道两边同时进行，直至管顶 0.5m 以上。在不损坏管道的情况下，方可采用机械填土回填夯实。

4. 机械填土工程施工工艺

（1）工艺流程

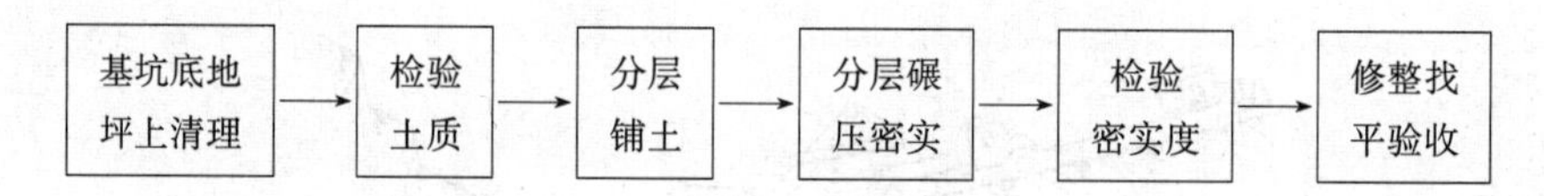

（2）施工要点

1）推土机填土应由下而上分层铺填，每层虚铺厚度不宜大于 30cm。大坡度堆填土，不得居高临下，不分层次，一次堆填。推土机运土回填，可采用分堆集中，一次运送方法，分段距离约为 10～15m，以减少运土漏失量。土方推至填方部位时，应提起一次铲刀，成堆卸土，并向前行驶 0.5～1.0m，利用推土机后退时将土刮平。用推土机来回行驶进行碾压，履带应重叠宽度的一半。填土程序宜采用纵向铺填顺序，从挖土区段至填土区段，以 40～60m 距离为宜。

2）铲运机填土，铺填土区段，长度不宜小于 20m，宽度不宜小于 8m。铺土应分层进行，每次铺土厚度不大于 30～50cm（视所用压实机械的要求而定），每层铺土后，利用空车返回时将地表面刮平。填土程序一般尽量采取横向或纵向分层卸土，以利行驶时初步压实。

3）汽车填土须配以推土机推土、摊平。每层的铺土厚度不大于 30～50cm（随选用压实机具而定）。填土可利用汽车行驶作部分压实工作，行车路线须均匀分布于填土层上。汽车不能在虚土上行驶，卸土推平和压实工作须采取分段交叉进行。

4）为保证填土压实的均匀性及密实度，避免碾轮下陷，提高碾压效率，在碾压机械碾压之前，宜先用轻型推土机、拖拉机推平，低速预压 4～5 遍，使表面平实；采用振动平碾压实爆破石渣或碎石类土，应先静压，而后振压。

5）碾压机械压实填方时，应控制行驶速度，一般平碾，振动碾不超过 2km/h；并要控制压实遍数。碾压机械与基础或管道应保持一定的距离，防止将基础或管道压坏或使其位移。

6）用压路机进行填方压实，应采用“薄填、慢驶、多次”的方法，填土厚度不应超过 25～30cm；碾压方向应从两边逐渐压向中间，碾轮每次重叠宽度约 15～25cm，避免漏压。运行中碾轮边距填方边缘应大于 500mm，以防发生溜坡倾倒。边角、边坡、边缘压实不到之处，应辅以人力夯或小型夯实机具夯实。压实密实度，除另有规定外，应压至轮子下沉量不超过 1～2cm 为度。

7）平碾碾压一层完后，应用人工或推土机将表面拉毛。土层表面太干时，应洒水湿润后，继续回填，以保证上、下层接合良好。

8）用铲运机及运土工具进行压实，铲运机及运土工具的移动须均匀分布于填筑层的全面，逐次卸土碾压。

6.2　土石方工程工程量清单编制

6.2.1　土石方工程工程量清单编制方法

1. 一般方法

编制前首先要根据设计文件和招标文件，认真读取拟建工程项目的内容，对照计价规范的项目名称和项目特征，确定具体的分部分项工程名称，然后设置 12 位项目编码，接着参考计价规范中列出的工程内容，确定分部分项工程量清单的工程内容，最后按计价规范中规定的计量单位和工程量计算规则，计算出该分部分项工程量清单的工程量。

2. 土石方工程工程量清单项目

土石方工程工程量清单项目有挖土方、挖石方和填方及土石方运输三节 12 个子项目。其中挖土方 6 个子项目，挖石方 3 个子项目，填方及土石方运输 3 个子项目。

（1）挖一般土方是指在市政工程中，除挖沟槽、基坑、竖井等土方外的所有开挖土方工程项目。

（2）挖沟槽土石方是指在市政工程中，开挖底宽 7m 以内，底长大于底宽 3 倍以上的土石方工程项目。包括基础沟槽和管道沟槽等项目。

（3）挖基坑土石方是指在市政工程中，开挖底长小于底宽 3 倍以下，底面积在 150m^2 以内的土石方工程项目。

（4）竖井挖土方是指在土质隧道、地铁中除盾构法竖井外，其他方法挖竖井土方的工程项目。

（5）暗挖土方是指在土质隧道、地铁中除用盾构掘进和竖井挖土方外，用其他方法挖洞内土方的工程项目。

（6）淤泥是在静水或缓慢的流水环境中沉积，并经生物化学作用形成的一种黏性土。其特点是细（小于 0.005mm 的黏土颗粒占 50%以上）、稀（含水量大于液限)、松(孔隙比大于1.5)。挖淤泥是指在挖土方中,遇到与湿土不同的工程项目。

(7)填方是指在市政工程中,所有开挖处,凡未为基础、构筑物所占据而形成的空间,需回填土方的工程项目。

(8)余土弃置是指将施工场地内多余的土方外运至指定地点的工程项目。

(9)缺方内运是指在施工场地外,将回填所缺少的土方运至施工场地内的工程项目。

3. 其他相关问题的处理

(1)挖方按天然密实度的体积计算,填方按土方压实后的体积计算,弃土按天然密实度的体积计算,缺方内运(外借土)按所需土方压实后的体积计算。土方换算按表6-3规定的系数计算。

土方体积换算表 **表6-3**

虚实体积	天然密实体积	压实后体积	松填体积
1.00	0.77	0.67	0.83
1.30	1.00	0.87	1.08
1.50	1.15	1.00	1.25
1.20	0.92	0.80	1.00

(2)沟槽、基坑的土石方挖方中的地表水排除应在计价时考虑在清单项目计价中。地下水排除应在措施项目中列项。

(3)挖方中包括场内运输,其范围指挖填平衡和临时转堆的运输。

(4)在填方中,除应扣除基础、构筑物埋入的体积,对市政管道工程不论管道直径大小都应扣除。

6.2.2 土石方工程清单工程量计算

1. 挖一般土石方

(1)计算规则

按设计图示开挖线以体积计算。

(2)工程内容

包括土方开挖,围护、支撑,场内运输,平整、夯实。

(3)计算方法

1)场地平整可采用平均开挖深度乘以开挖面积的计算方法。

2)开挖线起伏变化不大时,采用方格网法的计算方法。

方格网法的计算公式见表6-4。

常用方格网点计算公式 **表6-4**

项目	图式	计算公式
一点填方或挖方(三角形)		$V=\frac{1}{2}bc\frac{\sum h}{3}=\frac{bch_3}{6}$ 当$b=c=a$时,$V=\frac{a^2h_3}{6}$

续表

项　　目	图　　　式	计 算 公 式
二点填方或挖方（梯形）		$V_{-}=\frac{b+c}{2}a\frac{\sum h}{4}=\frac{a}{8}(b+c)(h_1+h_3)$ $V_{+}=\frac{d+e}{2}a\frac{\sum h}{4}=\frac{a}{8}(d+e)(h_2+h_4)$
三点填方或挖方（五角形）		$V=\left(a^2-\frac{bc}{2}\right)\frac{\sum h}{5}$ $=\left(a^2-\frac{bc}{2}\right)\frac{h_1+h_2+h_4}{5}$
四点填方或挖方（正方形）		$V=\frac{a^2}{4}\sum h=\frac{a^2}{4}(h_1+h_2+h_3+h_4)$

注：1. a——方格网的边长（m）；b、c——零点到一角的边长（m）；h_1、h_2、h_3、h_4——方格网四角点的施工高程（m），用绝对值代入；$\sum h$——填方或挖方施工高程的总和（m），用绝对值代入；V——挖方或填方体积（m^3）。

2. 本表公式是按各计算图形底面积乘以平均施工高程而得出的。

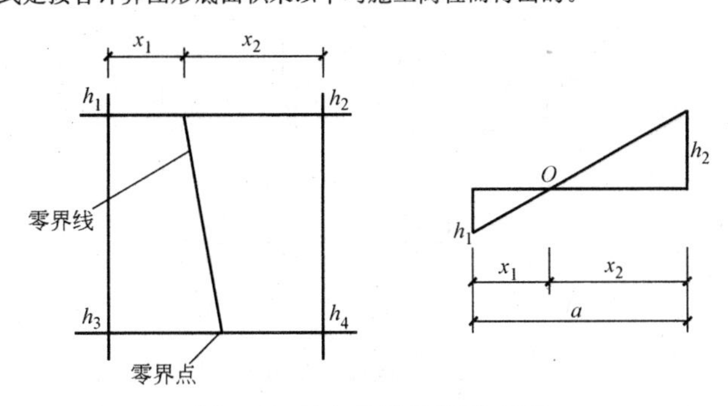

图 6-5　零点位置计算示意图

零点位置计算式：

$$x_1=\frac{h_1}{h_1+h_2}\times a$$

$$x_2=\frac{h_2}{h_1+h_2}\times a$$

式中　x_1、x_2——角点至零点的距离（m）；

h_1、h_2——相邻两角点的施工高度的绝对值（m）；

a——方格网的边长。

3）计算土方工程量

常用方格网点计算公式见表 6-4。

【例 6-1】 某工程场地方格网的一部分如图 6-6 所示，方格边长为 20m×20m，试计算挖、填土方总量。

【解】（1）划分方格网，计算角点施工高度角点 5 的施工高度＝44.56－44.04＝＋0.52m 其余类推。

（2）计算零点位置

从图 6-6 中知，8～13、9～14、14～15 三条方格边两端的施工高度符号不同，表明在这些方格边上有零点存在。

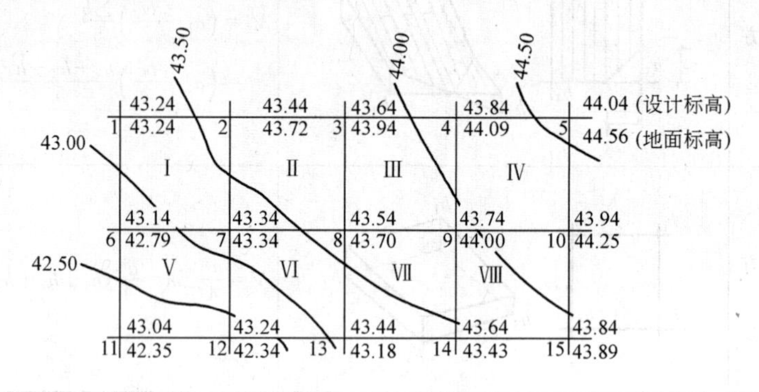

(a)

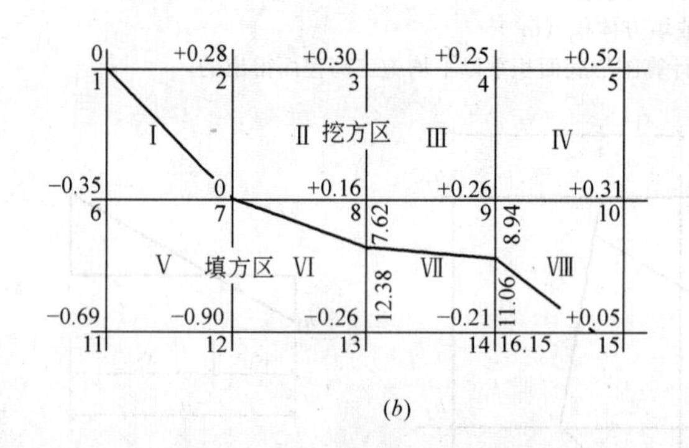

(b)

图 6-6 场地方格网图

(a) 方格角点标高、方格编号、角点编号图；(b) 角点施工高度、零线、角点编号图

由公式 $x_1=\dfrac{h_1}{h_1+h_2}\times a$ 求得如下：

8～13 线：$b=\dfrac{0.16}{0.16+0.26}\times 20=7.62\text{m}$

9～14 线：$b=\dfrac{0.26}{0.26+0.21}\times 20=8.94\text{m}$

14～15 线：$b=\dfrac{0.21}{0.21+0.05}\times 20=16.15\text{m}$

将各零点标于图上，并将零点线连接起来。

（3）计算土方量（表 6-5）

方格网土方量计算法　　　　**表 6-5**

方格编号	底面图形及编号	挖方 m^3(+)	填方(m^3)(−)
Ⅰ	三角形 1、2、7 三角形 1、6、7	$\frac{0.28}{6}\times20\times20=18.67$	$\frac{-0.35}{6}\times20\times20=23.33$
Ⅱ	正方形 2、3、7、8	$\frac{20\times20}{4}(0.28+0.30+0.16+0)$ $=74.00$	
Ⅲ	正方形 3、4、8、9	$\frac{20\times20}{4}(0.30+0.25+0.16+0.26)$ $=97.00$	
Ⅳ	正方形 4、5、9、10	$\frac{20\times20}{4}(0.25+0.52+0.26+0.31)$ $=134.00$	
Ⅴ	正方形 6、7、11、12		$\frac{20\times20}{4}(0.35+0+0.69+0.90)$ $=194.00$
Ⅵ	三角形 7、8、0 梯形 7、0、12、13	$\frac{0.16}{6}(7.62\times20)=4.06$	$\frac{20}{8}(20+12.38)(0.90+0.26)$ $=93.90$
Ⅶ	梯形 8、9、0、0 梯形 0、0、13、14	$\frac{20}{8}(7.62+8.94)(0.16+0.26)$ $=17.39$	$\frac{20}{8}(12.28+11.06)(0.26+0.21)$ $=27.54$
Ⅶ	三角形 0、14、15 五角形 9、10、 0、0、15	$\left(20\times20-\frac{16.15\times11.06}{2}\right)\times$ $\left(\frac{0.26+0.31+0.05}{5}\right)=38.53$	$\frac{0.21}{6}\times11.06\times16.15=6.25$
	小计	380.65	345.02

(4) 横截面法

横截面法适用于起伏变化较大的地形或者狭长、挖填深度较大又不规则的地形，其计算步骤与方法如下：

(a) 划分横截面

根据地形图、竖向布置或现场测绘，将要计算的场地划分截面 AA'、BB'、CC'、……，使截面尽量垂直于等高线或主要建筑物的边长，各断面间的间距可以不等，一般可用 10m 或 20m，在平坦地区可用大些，但最大不大于 100m。

(b) 划横截面图形

按比例绘制每个横截面的自然地面和设计地面的轮廓线。自然地面轮廓线与设计地面轮廓线之间的面积，即为挖方或填方的截面。

(c) 计算横截面面积

常用截断面面积计算公式见表 6-6。

常用截断面计算公式 **表 6-6**

横截面图式	截面积计算公式
	$A=h(b+nb)$
	$A=h\left[b+\frac{h(m+n)}{2}\right]$
	$A=b\frac{h_1+h_2}{2}+nh_1h_2$
	$A=h_1\frac{a_1+a_2}{2}+h_2\frac{a_2+a_3}{2}+h_3\frac{a_3+a_4}{2}+h_4\frac{a_4+a_5}{2}$
	$A=\frac{a}{2}(h_0+2h+h_n)$ $h=h_1+h_2+h_3+h_4+h_5$

(5) 计算土方量

根据算出的横截面面积按下式计算土方量：

$$V=\frac{A_1+A_2}{3}\times s$$

式中 V——相邻两横截面间的土方量（m^3）；

A_1、A_2——相邻两横截面挖或填的截面积（m^2）；

s——相邻两横截面的间距（m）。

【例 6-2】 根据某丘陵地段场地平整如图 6-7 所示，已知 AA'、BB'、…、EE'截面的填方面积分别为 47、45、20、5、0m²；挖方面积分别为 15、22、38、20、16m²，试求该地段的总填方和挖方量。

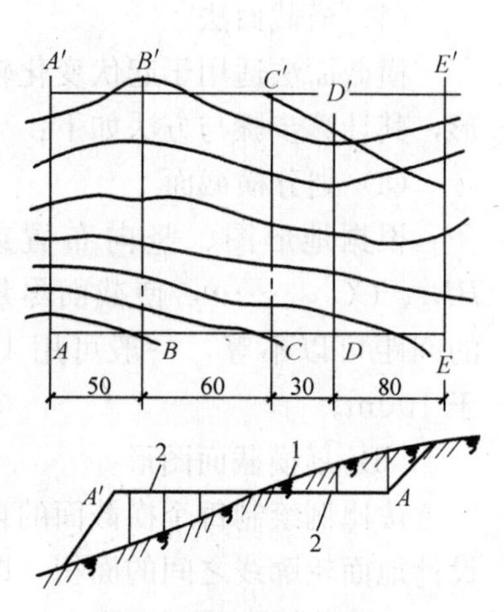

图 6-7 划横截面示意图

1—自然地面；2—设计地面

【解】 根据图 6-7 所示各截面间距，用公式计算各截面间土方量，并加以汇总（表 6-7）。

土方工程量计算汇总表　　　　表 6-7

截面	填方面积 (m^2)	挖方面积 (m^2)	截面间距 (m)	填方体积 (m^3)	挖方体积 (m^3)
$A—A'$	47	15	50	2300	925
$B—B'$	45	22	60	1950	1800
$C—C'$	20	38	30	375	870
$D—D'$	5	20	80	200	1440
$E—E'$	0	16			
合计			220	4825	5035

2. 挖沟槽土石方

(1) 计算规则

原地面线以下按构筑物最大水平投影面积乘以挖土深度（原地面平均高至槽坑底高度）以体积计算（图 6-8）。

(2) 工程内容

土方开挖，围护、支撑，场内运输，平整、夯实。

(3) 计算方法

$$V=L\times B\times(H-h)$$

式中　V——沟槽挖土体积（m^3）；

L——沟槽长（m）；

B——沟槽底宽，即原地面线以下的构筑物最大宽度（m）；

H——沟槽原地面线平均标高（m）；

h——沟槽底平均标高（m）。

3. 挖基坑土石方

(1) 计算规则

原地面线以下按构筑物最大水平投影面积乘以挖土深度（原地面平均标高至坑底高度）以体积计算，如图 6-9 所示。

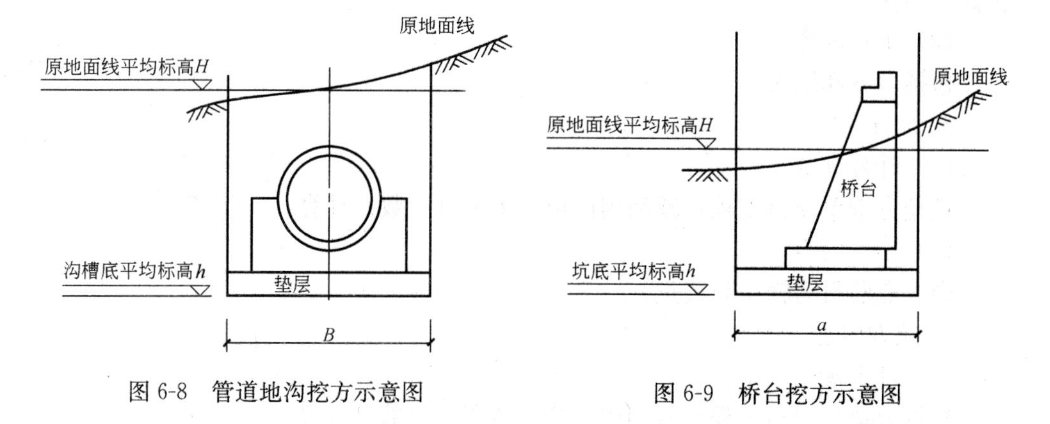

图 6-8　管道地沟挖方示意图　　　　图 6-9　桥台挖方示意图

(2) 工程内容

土方开挖，围护、支撑，场内运输，平整、夯实。

(3) 计算方法

$$V=a\times b\times (H-h)$$

式中 V——基坑挖土体积（m^3）；

a——基坑底宽，即原地面线以下的构筑物最大宽度（m）；

b——基坑底长，即原地面线以下的构筑物最大长度（m）；

H——基坑原地面线平均标高（m）；

h——基坑底平均标高（m）。

4. 竖井挖土方

(1) 计算规则

按设计图示尺寸以体积计算。

(2) 工程内容

土方开挖，围护、支撑、场内运输。

5. 暗挖土方

(1) 计算规则

按设计图示断面乘以长度以体积计算。

(2) 工程内容

土方开挖，围护、支撑，洞内运输，场内运输。

6. 挖淤泥

(1) 计算规则

按设计图示的位置及界限以体积计算。

(2) 工程内容

挖淤泥，场内运输。

7. 填方

(1) 计算规则

1) 按设计图示尺寸以体积计算；

2) 按挖方清单项目工程量减基础、构筑物埋入体积加原地面线至设计要求标高间的体积计算。

(2) 工程内容

包括填方和压实。

8. 余方弃置

(1) 计算规则

按挖方清单项目工程量减利用回填方体积（正数）计算。

(2) 工程内容

余方点装料运输至弃置点。

9. 缺方内运

(1) 计算规则

按挖方清单项目工程量减利用回填方体积（负数）计算。

(2) 工程内容

取料点装料运输至缺方点。

10. 有关说明

（1）挖方应按天然密实度体积计算，填方应按压实后体积计算。

（2）沟槽、基坑、一般土石方的划分应符合下列规定：

1）底宽7m以内，底长大于底宽3倍以上应按沟槽计算。

2）底长小于底宽3倍以下，底面积在$150m^2$以内，应按基坑计算。

3）超过上述范围，应按一般土石方计算。

6.2.3　土石方工程工程量清单编制实例

某道路工程位于某市三环路内，设计红线宽60m，为城市快速道。工程设计起点04＋00，设计终点05＋00，设计全长100m。道路断面形式为四块板，其中快车道15m×2，慢车道7m×2，中央绿化分隔带5m，快慢车道绿化分隔带3m×2，人行道2.5m×2；段内设污、雨水管各2条。绿化分隔带内植树90棵。

道路路基土方（三类土）工程量计算，参考道路纵断面图每隔20m取一个断面，按由自然地面标高分别挖（填）至快车道、慢车道、人行道路基标高计算，树坑挖方量单独计算，树坑长宽为0.8m×0.8m深度为0.8m。由于无挡墙、护坡设计，土方计算至人行道嵌边石外侧。当原地面标高大于路基标高时，路基标高以上为道路挖方，以下为沟槽挖方，沟槽回填至路基标高；道路、排水工程土方按先施工道路土方，后施工排水土方计算。当原地面标高小于路基标高时，原地面标高至路基之间为道路回填，沟槽挖方、回填以原地面标高为准。

依据《建设工程工程量清单计价规范》GB 50500—2008设计文件和工程招标文件编制道路、排水土石方工程工程量清单。

1. 计算道路路基土方工程量

（1）道路纵断面图标高数据见表6-8。

道路纵断面图标高数据表　　表6-8

路面设计标高	515.820	516.120	516.420	517.200	517.020	517.320
路基设计标高	515.070	515.370	515.670	515.970	516.270	516.570
原地面标高	515.360	515.420	516.830	516.720	517.300	519.390
桩号	04＋00	04＋20	04＋40	04＋60	04＋80	05＋00

（2）道路路基土方工程量表（表6-9）

2. 计算挖树坑土方工程量

$$(0.8\times0.8\times0.8)\times90=46.08m^3$$

3. 计算绿化分隔带、树坑填土工程量

$$[(5+2\times3)\times100\times0.7]+[(0.8\times0.8\times0.8)\times90]=816.08m^3$$

4. 计算余土弃置工程量

$4878.42m^3$（同路基土方挖方工程量）

5. 计算缺方工程量

$816.08m^3$（同绿化分隔带、树坑填土工程量）

6. 分部分项工程量清单汇总

分部分项工程量清单汇总（表6-10）。

道路路基土方工程量计算表 **表 6-9**

桩号	桩间距离（m）	挖（填）土深度（m）	挖（填）土宽度（m）	断面积（m^2）	平均断面积（m^2）	挖（填）土体积（m^3）
04＋00		0.290	49	14.21		
	20				8.330	166.60
04＋20		0.050	49	2.45		
	20				29.645	592.90
04＋40		1.160	49	56.84		
	20				58.555	1171.10
04＋60		1.230	49	60.27		
	20				55.37	1107.40
04＋80		1.030	49	50.47		
	20				94.325	1886.50
05＋00		2.820	49	138.18		
合计						4924.50

分部分项工程量清单 **表 6-10**

工程名称：某路基土方工程　　标段：　　第 1 页　共 1 页

序号	项目编码	项目名称	项目特征描述	计量单位	工程量	金额（元）		
						综合单价	合价	其中：暂估价
1	040101001001	挖路基土方	1. 土壤类别：三类土； 2. 挖土深度：按设计	m^3	4878.42			
2	040101003001	挖树坑土方	1. 土壤类别：三类土； 2. 挖土深度：0.8m	m^3	46.08			
3	040103001001	绿化分隔带、树坑填土	1. 填方材料品种：耕植土； 2. 密实度：松填	m^3	816.08			
4	040103002001	余土弃置	1. 废弃料品种：所挖方土（三类）； 2. 运距：3km	m^3	4878.42			
5	040103003001	缺方内运	1. 填方材料品种：耕植土（三类）； 2. 运距：2km	m^3	816.08			
			本页小计					
			合计					

注：根据建设部、财政部发布的《建筑安装工程费用组成》（建标［2003］206 号）的规定，为计取规费等的使用，可在表中增设其中：“直接费”、“人工费”或“人工费＋机械费”。

7. 编制措施项目清单

本工程措施项目确定为文明施工、安全施工、临时设施三个项目（表6-11）。

8. 编制其他项目清单

本工程其他项目只有暂列金额8000元（表6-12、表6-13）。

9. 规费、税金项目清单

本工程规费、税金项目清单见表6-14。

措施项目清单（一）　　**表6-11**

工程名称：某路基土方工程　　标段：　　第1页共1页

序号	项 目 名 称	计算基础	费率(%)	金额(元)
1	安全文明施工费			
2	夜间施工费			
3	二次搬运费			
4	冬雨季施工			
5	大型机械设备进出场及安拆费			
6	施工排水			
7	施工降水			
8	地上、地下设施，建筑物的临时保护设施			
9	已完工程及设备保护			
10	各专业工程的措施项目			
合　　计				

注：1. 本表适用于以"项"计价的措施项目。

2. 根据建设部、财政部发布的《建筑安装工程费用组成》（建标［2003］206号）的规定，"计算基础"可为"直接费"、"人工费"或"人工费＋机械费"。

其他项目清单　　**表6-12**

工程名称：某路基土方工程　　标段：　　第1页共1页

序号	项 目 名 称	计量单位	金额(元)	备注
1	暂列金额		8000	明细详见表6-13
2	暂估价		/	
2.1	材料暂估价		/	
2.2	专业工程暂估价		/	
3	计日工			
4	总承包服务费			
5				
合　　计				—

注：材料暂估单价进入清单项目综合单价，此处不汇总。

暂列金额明细表 **表 6-13**

工程名称：某路基土方工程　　　　　标段：　　　　　第1页共1页

序号	项目名称	计量单位	暂定金额(元)	备注
1	暂列金额	项	8000	
2				
合计			8000	—

规费、税金项目清单 **表 6-14**

工程名称：某路基土方工程　　　　　标段：　　　　　第1页共1页

序号	项目名称	计算基础	费率(%)	金额(元)
1	规费			
1.1	工程排污费			
1.2	社会保障费			
(1)	养老保险费			
(2)	失业保险费			
(3)	医疗保险费			
(4)	生育保险费			
(5)	工伤保险费			
1.3	住房公积金			
2	税金	分部分项工程费＋措施项目费＋其他项目费＋规费		
合计				

6.3 土石方工程工程量清单报价编制

6.3.1 土石方工程工程量清单报价编制方法

(1) 确定计价依据和方法，主要是确定采用企业定额或者采用消耗量定额及费用计算方法。

(2) 按照施工图纸及其施工方案的具体做法，根据每个分部分项工程量清单项目所对应的工作内容范围，确定每个分部分项工程量清单项目的计价项目。

(3) 按照计价项目和对应定额规定的工程量计算规则计算计价项目的工程量。

6.3.2 土石方工程计价工程量计算

1. 计价项目的确定

(1) 施工方案

本工程要求封闭施工，现场已具备三通一平，需设施工便道解决交通运输。因地形复杂，土方工程量大，采用坑内机械挖土，辅助人工挖土的方法；挖土深度超过1.5m的地段放坡，放坡系数为1∶2.5。所有挖方均弃置于5km外，所需绿化耕植土从 2km 处运入。本工程无预留金，所有材料由投标人自行采购。道路工程中的弯沉测试费列入措施项目清单，由企业自主报价。

（2）计价项目

机械挖路基土方、人工挖路基土方、人工挖树坑土方、人工填绿化分隔带耕植土、人工填树坑耕植土、土方机械外运、耕植土机械内运。

2. 计价项目的工程量计算

土石方工程计价项目的工程量按《全国统一市政工程预算定额》规定的规则计算。

道路土石方工程计价工程量计算见表 6-15。

计价工程量计算表　　**表 6-15**

工程名称：基路基土方工程　　第　页　共　页

序号	项目编码	定额编号	项　目　名　称	单位	工程数量	计算式
1	040101001001	1-237	反铲挖掘机挖路基土方（三类土）	m^3	4878.42	同清单工程量
2	040101003001	1-20	人工挖树坑土方（三类土）	m^3	46.08	同清单工程量
3	040103001001	1-54	绿化分隔带、树坑人工松填土	m^3	816.08	同清单工程量
4	040103002001	1-271	自卸汽车余土弃置（3 公里）	m^3	4878.42	同清单工程量
5	040103003001	1-271	回填土缺方内运（2 公里）	m^3	816.08	同清单工程量
		1-257	装载机装回填用土	m^3	816.08	同清单工程量

6.3.3　综合单价计算

1. 选用定额摘录

道路土石方工程选用的《全国统一市政工程预算定额》摘录见表 6-16～表 6-20。

人工挖基坑土方　　**表 6-16**

工作内容：挖土、装土或抛土于坑边 1m 以外堆放，修整底边、边坡。

计量单位：$100m^3$

定额编号				1-16	1-17	1-18	1-19	1-20	1-21	1-22	1-23
项目				一、二类土深度在（m 以内）				三类土深度在（m 以内）			
				2	4	6	8	2	4	6	8
基价（元）				839.93	1122.83	1356.74	1708.17	1429.09	1703.00	1948.37	2369.69
其中	人工费（元）			839.93	1122.83	1356.74	1708.17	1429.09	1703.00	1948.37	2369.69
	材料费（元）			—	—	—	—	—	—	—	—
	机械费（元）			—	—	—	—	—	—	—	—
名称		单位	单价（元）	数量							
人工	综合人工	工日	22.47	37.38	49.97	60.38	76.02	63.60	75.79	86.71	105.46

人工平整场地、填土夯实、原土夯实　　表 6-17

工作内容：1. 场地平整：厚度 30cm 内的就地挖填，找平；2. 松填土：5m 内的就地取土，铺平；3. 填土夯实：填土、夯土、运水、洒水；4. 原土夯实：打夯。

定额编号				1-53	1-54	1-55	1-56	1-57	1-58
项目				平整场地	松填土	填土夯实		原土夯实	
						平地	槽、坑	平地	槽、坑
				$100m^2$	$100m^3$	$100m^3$		$100m^2$	
基价(元)				142.46	323.12	763.33	892.31	36.85	42.02
其中	人工费(元)			142.46	323.12	762.63	891.61	36.85	42.02
	材料费(元)			—	—	0.70	0.70	—	—
	机械费(元)			—	—	—	—	—	—
	名称	单位	单价(元)	数量					
人工	综合人工	工日	22.47	6.34	14.38	33.94	39.68	1.64	1.87
材料	水	m^3	0.45	—	—	1.55	1.55	—	—

注：槽坑一侧填土时，乘以系数 1.13。

挖掘机挖土方　　表 6-18

工作内容：1. 挖土，将土堆放在一边或装车，清理机下余土；2. 工作面内排水，清理边坡。

计量单位：$1000m^3$

定额编号				1-233	1-234	1-235	1-236	1-237	1-238
项目				反铲挖掘机(斗容量 $1.0m^3$)不装车			反铲挖掘机(斗容量 $1.0m^3$)装车		
				一、二类土	三类土	四类土	一、二类土	三类土	四类土
基价(元)				1618.87	1901.56	2151.11	2716.20	3202.83	3627.53
其中	人工费(元)			134.82	134.82	134.82	134.82	134.82	134.82
	材料费(元)			—	—	—	—	—	—
	机械费(元)			1484.05	1766.74	2016.29	2581.38	3068.01	3492.71
	名称	单位	单价(元)	数量					
人工	综合人工	工日	22.47	6.00	6.00	6.00	6.00	6.00	6.00
材料	履带式单斗挖掘机 $1m^3$	台班	662.31	2.10	2.50	2.85	2.43	2.89	3.29
	履带式推土机 75kW	台班	443.82	0.21	0.25	0.29	2.19	2.60	2.96

自卸汽车运土　　**表 6-19**

工作内容：运土、卸土、场内道路洒水。　　计量单位：1000m^3

定额编号				1-270	1-271	1-272	1-272	1-274
项目				自卸汽车(载重4.5t以内)运距(km以内)				
				1	3	5	7	10
基价(元)				4685.75	8266.28	10697.19	13356.00	15989.49
其中	人工费(元)			—	—	—	—	—
	材料费(元)			5.40	5.40	5.40	5.40	5.40
	机械费(元)			4680.35	8260.88	10691.79	13350.60	15984.09
名称		单位	单价(元)	数量				
材料	水	m^3	0.45	12.00	12.00	12.00	12.00	12.00
机械	自卸汽车　4.5t	台班	253.22	17.86	32.00	41.60	52.10	62.50
	洒水汽车　4000L	台班	263.07	0.60	0.60	0.60	0.60	0.60

装载机装松散土　　**表 6-20**

工作内容：铲土装车，修理边坡，清理机下余土　　计量单位：1000m^3

定额编号				1-257	1-258	1-259
项目				装载机 1m^3	装载机 1.5m^3	装载机 3m^2
基价(元)				1083.56	1024.40	1220.00
其中	人工费(元)			134.82	134.82	134.82
	材料费(元)			—	—	—
	机械费(元)			948.74	889.58	1085.18
名称		单位	单价(元)	数量		
人工	综合人工	工日	22.47	6.00	6.00	6.00
机械	轮胎式装载机　1m^3	台班	337.63	2.81	—	—
	轮胎式装载机　1.5m^3	台班	376.94	—	2.36	—
	轮胎式装载机　3m^3	台班	609.65	—	—	1.78

2. 工、料、机市场价

根据市场行情和自身企业具体情况，本工程确定的工、料、机单价见表 6-21。

工、料、机单价表 **表 6-21**

序号	名称	单位	单价(元)	序号	名称	单位	单价(元)
1	人工	工日	35.00	5	自卸汽车 4.5t	台班	250.00
2	水	m^3	1.50	6	洒水汽车 4000L	台班	270.00
3	履带式单斗挖掘机 $1m^3$	台班	650.00	7	轮胎式装载机 $1m^3$	台班	335.00
4	履带式推土机 75kW	台班	440.00	8	耕植土	m^3	5.50

3. 综合单价计算

综合单价计算见表 6-22。

工程量清单综合单价分析表 **表 6-22-1**

工程名称：某路基土方工程　　　标段：　　　　第 1 页共 5 页

项目编码	040101001001		项目名称	挖路基土方		计量单位		m^3		
清单综合单价组成明细										
定额编号	定额名称	定额单位	数量	单价				合价			
				人工费	材料费	机械费	管理费和利润	人工费	材料费	机械费	管理费和利润
1-237	挖掘机挖路基土方	m^3	4878.42	0.2056		3.022	0.225	1003.45		14744.2	1102.34
人工单价	小计							1003.45		14744.2	1102.34
35 元/工日	未计价材料费										
清单项目综合单价								3.45			

材料费明细	主要材料名称、规格、型号	单位	数量	单价(元)	合价(元)	暂估单价(元)	暂估合价(元)
	其他材料费			—		—	
	材料费小计			—		—	

注：1. 如不使用省级或行业建设主管部门发布的计价依据，可不填定额项目、编号等。

2. 招标文件提供了暂估单价的材料，按暂估的单价填入表内“暂估单价”栏及“暂估合价”栏。

工程量清单综合单价分析表　　　　**表 6-22-2**

工程名称：某路基土方工程　　　　标段：　　　　第 2 页共 5 页

项目编码	040101003001	项目名称	挖树坑土方	计量单位	m^3

清单综合单价组成明细											
定额编号	定额名称	定额单位	数量	单价				合价			
				人工费	材料费	机械费	管理费和利润	人工费	材料费	机械费	管理费和利润
1-20	人工挖树坑土方	m^3	46.08	26.606			1.862	1226.00			85.80
人工单价		小计						1226.00			85.80
35 元/工日		未计价材料费									
清单项目综合单价								28.47			

材料费明细	主要材料名称、规格、型号	单位	数量	单价（元）	合价（元）	暂估单价（元）	暂估合价（元）
	其他材料费			—		—	
	材料费小计			—		—	

注：1. 如不使用省级或行业建设主管部门发布的计价依据，可不填定额项目、编号等。

2. 招标文件提供了暂估单价的材料，按暂估的单价填入表内“暂估单价”栏及“暂估合价”栏。

工程量清单综合单价分析表　　表 6-22-3

工程名称：某路基土方工程　　标段：　　第 3 页共 5 页

项目编码	040103001001			项目名称		绿化分隔带、树坑填土		计量单位		m³	
清单综合单价组成明细											
定额编号	定额名称	定额单位	数量	单价				合价			
				人工费	材料费	机械费	管理费和利润	人工费	材料费	机械费	管理费和利润
1-54	绿化带坑人工回填土	m^3	816.08	5.033			0.352	4107.33			287.26
人工单价	小　　计							4107.33			287.26
35 元/工日	未计价材料费										
清单项目综合单价								5.39			

材料费明细	主要材料名称、规格、型号	单位	数量	单价（元）	合价（元）	暂估单价（元）	暂估合价（元）
	其他材料费			—		—	
	材料费小计			—		—	

注：1. 如不使用省级或行业建设主管部门发布的计价依据，可不填定额项目、编号等。

2. 招标文件提供了暂估单价的材料，按暂估的单价填入表内“暂估单价”栏及“暂估合价”栏。

工程量清单综合单价分析表　　　　**表 6-22-4**

工程名称：某路基土方工程　　　　标段：　　　　第 4 页共 5 页

项目编码	040101002001		项目名称		余土弃置		计量单位		m³	
清单综合单价组成明细										
定额编号	定额名称	定额单位	数量	单价				合价		
				人工费	材料费	机械费	管理费和利润	人工费	材料费	机械费	管理费和利润
1-271	自卸汽车余土弃置	m³	4878.42		0.017	8.162	0.572		87.81	39818.6	2793.45
人工单价	小　计								87.81	39818.6	2793.45
35 元/工日	未计价材料费										
清单项目综合单价								8.75			
材料费明细	主要材料名称、规格、型号			单位	数量			单价（元）	合价（元）	暂估单价（元）	暂估合价（元）
	水			m³	58.54			1.5	87.81		
	其他材料费							—		—	
	材料费小计							—	87.81	—	

注：1. 如不使用省级或行业建设主管部门发布的计价依据，可不填定额项目、编号等。
　　2. 招标文件提供了暂估单价的材料，按暂估的单价填入表内“暂估单价”栏及“暂估合价”栏。

工程量清单综合单价分析表 **表 6-22-5**

工程名称：某路基土方工程　　　标段：　　　　　　第 5 页共 5 页

<table>
<tr><td colspan="2">项目编码</td><td colspan="2">040103003001</td><td colspan="2">项目名称</td><td colspan="2">挖树坑土方</td><td colspan="2">计量单位</td><td colspan="2">m^3</td></tr>
<tr><td colspan="12">清单综合单价组成明细</td></tr>
<tr><td rowspan="2">定额编号</td><td rowspan="2">定额名称</td><td rowspan="2">定额单位</td><td rowspan="2">数量</td><td colspan="4">单　价</td><td colspan="4">合　价</td></tr>
<tr><td>人工费</td><td>材料费</td><td>机械费</td><td>管理费和利润</td><td>人工费</td><td>材料费</td><td>机械费</td><td>管理费和利润</td></tr>
<tr><td>1-271</td><td>回填缺方内运2公里</td><td>m^3</td><td>816.08</td><td>0.419</td><td>5.774</td><td>1.004</td><td>0.574</td><td>342.65</td><td>4712.84</td><td>6656</td><td>820.07</td></tr>
<tr><td>1-257</td><td>装载机装土</td><td>m^3</td><td>816.08</td><td>0.21</td><td></td><td>0.94</td><td>0.08</td><td>171.5</td><td></td><td>767.15</td><td>65.70</td></tr>
<tr><td colspan="2">人工单价</td><td colspan="6">小　计</td><td>514.15</td><td>4712.84</td><td>7423.15</td><td>885.77</td></tr>
<tr><td colspan="2">35 元/工日</td><td colspan="6">未计价材料费</td><td colspan="4"></td></tr>
<tr><td colspan="8">清单项目综合单价</td><td colspan="4">16.59</td></tr>
<tr><td rowspan="11">材料费明细</td><td colspan="5">主要材料名称、规格、型号</td><td>单位</td><td>数量</td><td>单价（元）</td><td>合价（元）</td><td>暂估单价（元）</td><td>暂估合价（元）</td></tr>
<tr><td colspan="5">耕植土</td><td>m^3</td><td>856.88</td><td>5.5</td><td>4712.84</td><td></td><td></td></tr>
<tr><td colspan="5"></td><td></td><td></td><td></td><td></td><td></td><td></td></tr>
<tr><td colspan="5"></td><td></td><td></td><td></td><td></td><td></td><td></td></tr>
<tr><td colspan="5"></td><td></td><td></td><td></td><td></td><td></td><td></td></tr>
<tr><td colspan="5"></td><td></td><td></td><td></td><td></td><td></td><td></td></tr>
<tr><td colspan="5"></td><td></td><td></td><td></td><td></td><td></td><td></td></tr>
<tr><td colspan="5"></td><td></td><td></td><td></td><td></td><td></td><td></td></tr>
<tr><td colspan="5"></td><td></td><td></td><td></td><td></td><td></td><td></td></tr>
<tr><td colspan="7">其他材料费</td><td>—</td><td></td><td>—</td><td></td></tr>
<tr><td colspan="7">材料费小计</td><td>—</td><td>4712.84</td><td>—</td><td></td></tr>
</table>

注：1. 如不使用省级或行业建设主管部门发布的计价依据，可不填定额项目、编号等。
2. 招标文件提供了暂估单价的材料，按暂估的单价填入表内“暂估单价”栏及“暂估合价”栏。

6.3.4 分部分项工程量清单费计算

根据表6-10（某路基土方工程工程量清单）工程量清单、表6-22综合单价，计算分部分项工程量清单计价表，见表6-23。

分部分项工程量清单与计价表 **表6-23**

工程名称：某路基土方工程 标段： 第1页共1页

序号	项目编码	项目名称	项目特征描述	计量单位	工程量	金额(元)		
						综合单价	合价	其中：暂估价
1	040101001001	挖路基土方	1. 土壤类别：三类土； 2. 挖土深度：按设计	m^3	4878.42	3.45	16830.55	
2	040101003001	挖树坑土方	1. 土壤类别：三类土； 2. 挖土深度：0.8m	m^3	46.08	28.47	1311.9	
3	040103001001	绿化分隔带、树坑填土	1. 填方材料品种：耕植土； 2. 密实度：松填	m^3	816.08	5.39	4398.67	
4	040103002001	余土弃置	1. 废弃料品种：所挖方土(三类)； 2. 运距：3km	m^3	4878.42	8.57	43686.18	
5	040103003001	缺方内运	1. 填方材料品种：耕植土(三类)； 2. 运距：2km	m^3	816.08	16.59	13538.77	
本页小计							78766.07	
合计							78766.07	

注：根据建设部、财政部发布的《建筑安装工程费用组成》(建标［2003］206号）的规定，为计取规费等的使用，可在表中增设其中："直接费"、"人工费"或"人工费＋机械费"。

6.3.5 措施项目费确定

按某地区现行规定，本工程文明施工费不得参与竞争，按人工费的30%计取。上述费用计算见表6-24。

6.3.6 其他项目费确定

本工程其他项目费只有业主发布工程量清单时提出的暂列金额8000元，见表6-25、表6-26。

6.3.7 规费、税金计算及汇总单位工程报价

某地区现行规定，社会保障费按人工费的16%计算；住房公积金按人工费的6%计算。另外，营业税率3.093%、城市维护建设税率7%、教育费附加费率3%。计算内容见表6-27、表6-28。

6.3.8 填写投标总价表

根据表6-28中的单位工程造价汇总数据，填写好的投标总价见表6-29。

总价措施项目清单与计价表 **表 6-24**

工程名称：某路基土方工程　　　　标段：　　　　第 1 页共 1 页

序号	项 目 名 称	计算基础	费率(%)	金额(元)
1	安全文明施工费	人工费	30	2055.27
2	夜间施工费			
3	二次搬运费			
4	冬雨季施工			
5	大型机械设备进出场及安拆费			
6	施工排水			
7	施工降水			
8	地上、地下设施、建筑物的临时保护设施			
9	已完工程及设备保护			
10	各专业工程的措施项目			
	合　　计			2055.27

注：1. 本表适用于以“项”计价的措施项目。
2. 根据建设部、财政部发布的《建筑安装工程费用组成》（建标［2003］206 号）的规定，“计算基础”可为“直接费”、“人工费”或“人工费＋机械费”。

其他项目清单与计价表 **表 6-25**

工程名称：某路基土方工程　　　　标段：　　　　第 1 页共 1 页

序号	项 目 名 称	计量单位	金额(元)	备注
1	暂列金额		8000	明细详见表 6-26
2	暂估价			
2.1	材料暂估价			
2.2	专业工程暂估价			
3	计日工			
4	总承包服务费			
5				
	合　　计			8000

注：材料暂估单价进入清单项目综合单价，此处不汇总。

暂列金额明细表 **表 6-26**

工程名称：某路基土方工程　　　　标段：　　　　第 1 页共 1 页

序号	项 目 名 称	计量单位	暂定金额(元)	备注
1	暂列金额	项	8000	
2				
	合　　计		8000	—

规费、税金项目清单与计价表 **表 6-27**

工程名称：某路基土方工程 标段： 第1页共1页

序号	项 目 名 称	计 算 基 础	费率(%)	金额(元)
1	规费			1507.19
1.1	工程排污费			
1.2	社会保障费	人工费	16%	1096.14
1.3	住房公积金	人工费	6%	411.05
2	税金			3073.25
2.1	营业税	分部分项工程费＋措施项目费＋其他项目费＋规费	3.093%	2793.86
2.2	城市维护建设税	营业税	7%	195.57
2.3	教育费附加	营业税	3%	83.82
合 计				4580.44

单位工程投标报价汇总表 **表 6-28**

工程名称：某路基土方工程 第1页共1页

序号	单项工程名称	金额(元)	其中:暂估价(元)
1	分部分项工程	78766.07	
2	措施项目	2055.27	
2.1	安全文明施工费	2055.27	—
3	其他项目	8000	—
3.1	暂列金额	8000	—
3.2	专业工程暂估价		—
3.3	计日工		—
3.4	总承包服务费		—
4	规费	1507.19	—
5	税金	3073.25	—
招标控制价/投标报价合计＝1＋2＋3＋4＋5		93401.78	

注：本表适用于单位工程招标控制价或投标报价的汇总，如无单位工程划分，单项工程也使用本表汇总。

表 6-29

投 标 总 价

招　　标　　人：××市重点建设办公室

工　程　名　称：××路基土方工程

投标总价（小写）：93401.78

（大写）：玖万叁仟肆佰零壹元柒角捌分

投　标　人：××市政建设公司

（单位盖章）

法定代表人
或其授权人：路平

（签字或盖章）

编　制　人：张里

（造价人员签字盖专用章）

编 制 时 间：2010年5月5日

思考题与习题

1. 土及岩石是如何分类的?
2. 叙述人工挖土石方的施工工艺。
3. 叙述人工填土的施工工艺。
4. 土石方工程工程量清单有哪些项目?
5. 如何挖沟槽土石方?
6. 如何挖基坑土石方?
7. 怎样计算余土弃置工程量?
8. 如何编制土方工程工程量清单?
9. 如何确定土方工程的计价项目?
10. 如何计算土石方工程的计价工程量?
11. 如何编制土石方工程的清单报价?

教学单元7　道路工程工程量清单计价

【教学目标】 通过对城市道路分类、道路平面图、道路工程基本组成、道路施工方法、建设工程工程量清单计价规范、市政工程工程量计算规范等知识点和内容的学习，学生掌握道路工程工程量清单编制、道路工程分部分项工程费计算、措施项目费计算、其他项目费计算、规费和税金计算的方法和技能。

7.1　道路工程基础知识

7.1.1　城市道路分类

1. 按路面力学性质分类

(1) 柔性路面

柔性路面主要是指除水泥混凝土以外的各类基层和各类沥青面层、碎石面层等所组成的路面。主要力学特点是，在行车荷载作用下弯沉变形较大，路面结构本身抗弯拉强度小，在重复荷载作用下产生累积残余变形。路面的破坏取决于荷载作用下所产生的极限垂直变形和弯拉应力，如沥青混凝土路面。

(2) 刚性路面

刚性路面主要是指用水泥混凝土作为面层或基层的路面。主要力学特点是，在行车荷载作用下产生板体作用，其抗弯拉强度和弹性模量较其他各种路面材料要大得多，故呈现出较大的刚性，路面荷载作用下所产生的弯沉变形较小。路面的破坏取决于荷载作用下所产生的疲劳弯拉应力，如水泥混凝土路面。

(3) 半刚性路面

半刚性路面主要是指以沥青混合料作为面层，水硬性无机结合稳定类材料作为基层的路面。这种半刚性基层材料在前期的力学特性呈柔性，而后期趋于刚性。如水泥或石灰粉煤灰稳定粒料类基层的沥青路面。

2. 按交通功能分类

(1) 快速路

快速路是城市大容量、长距离、快速交通的通道，具有四条以上的车道。快速路对向车行道之间应设中央分隔带，其进出口应全部采用全立交或部分立交。

(2) 主干路

主干路是城市道路网的骨架，为连接各区的干路和外省市相通的交通干路，以交通功能为主。自行车交通量大时，应采用机动车与非机动车分隔形式。

(3) 次干路

次干路是城市的交通干路，以区域性交通功能为主，起集散交通的作用，兼有服务功能。

（4）支路

支路是居住区及工业区或其他类地区通道，为连接次干路与街坊路的道路，解决局部地区交通，以服务功能为主。

3. 按道路平面及横向布置分类（图 7-1）

（1）单幅路

机动车与非机动车混合行驶。

（2）双幅路

机动车与非机动车分流向混合行驶。

（3）三幅路

机动车与非机动车分道行驶，非机动车分流向行驶。

4. 四幅路

机动车与非机动车分道、分流向行驶。

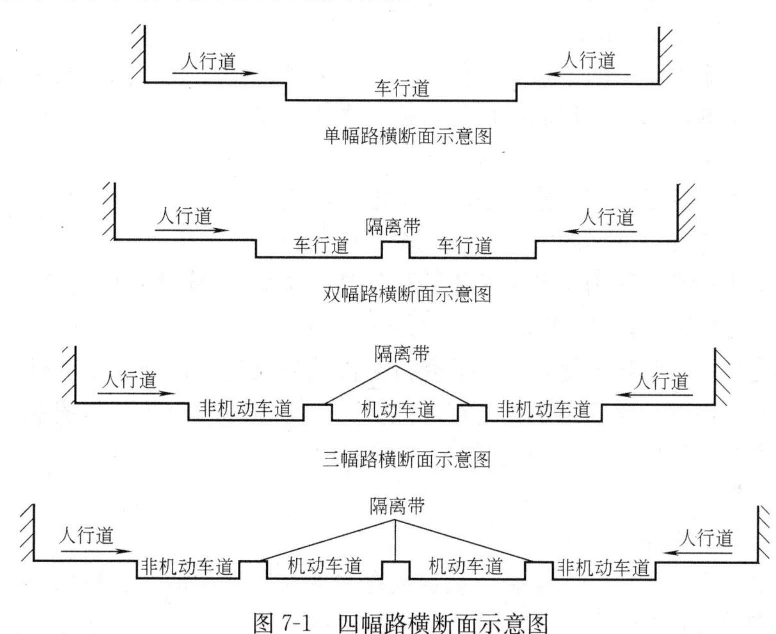

图 7-1　四幅路横断面示意图

7.1.2　道路工程平面图

1. 道路工程平面图

道路在平面上的投影称为道路工程平面图。它是根据城市道路的使用任务、性质和交通量以及所经过地区的地形、地质等自然条件来决定城市道路的空间位置、线形与尺寸，按一定的比例绘制的带状路线图。

（1）图示主要内容

指北针、房屋、桥梁、河流、已建道路、街坊里巷、洪道河堤、林带植树、高低压电力线、通讯线和地面所见的各种地貌；地下各种隐蔽设施，如上下水、雨污水、燃气、热力管道、地下电缆、地铁以及地下防空设施等；另外还有平面线型、路线桩号、转弯角及半径、平曲线和缓和曲线等。

（2）道路平面图在编制施工图预算中的主要作用

道路平面图提供了道路直线段长度、交叉口转弯角及半径、路幅宽度等数据，可用于计算道路各结构层的面积，并按各结构层的做法套用相应的预算定额。

2. 道路工程纵断面图

沿道路中心线方向剖切的截面为道路纵断面图，它反映了道路表面的起伏状况和路面以下的各种结构层。

(1) 图示主要内容

主要是利用距离和高程两个数据来表示，纵向表示高程，横向表示距离。道路工程纵断面图主要反映了直线、竖曲线、原地面高程、桩号设计路面高程、纵向坡度与距离。

(2) 道路工程纵断面图在编制施工图预算中的主要作用

通过比较原地面标高和设计标高，反映了路基的挖填方情况。当设计标高高于原地面标高时，路基为填方；当设计标高低于原地面标高时，路基为挖方。

3. 道路工程横断面图

垂直道路中心线方向剖切面的截面为道路横断面图。道路工程横断面图可分为标准设计横断面图和有地面线设计戴帽的横断面图。

(1) 图示主要内容

反映了道路的横断面布置、形状、宽度和结构层等。

(2) 道路工程横断面图在编制施工图预算中的主要作用

道路工程横断面图为路基土石方计算与路面各结构层计算提供了断面质料。

7.1.3 道路工程基本组成

道路是一种带状构筑物，主要承受汽车荷载的反复作用和经受各种自然因素的长期影响。路基、路面是道路工程的主要组成部分。路面按其组成的结构层次从下至上可分为垫层、基层和面层。

1. 路基

(1) 路基的作用

路基是路面的基础，是用土石填筑或在原地面开挖而成的、按照路线位置和一定的技术要修筑的、贯穿道路全线的道路主体结构。

(2) 道路的基本形式

道路按填挖形式可分为路堤、路堑和半填半挖路基。高于天然地面的填方路基称为路堤，低于天然地面的挖方路基称为路堑，介于二者之间的称为半填半挖

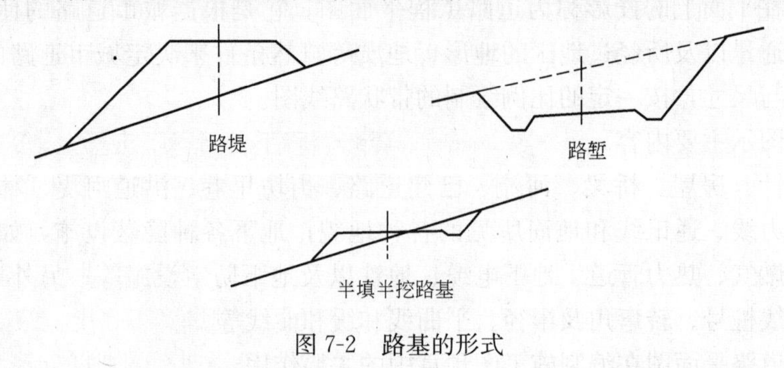

图 7-2 路基的形式

路基，如图 7-2 所示。

（3）对路基的基本要求

路基是道路的重要组成部分，没有稳固的路基就没有稳固的路面。

路基应具有以下特点：

1）具有合理的断面形式和尺寸

路基的断面形式和尺寸应与道路的功能要求、道路所经过地区的地形、地物、地质等情况相适应。

2）具有足够的强度

是指路基在荷载作用下具有足够的抗变形破坏的能力。路基在行车荷载、路面自重和计算断面以上的路基土本身自重的作用下，会发生一定的形变，路基强度是指在上述荷载作用下所发生的变形，不得超过允许的形变。

3）具有足够的整体稳定性

路基是在原地面上填筑或挖筑而成的，它改变了原地面的天然平衡状态。在工程地质不良地区，修建路基可能加剧原地面的不平衡状态，有可能产生路基整体下滑、边坡塌陷、路基沉降等整体变形过大甚至破坏，即路基失去整体稳定性。因此，必须采取必要措施，保证其整体稳定性。

4）具有足够的水温稳定性

是指路基在水温不利的情况下，其强度不致降低过大而影响道路的正常使用。路基在水温变化时，其强度变化小，则称水温稳定性好。

2. 路面

（1）对路面结构的要求

路面工程是指在路基表面上用各种不同材料或混合料分层铺筑而成的一种层状结构物。路面应具有下列性能：

1）具有足够的强度和刚度

强度是指路面结构及其各个组成部分都必须具有与行车荷载相适应的，使路面在车辆荷载作用下不致产生形变或破坏的能力。车辆行驶时，既对路面产生竖向压力，又使路面承受纵向水平力。由于发动机的机械振动和车辆悬挂系统的相对运动，路面还受到车辆振动力和冲击力的作用。在车轮后面还会产生真空吸力作用。在这些外力的综合作用下，路面会逐渐出现磨损、开裂、坑槽、沉陷和波浪等破坏，严重时甚至影响正常行驶。因此，路面应具有足够的强度。

刚度是指路面抵抗变形的能力。路面结构整体或某一部分的刚度不足，即使强度足够，在车轮荷载的作用下也会产生过量的变形，而形成车辙、沉陷或波浪等破坏。因此，不仅要研究路面结构的应力和强度之间的关系，还要研究荷载与变形或应力与应变之间的关系，使整个路面结构及其各个组成部分的变形量控制在容许范围内。

2）具有足够的稳定性

路面的稳定性是指路面保持其本身结构强度的性能，也就是指在外界各种因素影响下，路面强度的变化幅度。变化幅度越小，则稳定性越好。没有足够的稳定性，路面也会形成车辙、沉陷或波浪等破坏而影响通行和使用寿命。路面稳定性通常分为：水稳定性、干稳定性、温度稳定性。

3）具有足够的耐久性

耐久性是指路面具有足够的抗疲劳强度、抗老化和抗形变积累能力。路面结构要承受行车荷载和冷热、干湿气候因素的反复作用，由此而逐渐产生疲劳破坏和塑性形变积累。另外，路面材料还可能由于老化衰老而导致破坏。这些都将缩短路面的使用年限，增加养护工作量。因此，路面应具有足够的稳定性。

4）具有足够的平整度

路面平整度，是使用质量的一项重要标准。路面不平整，行车颠簸，前进阻力和振动冲击力都大，导致行车速度、舒适性和安全性大大降低，机件损坏严重，轮胎磨损和油料消耗都迅速增加。不平整的路面会积水，从而加速路面的破坏。所有这些都使路面的经济效益降低。因此，越是高级的路面，平整度要求也越高。

5）具有足够的抗滑性

车辆行驶时，车轮与路面之间应具有足够的摩阻力，以保证行车的安全性。

6）具有尽可能低的扬尘性

汽车在路面上行驶时，车轮后面所产生的真空吸力会将路面面层或其中的细料吸起而产生扬尘。扬尘不仅增加汽车机件磨损，影响环境和旅行舒适，而且恶化视距条件，容易酿成行车事故。因此，路面应具有尽可能低的扬尘性。

（2）路面结构层

1）垫层

垫层是设置在土基和基层之间的结构层。其主要功能是改善土基的温度和湿度状况，以保证路面层和基层的强度和稳定性，并不受冻胀翻浆的破坏作用。此外，垫层还能扩散由面层和基层传来的车轮荷载垂直作用力，减小土基的应力和变形，还能阻止路基土嵌入基层中，使基层结构不受影响。

修筑垫层的材料，强度不一定很高，但水稳定性和隔热性要好。常用的有碎石垫层、砂砾石垫层等。

2）基层

基层主要承受由面层传来的车辆荷载垂直力，并把它扩散到垫层和土基中。基层可分两层铺筑，其上层仍称为基层，下层则称为底基层。

基层应有足够的强度和刚度，基层应有平整的表面以保证面层厚度均匀，基层受大气的影响比较小，但因表层可能透水及地下水的侵入，要求基层有足够的水稳定性。常用的基层有石灰土基层、二灰稳定碎石基层、水泥稳定碎石基层、二灰土基层、粉煤灰三渣基层等。

3）面层

面层是修筑在基层上的表面层次，保证汽车以一定的速度安全、舒适而经济地运行。面层是直接同行车和大气接触的表面层次，它承受行车荷载的垂直力、水平力和冲击力作用以及雨水和气温变化的不利影响。

面层应具备较高的结构强度、刚度和稳定性，而且应当耐磨、不透水，其表面还应有良好的抗滑性和平整度。常用的有水泥混凝土面层和沥青混凝土面层。

7.1.4 道路施工方法简介

1. 路基处理

（1）填筑粉煤灰路堤

粉煤灰路堤是指利用发电厂排出的湿灰或调湿灰，全部或部分的替代土壤填筑的路堤。粉煤灰路堤具有自重轻、强度高、施工简便、施工受雨水影响小的优点。填筑粉煤灰等轻质路堤，可减轻路堤自重，减少路堤沉降及提高路堤的稳定安全系数。

粉煤灰路堤的施工程序为：放样、分层摊铺、碾压、清理场地。粉煤灰分层摊铺和碾压时，应先铺筑路堤两侧边坡护土，然后再铺中间粉煤灰，要做到及时摊铺，及时碾压，防止水分的蒸发和雨水的渗入。摊铺前，宜将粉煤灰含水量控制在最佳含水量的±10%范围内。每层压实厚度一般为20cm。

(2) 二灰填筑基层

二灰填筑基层一般按石灰与粉煤灰的重量比配合，含灰量可以按5%、8%、10%等比例配合。可采用人工拌合、拖拉机拌合、拌合机拌合等方法拌合。人工摊铺铲车配合、振动压路机碾压的方法进行施工。摊铺时应分层压实，一般以20cm为一层，最后采用压力机碾压。

(3) 原槽土掺灰

在路基土中，就地掺入一定数量的石灰，按照一定的技术要求，将拌匀的石灰土压实来改善路基土性质的方法称为原槽土掺灰。机械掺灰一般采用推土机推土、拖拉机拌合、压路机碾压的方法进行施工。

(4) 间隔填土

间隔填土主要使用于填土较厚的地段，作为湿软土基处理的一种方法。可采用一层透水性较好的材料、一层土的间隔填筑的施工方法，每层压实厚度一般为20cm左右。例如，道碴间隔填土（道碴∶土=1∶2）和粉煤灰间隔填土（粉煤灰∶土=1∶1和1∶2）等做法。

(5) 袋装砂井

袋装砂井是用于软土地基处理的一种竖向排水体，一般采用导管打入法，即将导管打入土中预定深度，再将丙纶针织袋（比砂井深2m左右）放入孔中，然后边振动边灌砂直至装满为止，徐徐拔除套管，再在地基上铺设排水砂垫层，经填筑路堤，加载预压，促使软基土壤排水固结而加固。

袋装砂井直径一般为7～10cm，即能满足排除空隙水的要求。

袋装砂井的施工程序为：孔位放样、机具定位、设置桩尖、打拔钢套管、灌砂、补砂封口等。

(6) 铺设土工布

铺设土工布等变形小、老化慢的抗拉柔性材料作为路堤的加筋体，可以减少路堤填筑后的地基不均匀沉降，可以提高地基承载能力，同时也不影响排水，大大增强路堤的整体性和稳定性。

土工布摊铺应垂直道路中心线，搭接不得少于20cm，纵坡段搭接方式应似瓦鳞状，以利排水。铺设土工布必须顺直平整，紧贴土基表面，不得有皱折、起拱等现象。

(7) 铺设排水板

塑料排水板是设置在软土地基中的竖向排水体，施工方便、简捷，效果亦佳，是带有孔道的板状物体插入土中形成竖向排水通道，缩短排水距离，加速地基固结。

塑料排水板的结构形式可分为多孔单一结构和复合结构型。多孔单一结构由两块聚氯乙烯树脂组成，两板之间有若干个突起物相接触，而其间留有许多空隙，故透水性好。复合结构型塑料排水板内以聚氯乙烯或聚丙烯作为芯板，外面套上用涤纶类或丙烯类合成纤维制成的滤膜。

塑料排水板插设方式一般采用套管式，芯带在套管内随套管一起打入，随后将套管拔起，芯带留在其中。铺设排水板施工工序为：桩机定位、沉没套管、打至设计标高、提升套管、剪断塑料排水板。

此外，还可采用石灰桩等加固措施或采用碎石盲沟、明沟等排水措施来加固地基，排除湿软地基中的水分，改善路基性质。

2. 道路基层

道路基层包括砾石砂垫层、碎石垫层等垫层和石灰土基层、二灰稳定碎石基层、水泥稳定碎石基层、二灰土基层、粉煤灰三渣基层等。

（1）砂砾石垫层

砂砾石垫层是设置在路基与基层之间的结构层，主要用于隔离毛细水上升浸入路面基层。设计厚度一般为 15～30cm，若压实厚度＞20cm，应分层摊铺，分层碾压。

（2）碎石垫层

碎石垫层主要用于改善路基工作条件，也可作为整平旧路之用，适用于一般道路。

（3）石灰土基层

石灰土是由石灰和土按一定比例拌合而成的一种筑路材料的简称。石灰含量一般有 5％、8％、10％、12％等。

（4）二灰稳定碎石基层

二灰稳定碎石是由粉煤灰、石灰和碎石按照一定比例拌合而成的一种筑路材料的简称。例如，厂拌二灰（石灰：粉煤灰＝20：80）和道碴（50～70mm）。

（5）水泥稳定碎石基层

水泥稳定碎石是由水泥和碎石级配料经拌合、摊铺、振捣、压实、养护后形成的一种新型路基材料，特别在地下水位以下部位，强度能持续增长，从而延长道路的使用寿命。

水泥稳定碎石基层的施工工序为：放样、拌制、摊铺、振捣碾压、养护、清理。

水泥稳定碎石基层一般每层的铺筑厚度不宜超过 15cm，超过 15cm 时应分层施工。因水泥稳定碎石在水泥初凝前必须终压成型，所以采用现场拌合，并采用支模后摊铺，摊铺完成后，用平板式振捣器振实再用轻型压路机初压、重型压力机终压的施工方法。

（6）二灰土基层

二灰土是由粉煤灰、石灰和土按照一定比例拌合而成的一种筑路材料的简称。例如，厂拌二灰土（石灰∶粉煤灰∶土=1∶2∶2）。

二灰土压实成型后能在常温和一定湿度条件下起水硬作用，逐渐形成板体。它的强度在较长时间内将随着龄期而增加，但不耐磨，因其初期承载能力小，在未铺筑其他基、面层以前，不宜开放交通。二灰土的压实厚度以10～20cm为宜。

（7）粉煤灰三渣基层

粉煤灰三渣基层是由熟石灰、粉煤灰、和碎石拌合而成，是一种具有水硬性和缓凝性特征的路面结构层材料。在一定的温度、湿度条件下碾压成型后，强度逐步增长形成板体，有一定的抗弯能力和良好的水稳性。例如，厂拌粉煤灰粗粒径三渣（厚度为25cm、35cm、45cm及每增减1cm）和厂拌粉煤灰细粒径三渣即小三渣（厚度为20cm、每增减1cm）等。

7.1.5 道路面层

1. 沥青混凝土路面

沥青混凝土路面具有行车舒适、噪声低、施工期短、养护维修简便等特点，因此得到了广泛的应用。

沥青混凝土混合料是沥青和级配矿料按一定比例拌合而成的较密级配混合料，压实后称“沥青混凝土”。它是按密实级配原则构成沥青混合料的结构强度，是以沥青与矿料之间的粘结力为主，矿料的嵌挤力和内摩阻力为辅而构成的。

沥青混凝土混合料根据矿料最大粒径的不同，分为粗粒式、中粒式、细粒式。粗粒式定额基本厚度为3～6cm，中粒式定额基本厚度为3～6cm，细粒式定额基本厚度为2～3cm。另外，还设置了每增加1cm或0.5cm的定额子目。

2. 沥青碎石面层

沥青碎石混合料是沥青和级配矿料按一定比例拌合而成空隙较大的混合料，压实后称“沥青碎石”。

3. 沥青透层

沥青透层用于非沥青类基层表面，增强与上层新铺沥青层的粘接性，减小基层的透水性。所以，沥青透层一般设置在沥青面层和粒料类基层或半刚性基层之间。

透层沥青宜采用慢凝的洒布型乳化沥青，也可采用中、慢凝液体石油沥青或煤沥青，稠度宜通过试洒确定。

沥青透层的施工工序为：清扫路面、浇透层油、清理。

4. 沥青封层

沥青封层是在面层或基层上修筑的沥青表处薄层，用于封闭表面空隙，防止水分侵入面层或基层，延续面层老化，改善路面外观。修筑在面层上的称为封层，修筑在基层上的称为下封层。上封层及下封层可采用层铺法或拌合法施工的单层式沥青表面处治，也可采用乳化沥青稀浆封层。

5. 混凝土面层

（1）水泥混凝土

水泥混凝土面层是一种选用水泥、粗细集料和水，按一定的比例均匀拌制而成的混合料，经摊铺、振实、整平、硬化后而成的一种路面面层。使用于各种交通的道路。水泥混凝土亦可简称为“混凝土”。

(2) 水泥混凝土路面施工

1) 施工放样

施工前根据设计要求利用水稳层施工时设置的临时桩点进行测量放样，确定板块位置和做好板块划分，并进行定位控制，在车行道各转角点位置设控制桩，以便随时检查复测。

2) 支模

根据混凝土板纵横高程进行支模，模板采用相对应的高钢模板，由于是在水泥稳定碎石层上支模，为便于操作，先用电锤在水泥稳定碎石层上钻孔，孔眼直径与深度略小于支撑钢筋及支撑深度，支模前根据设计纵横缝传力杆、拉力杆设置要求对钢模进行钻孔、编号，并严格按编号顺序支模，孔眼位置略大于设计传力杆、拉力杆直径，安装时将钢模垫至设计标高，钢模与水泥稳定砂石层间隙用细石混凝土填灌，以免漏浆，模板支好后进行标高复测，并检查是否牢固，水泥混凝土浇筑前刷隔离剂。

3) 混凝土搅拌、运输

混凝土采用现场集中搅拌混凝土，由我国提前按照设计要求进行试验配合比设计，要求搅拌时严格按试验室提供的配合比准确下料。混凝土采用混凝土运输车运送。

4) 钢筋制作安放

钢筋统一在场外按设计要求加工制作后运至现场，水泥混凝土浇筑前安放。

① 自由板边缘钢筋安放

自由板边缘钢筋安放，离板边缘不少于5cm，用预制混凝土垫块垫托，垫块厚度为4cm，垫块间距不大于80cm，两根钢筋安放间距不少于10cm。在浇筑混凝土过程中，钢筋中间保持平直，不变形挠曲，并防止移位。

② 角隅钢筋安放

混凝土浇筑振实至与设计厚度差5cm时安放，距胀缝和板边缘各为10cm，平铺就位后继续浇筑、振捣上部混凝土。

③ 检查井、雨水口防裂钢筋安放同自由板边缘钢筋安放方法。

5) 混凝土摊铺、振捣

钢筋安放就位后即进行混凝土摊铺，摊铺前刷隔离剂，摊铺时保护钢筋不产生移动或错位。即混凝土铺筑到厚度一半后，先采用平板式振动器振捣一遍，等初步整平后再用平板式振动器再振捣一遍。振捣时，振捣器沿纵向一行一行地由路边向路中移动，每次移动平板时前后位置的搭头重叠面为20cm左右（约为1/3平板宽度），不漏振。振动器在每一位置的振动时间一般为15～25s，不得过久，以振至混凝土混合料泛浆，不明显下降、不冒气泡，表面均匀为度。凡振不到的地方如模板边缘、进水口附近等，均改用插入式振动器振捣，振动时将振动棒垂直上下缓慢抽动，每次移动间距不大于作用半径的1.5倍。插入式振动器与模板的间距一般为10cm左右。插入式振动器不在传力杆上振捣，以免损坏邻板边缘混凝土。经平板振动器整平后的混凝土表面，基本平整，无明显的凹凸痕迹。然后用振动夯样板振实整平。振动夯样板在振捣时其两端搁在两侧纵向模板上，或搁在已浇好的两侧水泥板上，作为控制路面标高的依据。自一端向另一端依次振动两遍。

6）抹面与压纹

混凝土板振捣后用抹光机对混凝土面进行抹光，再人工对混凝土面进行催光，最后一次要求细致，消灭砂眼，使混凝土板面符合平整度要求，催光后用排笔沿横坡方向轻轻拉毛，以扫平痕迹，后用压纹机进行混凝土面压纹，为保证压痕深度均匀，控制好压纹作业时间，压纹时根据压纹机的尺寸，用角铁做靠尺，规格掌握人可以在其上面操作而靠尺不下陷、不沾污路面为原则。施工中要经常对靠尺的直顺度进行检查，发现偏差时及时更换。

7）拆模

拆模时小心谨慎，勿用大锤敲打以免碰伤边角，拆模时间掌握在混凝土终凝后 36～48 小时以内，以避免过早拆模、损坏混凝土边角。

8）胀缝

胀缝板采用 2cm 厚沥青木板，两侧刷沥青各 1～2mm，埋入路面，板高与路面高度一致。在填灌沥青玛琋脂前，将其上部刻除 4～5cm 后再灌沥青玛琋脂。

9）切缝

缩缝采用混凝土切割机切割，深度为 5cm，割片厚度采用 3mm，切割在拆模后进行，拆模时将已做缩缝位置记号标在水泥混凝土块上，如横向缩缝（不设传力杆）位置正位于检查井及雨水口位置，重新调整缩缝位置，原则上控制在距井位 1.2m 以上。切割前要求画线，画线时与已切割线对齐，以保证同一桩号位置的横缝直顺美观，切割时均匀用力做到深度一致。

10）灌缝

胀缝、缩缝均灌注沥青胶泥，灌注前将缝内灰尘、杂物等清洗干净，待缝内完全干燥后再灌注。

11）养护

待道路混凝土终凝后进行覆盖草袋、洒水养护，养护期间不堆放重物，行人及车辆不在混凝土路面上通行。

（3）钢纤维混凝土面层

钢纤维混凝土是在混凝土中掺入一定量的钢纤维材料的新品种混凝土，它可以增强路面的强度和刚度，由于目前钢纤维混凝土的钢纤维含量还没有一个统一的标准，所以，在套用定额应根据实际情况计算。

7.1.6　附属设施

附属设施包括：人行道基础、铺筑预制人行道、现浇人行道、排砌预制侧平石、现浇圆弧侧石、混凝土块砌边、小方石砌路边线、砖砌挡土墙及踏步、路名牌、升降窨井进水口及开关箱、调换窨井盖座盖板、调换进水口盖座侧石等。

1. 人行道基础

包括现浇混凝土、级配三渣、级配碎石、道碴等项目。

2. 预制人行道板

预制人行道板分为预制混凝土人行道板和彩色预制块两种。

3. 现浇人行道

现浇人行道包括人行道、斜坡和彩色人行道。

(1) 现浇混凝土人行道和斜坡

现浇混凝土人行道和斜坡的施工程序为：放样、混凝土配制、运输、浇筑、抹平、养护、清理场地等。

(2) 彩色混凝土人行道

彩色混凝土人行道是一种新型装饰铺面，是在面层混凝土处于初凝期间，洒铺上彩色强化料、成型后在混凝土表面形成色彩和图案的一种新型的施工工艺。彩色混凝土铺面按成型工艺可分为纸模和压模两种。纸模是在有一定韧性和抗水性的纸上预先做成各种图形，在混凝土浇筑后铺在其表面，以形成不同花纹和图案的一种成型工艺。压模是用具有各种图形的软性塑料组成的模具，压入混凝土面层表面，以形成各种仿天然的石纹和图案的一种成型工艺。

4. 排砌预制侧平石

包括侧石、平石、侧平石、隔离带侧石、高侧平石、高侧石等项目。

(1) 侧石和平石

侧石和平石可合并或单独使用。侧平石通常设置在沥青类路面边缘，平石铺在沥青路面与侧石之间形成街沟，侧石支护其外侧人行道或其他组成部分。水泥混凝土路面边缘通常仅设置侧石，同样可起到街沟的作用。侧石和平石一般采用水泥混凝土预制块。

其通用结构如图 7-3 和图 7-4 所示。

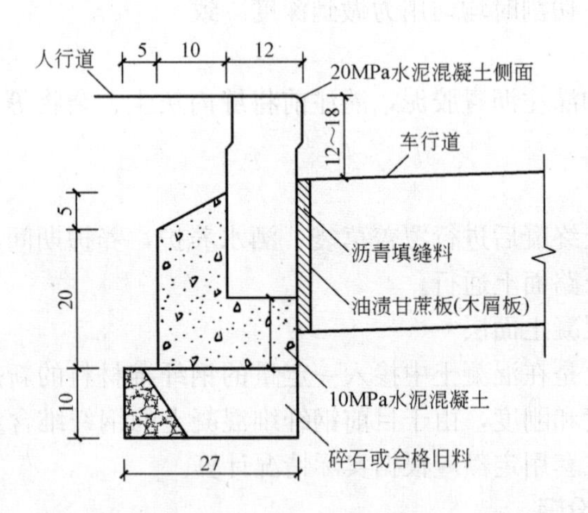

图 7-3 城市道路刚性面层侧石通用结构图

(2) 高侧平石

高侧平石施工与普通预制侧平石基本相同，只是规格有所不同，高侧石的规格为 1000mm×400mm×120mm，普通预制侧石的规格为 1000mm×300mm×120mm。

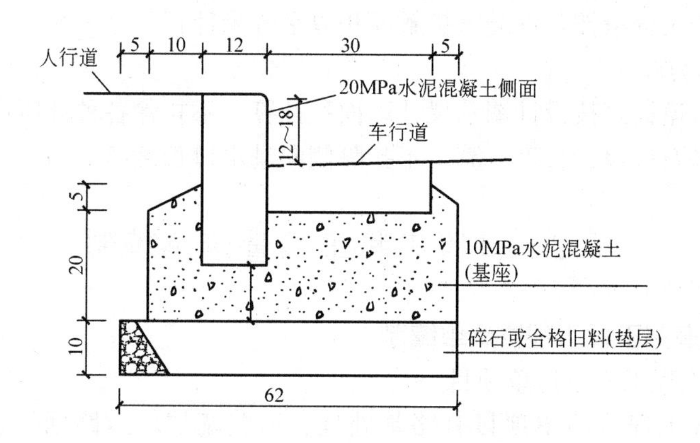

图 7-4　城市道路柔性面层侧石通用结构图

5. 路名牌

凡新辟道路应新装路名牌。凡原有道路拓宽、改建时，应先拆除路名牌，等工程结束后予以恢复。

7.1.7　工程量计算

1. 土路基填、挖土方量计算

按道路设计横断面图进行计算，通常采用截面法及土方表进行计算。

2. 铺设排水板按垂直长度以米计算

3. 路幅宽按车行道、人行道和隔离道的宽度之和计算

4. 道路基层及垫层铺筑按设计图示尺寸以面积计算

5. 道路基层及垫层不扣除各种井位所占面积

6. 道路面层铺筑面积计算

(1) 按设计面积计算即按道路设计长度乘以路面宽度，再加上道路交叉口转角面积。不扣除各类井位所占面积。

交叉口转角面积计算公式（指单个扇区）：

道路正交时路口转角面积 $F=0.2146R^2$（图 7-5）。

道路斜交时路口转角面积 $F=R^2(\tan\alpha/2-0.00873\alpha)$（图 7-6）。

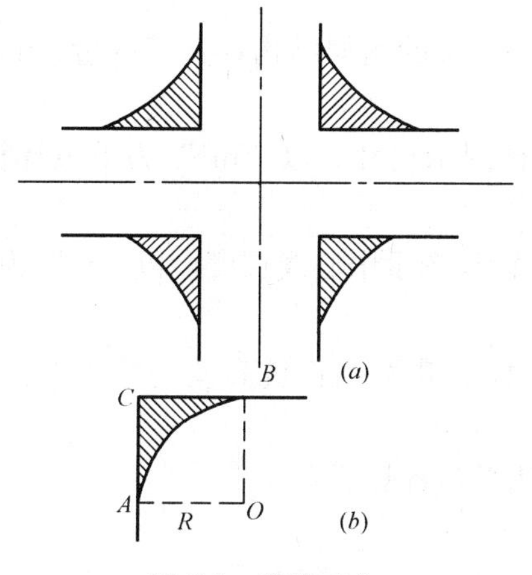

图 7-5　道路正交

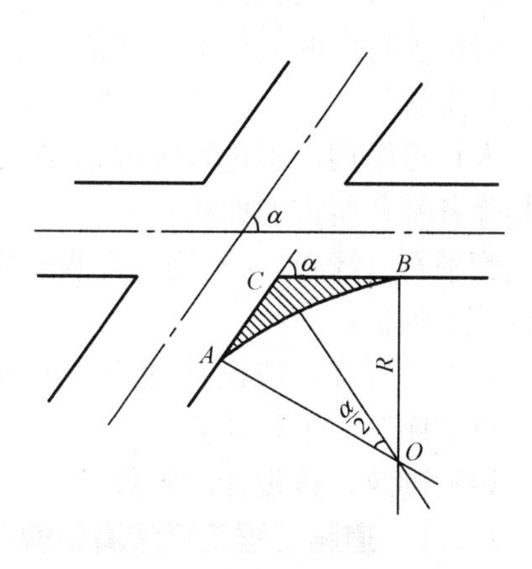

图 7-6　道路斜交

（2）模板工程量按与混凝土接触面积以平方米计算。

7. 附属设施

（1）人行道铺筑按设计图示尺寸以面积计算，不扣除各种井所占面积。

（2）侧平石按设计长度计算，不扣除侧向进水口长度。

7.2 道路工程工程量清单编制

7.2.1 道路工程工程量清单编制

1. 道路工程工程量清单项目

道路工程工程量清单项目有路基处理、道路基层、道路面层、人行道及其他、交通管理设施等5节60个子目，其中路基处理14个子目、道路基层15个子目、道路面层7个子目、人行道及其他6个子目、交通管理设施18个子目。

2. 道路工程工程量清单计算规则

（1）路基处理

根据道路结构的类型、路线经过路段软土地基的土质、深度等因素，采用不同的处理方法时，其工程量计算规则是不同的。

采用强夯土方、土工布处理路基，按照设计图示的尺寸，以“m^2”为单位计算工程量；

采用掺石灰、掺干土、掺石抛石挤淤的方法处理路基，按照设计图示尺寸，以“m^3”为单位计算工程量；

采用排水沟、截水沟、暗沟、袋装砂井、塑料排水板、石灰砂桩、碎石桩、喷粉桩、深层搅拌桩排除地表水、地下水或提高软土承载力的方法处理路基，按照设计图示尺寸，以“m”为单位计算工程量。

（2）道路基层、面层

道路基层（包括垫层）、道路面层结构，虽然类型较多，但均为层状结构，所以工程量计算较为简单，一般按设计图示尺寸以“m^2”为单位计算工程量，不扣除各种井所占的面积。

（3）人行道及其他

清单项目中的人行道及其他，主要指道路工程的附属结构，其工程量计算规则的规定如下：

人行道结构，不论现浇或铺砌，均按设计图示尺寸，以“m^2”为单位计算，不扣除各种井所占的面积；

侧平石（缘石），不论现浇或安砌，均按设计图示中心线长度，以“m”为单位计算工程量；

检查井升降，按设计图示路面标高与原检查井发生正负高差的检查井的数量，以“座”为单位计算；

树池砌筑，按设计图示数量，以“个”为单位计算。

7.2.2 道路工程工程量清单编制实例

1. 计算条件和情况

某道路工程路面结构为两层式石油沥青混凝土路面，路段长700m，路面宽度14m，基层宽度14.5m，石灰基层的厚为20cm，石灰剂量为8%。沥青路面分两层，上层是细粒式沥青混凝土3cm厚，下层为中粒式沥青混凝土6cm厚。根据上述条件和建设工程工程量清单计价规范编制该项目的分部分项工程量清单。

根据开工路段需要维持正常交通车辆通行的情况，应设置现场施工防护围栏。另外根据招标文件的规定应计算文明施工、安全施工的费用。

招标文件规定了暂列金额12000元。

2. 分部分项工程量清单编制

(1) 确定分部分项工程量清单项目

根据道路路面工程的条件和建设工程工程量清单计价规范列出的项目见表7-1。

某路面工程分部分项工程量清单列项 **表7-1**

序号	项目编码	项目名称	项目特征	计量单位	备注
1	040201004001	石灰稳定土基层	1. 厚度:20cm 2. 含灰量:8%	m^2	
2	040203006001	沥青混凝土面层	1. 沥青混凝土品种:AC20中粒式沥青混凝土 2. 石料最大粒径:20mm 3. 厚度:60mm	m^2	
3	040203006002	沥青混凝土面层	1. 沥青混凝土品种:AC15细粒式沥青混凝土 2. 石料最大粒径:5mm 3. 厚度:30mm	m^2	

(2) 清单工程量计算

根据前面的计算条件，计算某路面工程的清单工程量。

① 石灰稳定土基层

$$S=14.5\times700.0=10150m^2$$

② 中粒式沥青混凝土面层

$$S=14.0\times700.0=9800m^2$$

③ 细粒式沥青混凝土面层

$$S=14.0\times700.0=9800m^2$$

(3) 填写分部分项工程量清单表

填好的分部分项工程量清单表见表7-2。

(4) 编制措施项目清单

根据上述条件和招标文件，编制的措施项目清单见表7-3。

(5) 编制其他项目清单

根据上述条件和招标文件，编制的其他项目清单见表7-4、表7-5。

分部分项工程量清单 表 7-2

工程名称：某路面工程　　标段：　　第 1 页共 1 页

序号	项目编码	项目名称	项目特征描述	计量单位	工程量	金额(元)		
						综合单价	合价	其中：暂估价
1	040201004001	石灰稳定土基层	1. 厚度：20cm 2. 含灰量：8%	m^3	10150			
2	040203006001	沥青混凝土面层	1. 沥青混凝土品种：AC20 中粒式沥青混凝土 2. 石料最大粒径：20cm 3. 厚度：60cm	m^3	9800			
3	040203006002	沥青混凝土面层	1. 沥青混凝土品种：AC15 细粒式沥青混凝土 2. 石料最大粒径：5mm 3. 厚度：30mm	m^3	9800			
本页小计								
合计								

注：根据建设部、财政部发布的《建筑安装工程费用组成》（建标［2003］206 号）的规定，为计取规费等的使用，可在表中增设其中："直接费"、"人工费"或"人工费＋机械费"。

总价措施项目清单 表 7-3

工程名称：某路面工程　　标段：　　第 1 页共 1 页

序号	项目名称	计算基础	费率(%)	金额(元)
1	安全文明施工费			
2	夜间施工费			
3	二次搬运费			
4	冬雨季施工			
5	大型机械设备进出场及安拆费			
6	施工排水			
7	施工降水			
8	地上、地下设施，建筑物的临时保护设施			
9	已完工程及设备保护			
10	各专业工程的措施项目			
合计				

注：1. 本表适用于以"项"计价的措施项目。

2. 根据建设部、财政部发布的《建筑安装工程费用组成》（建标［2003］206 号）的规定，"计算基础"可为"直接费"、"人工费"或"人工费＋机械费"。

其他项目清单 表 7-4

工程名称：某路面工程 标段： 第1页共1页

序号	项目名称	计量单位	金额(元)	备注
1	暂列金额		12000	明细详见表7-5
2	暂估价			
2.1	材料暂估价			
2.2	专业工程暂估价			
3	计日工			
4	总承包服务费			
5				
合计				—

注：材料暂估单价进入清单项目综合单价，此处不汇总。

暂列金额明细表 表 7-5

工程名称：某路面工程 标段： 第1页共1页

序号	项目名称	计量单位	暂定金额(元)	备注
1	暂列金额	项	12000	
2				
合计			12000	—

（6）编制规费、税金项目清单根据上述条件和招标文件编制的规费、税金项目清单见表7-6。

规费、税金项目清单 表 7-6

工程名称： 标段： 第 页共 页

序号	项目名称	计算基础	费率(%)	金额(元)
1	规费			
1.1	工程排污费			
1.2	社会保障费			
(1)	养老保险费			
(2)	失业保险费			
(3)	医疗保险费			
(4)	生育保险费			
(5)	工伤保险费			
1.3	住房公积金			
2	税金	分部分项工程费＋措施项目费＋其他项目费＋规费		
合计				

7.3 道路工程工程量清单报价编制实例

7.3.1 路面工程计价工程量计算

根据上述条件、工程量清单、建设工程工程量清单计价规范、全国统一市政工程预算定额计算某路面工程计价工程量。

1. 石灰稳定土基层

$$S=14.5\times700=10150\text{m}^2$$

2. 中粒式沥青混凝土面层

$$S=14\times700=9800\text{m}^2$$

3. 细粒式沥青混凝土面层

$$S=14\times700=9800\text{m}^2$$

7.3.2 综合单价计算

1. 选用定额摘录

路面工程选用的《全国统一市政工程预算定额》摘录见表 7-7～表 7-9。

石灰土基层 **表 7-7**

工作内容：放样、清理路床、人工运料、上料、铺石灰、焖水、配料拌合、找平、碾压、人工处理碾压不到之处、清除杂物。 计量单位：100m²

定额编号				2-45	2-46	2-47	2-48	2-49
项目				厚度 20cm				
				含灰量(%)				
				5	8	10	12	14
基价(元)				646.16	792.49	891.33	991.33	1075.91
其中	人工费(元)			401.76	425.13	441.98	460.19	462.66
	材料费(元)			206.69	329.65	411.64	493.43	575.54
	机械费(元)			37.71	37.71	37.71	37.71	37.71
名称		单位	单价(元)	数量				
人工	综合人工	工日	22.47	17.88	18.92	19.67	20.48	20.59
材料	生石灰	t	120.00	1.70	2.72	3.40	4.08	4.76
	黄土	m³		(28.41)	(27.51)	(26.91)	(26.31)	(25.71)
	水	m³	0.45	3.69	3.58	3.54	3.06	3.29
	其他材料费	%		0.50	0.50	0.50	0.50	0.50
机械	光轮压路机 12t	台班	263.69	0.072	0.072	0.072	0.072	0.072
	光轮压路机 15t	台班	297.14	0.063	0.063	0.063	0.063	0.063

中粒式沥青混凝土路面　　　　**表 7-8**

工作内容：清扫路基、整修侧缘石、测温、摊铺、接茬、找平、点补、撒垫料、清理。

计量单位：100m²

定额编号				2-276	2-277	2-278	2-279	2-280
项目				机械摊铺				
				厚度(cm)				
				3	4	5	6	每增减 1
基价(元)				139.06	168.47	190.50	210.42	49.85
其中	人工费(元)			41.34	49.43	54.38	59.77	10.56
	材料费(元)			9.28	12.30	14.82	18.54	24.74
	机械费(元)			88.44	106.74	121.30	132.11	14.55
名称		单位	单价(元)	数量				
人工	综合人工	工日	22.47	1.84	2.20	2.42	2.66	0.47
材料	中粒式沥青混凝土	m³		(3.030)	(4.040)	(5.050)	(6.060)	(1.010)
	煤	t	169.00	0.010	0.013	0.0130	0.020	0.003
	木柴	kg	0.21	1.600	2.100	2.600	3.200	0.530
	柴油	t	2400.00	0.003	0.004	0.005	0.006	0.010
	其他材料费	%		0.50	0.50	0.50	0.50	0.50
机械	光轮压路机　8t	台班	208.57	0.109	0.132	0.150	0.163	0.018
	光轮压路机　15t	台班	297.14	0.109	0.132	0.150	0.163	0.018
	沥青混凝土摊铺机　8t	台班	605.86	0.055	0.066	0.075	0.082	0.009

细粒式沥青混凝土路面　　　　**表 7-9**

工作内容：清扫路基、整修侧缘石、测温、摊铺、接茬、找平、点补、撒垫料、清理。

计量单位：100m²

定额编号				2-281	2-282	2-283	2-284	2-285	2-286
项目				人工摊铺			机械摊铺		
				厚度(cm)					
				2	3	每增减 0.5	2	3	每增减 0.5
基价(元)				119.62	160.18	40.12	122.06	163.16	37.28
其中	人工费(元)			59.77	79.09	19.10	37.08	48.76	8.09
	材料费(元)			6.24	9.28	2.81	6.24	9.28	2.81
	机械费(元)			53.61	71.81	18.21	78.74	105.12	26.38
名称		单位	单价(元)	数量					
人工	综合人工	工日	22.47	2.66	3.52	0.85	1.65	2.17	0.36
材料	细(微)粒沥青混凝土	m³		(2.020)	(3.030)	(0.510)	(2.020)	(3.030)	(0.051)
	煤	t	169.00	0.007	0.010	0.002	0.007	0.010	0.002
	木柴	kg	0.21	1.100	1.600	0.300	1.100	1.600	0.300
	柴油	t	2400.00	0.002	0.003	0.001	0.002	0.003	0.001
	其他材料费	%		0.50	0.50	0.50	0.50	0.50	0.50
机械	光轮压路机　8t	台班	208.57	0.106	0.142	0.036	0.097	0.130	0.033
	光轮压路机　15t	台班	297.14	0.106	0.142	0.036	0.097	0.130	0.033
	沥青混凝土摊铺机　8t	台班	605.86	—	—	—	0.049	0.065	0.016

2. 工、料、机市场价

根据市场行情和企业自身情况，本工程确定的工料机单价见表 7-10。

工、料、机单价表 **表 7-10**

序号	名称	单位	单价(元)	序号	名称	单位	单价(元)
1	人工	工日	32.00	8	柴油	kg	4.90
2	生石灰	kg	0.15	9	光轮压路机 8t	台班	285.00
3	黄土	m^3	25.00	10	光轮压路机 12t	台班	312.00
4	水	m^3	1.40	11	光轮压路机 15t	台班	336.00
5	AC20 中粒式沥青混凝土	m^3	398.00	12	沥青混凝土摊铺机	台班	705.00
6	煤	kg	0.18	13	AC15 细粒式沥青混凝土	m^3	442.00
7	木柴	kg	0.35				

3. 综合单价计算

根据清单工程量、工料机单价和选用的全国统一市政工程预算定额计算的综合单价见表 7-11。

工程量清单综合单价分析表 **表 7-11-1**

工程名称：某路面工程　　标段：　　第 1 页共 3 页

项目编码	040201004001		项目名称		石灰稳定土基层		计量单位		m^2
清单综合单价组成明细									
定额编号	定额名称	定额单位	数量	单价				合价			
				人工费	材料费	机械费	管理费和利润	人工费	材料费	机械费	管理费和利润
2-46	石灰土基层(人工)	m^2	10150	6.0544	11.0176	0.436	1.246	61452.16	111727.47	4427.76	12645.65
2-178	人工养护	m^2	10150	0.0629	0.02058	—	0.0126	638.44	208.89	—	127.89
人工单价	小计							62090.60	111936.36	4427.76	12773.54
32 元/工日	未计价材料费										
清单项目综合单价								18.84			
材料费明细	主要材料名称、规格、型号				单位	数量	单价(元)	合价(元)	暂估单价(元)	暂估合价(元)	
	生石灰				kg	276080	0.15	41412			
	黄土				m^3	2792.27	25	69806.75			
	水(基层)				m^3	363.37	1.4	508.72			
	水(养护)				m^3	149.21	1.40	208.89			
	其他材料费						—		—		
	材料费小计						—	11936.36	—		

注：1. 如不使用省级或行业建设主管部门发布的计价依据，可不填定额项目、编号等。

2. 招标文件提供了暂估单价的材料，按暂估的单价填入表内“暂估单价”栏及“暂估合价”栏。

工程量清单综合单价分析表　　　　**表 7-11-2**

工程名称：某路面工程　　　　标段：　　　　第 2 页共 3 页

项目编码	040203006001	项目名称	沥青混凝土面层	计量单位	m^3

清单综合单价组成明细

定额编号	定额名称	定额单位	数量	单价				合价			
				人工费	材料费	机械费	管理费和利润	人工费	材料费	机械费	管理费和利润
2-279	中粒式沥青混凝土面层 6cm 厚	m^3	9800	0.8512	24.46	1.5904	1.915	8341.76	239708	15585.57	18767
人工单价		小计						8341.76	239708	15585.57	18767
32 元/工日		未计价材料费									
清单项目综合单价								28.82			

	主要材料名称、规格、型号	单位	数量	单价（元）	合价（元）	暂估单价（元）	暂估合价（元）
材料费明细	木柴	m^3	313.6	0.35	109.76		
	AC20 中粒式沥青混凝土	m^3	593.88	398	236364.24		
	煤	m^3	1960	0.18	352.8		
	柴油	m^3	588	4.9	2881.2		
	其他材料费			—		—	
	材料费小计			—	239708	—	

注：1. 如不使用省级或行业建设主管部门发布的计价依据，可不填定额项目、编号等。

2. 招标文件提供了暂估单价的材料，按暂估的单价填入表内“暂估单价”栏及“暂估合价”栏。

工程量清单综合单价分析表 **表 7-11-3**

工程名称：某路面工程　　　标段：　　　　　　　　　　第 1 页共 3 页

项目编码		040203006002		项目名称		细粒式混凝土		计量单位		m²	
清单综合单价组成明细											
定额编号	定额名称	定额单位	数量	单价				合价			
				人工费	材料费	机械费	管理费和利润	人工费	材料费	机械费	管理费和利润
2-285	细粒式混凝土面层8cm厚	m²	9800	0.6944	13.563	1.266	1.1052	6805.12	132919.36	12402.39	10831.43
人工单价		小计						6805.12	132919.36	12402.39	10831.43
32 元/工日		未计价材料费									
清单项目综合单价								16.63			
材料费明细	主要材料名称、规格、型号					单位	数量	单价（元）	合价（元）	暂估单价（元）	暂估合价（元）
	木柴					kg	156.8	0.35	54.88		
	AC15 细粒式沥青混凝土					m³	296.94	442	131247.48		
	煤					kg	980	0.18	176.40		
	柴油					kg	294	4.90	1440.60		
									6		
	其他材料费							—		—	
	材料费小计							—	132919.36	—	

注：1. 如不使用省级或行业建设主管部门发布的计价依据，可不填定额项目、编号等。

2. 招标文件提供了暂估单价的材料，按暂估的单价填入表内“暂估单价”栏及“暂估合价”栏。

7.3.3 分部分项工程量清单费计算

1. 分部分项工程量清单综合单价分析表

根据综合单价表7-11的数据资料编制路面工程工程量清单综合单价分析表，见表7-12。

2. 分部分项工程量清单计价表

根据某路面工程工程量清单（表7-2），综合单价计算表（表7-11），计算分部分项工程量清单计价表（表7-12）。

分部分项工程量清单与计价表　　表7-12

工程名称：　某路面工程　　标段：　　第1页共1页

序号	项目编码	项目名称	项目特征描述	计量单位	工程量	金额(元)		
						综合单价	合价	其中：暂估价
1	040201004001	石灰稳定土基层	1. 厚度:20cm 2. 含灰量:8%	m^3	10150	18.84	191226.00	
2	040203006001	沥青混凝土面层	1. 沥青混凝土品种:AC20中粒式沥青混凝土 2. 石料最大粒径:20cm 3. 厚度:60cm	m^3	9800	28.82	282436.00	
3	040203006002	沥青混凝土面层	1. 沥青混凝土品种:AC15细粒式沥青混凝土 2. 石料最大粒径:5mm 3. 厚度:30mm	m^3	9800	16.63	162974.00	
本页小计							636636	
合　计							636636	

注：根据建设部、财政部发布的《建筑安装工程费用组成》（建标［2003］206号）的规定，为计取规费等的使用，可在表中增设其中："直接费"、"人工费"或"人工费+机械费"。

7.3.4 措施项目费确定

现场施工围栏费，根据经验估算按本工程实际情况确定为1865元；按某地区现行规定，本工程安全文明施工费按人工费的30%计取。上述费用计算见表7-13。

7.3.5 其他项目费确定

本工程的其他项目费只发生业主的暂列金额12000元，见表7-14、表7-15。

7.3.6 规费、税金计算及单位工程报价

按某地区现行规定，社会保障费按人工费的16%计取；住房公积金按人工费的6%计取；营业税率确定为3.093%、城市维护建设税率确定为7%；教育费附加费率确定为3%。上述费用计算及单位工程报价汇总见表7-16、表7-17。

7.3.7 填写投标总价表

根据表7-16中单位工程汇总表的合计，填写的投标总价见表7-18。

措施项目清单与计价表（一） **表 7-13**

工程名称：某路面工程 标段： 第 1 页共 1 页

序号	项 目 名 称	计算基础	费率(%)	金额(元)
1	安全文明施工费	77237.47	30	23171.24
2	夜间施工费			
3	二次搬运费			
4	冬雨期施工			
5	大型机械设备进出场及安拆费			
6	施工排水			
7	施工降水			
8	地上、地下设施，建筑物的临时保护设施			
9	已完工程及设备保护			
10	现场施工围栏			1865.00
	合 计			25036.24

注：1. 本表适用于以“项”计价的措施项目。

2. 根据建设部、财政部发布的《建筑安装工程费用组成》（建标［2003］206 号）的规定，“计算基础”可为“直接费”、“人工费”或“人工费＋机械费”。

其他项目清单与计价表 **表 7-14**

工程名称：某路面工程 标段： 第 1 页共 1 页

序号	项 目 名 称	计量单位	金额(元)	备注
1	暂列金额		12000	明细详见表 7-15
2	暂估价			
2.1	材料暂估价			
2.2	专业工程暂估价			
3	计日工			
4	总承包服务费			
5				
	合 计		12000	

注：材料暂估单价进入清单项目综合单价，此处不汇总。

暂列金额明细表 **表 7-15**

工程名称：某路面工程 标段： 第 1 页共 1 页

序号	项 目 名 称	计量单位	暂定金额(元)	备注
1	暂列金额	项	12000	
2				
	合 计		12000	—

规费、税金项目清单与计价表　　　　表 7-16

工程名称：某路面工程　　　　标段：　　　　第1页共1页

序号	项 目 名 称	计 算 基 础	费率(%)	金额(元)
1	规费			16992.25
1.1	工程排污费			—
1.2	社会保障费	77237.47	16%	12358.00
1.3	住房公积金	77237.47	6%	4634.25
2	税金			23498.48
2.1	营业税	分部分项工程费＋措施项目费＋其他项目费＋规费(690664.49)	3.093%	21362.25
2.2	城市维护建设税	营业税	7%	1495.36
2.3	教育费附加费	营业税	3%	640.87
合　计				40490.73

单位工程投标报价汇总表　　　　表 7-17

工程名称：某路面工程　　　　第1页共1页

序号	单项工程名称	金额(元)	其中:暂估价(元)
1	分部分项工程	636636	
2	措施项目	25036.24	
2.1	安全文明施工费	23171.24	—
3	其他项目	12000	—
3.1	暂列金额	12000	—
3.2	专业工程暂估价	0	—
3.3	计日工	0	—
3.4	总承包服务费	0	—
4	规费	16992.25	—
5	税金	23498.48	—
投标报价合计=1+2+3+4+5		714162.97	

注：本表适用于单位工程招标控制价或投标报价的汇总，如无单位工程划分，单项工程也使用本表汇总。

表 7-18

投标总价

招　标　人：××市城市建设办公室

工 程 名 称：××路面工程

投标总价（小写）：714162.97

（大写）：柒拾壹万肆仟壹佰陆拾贰元玖角柒分

投　标　人：××市政工程公司
（单位盖章）

法定代表人
或其授权人：孙路
（签字或盖章）

编　制　人：张成
（造价人员签字盖专用章）

编制时间：2010 年 6 月 5 日

思考题与习题

1. 城市道路是如何分类的?
2. 道路有哪些基本形式?
3. 对路面结构有什么要求?
4. 处理路基的方法一般有几种?
5. 有哪些路面?
6. 如何计算道路正交时路口转角面积?
7. 如何计算道路斜交时路口转角面积?
8. 常用的道路工程工程量清单项目有哪些?
9. 叙述道路工程工程量清单编制过程。
10. 叙述道路工程工程量清单报价编制过程。

教学单元 8　桥涵护岸工程工程量清单计价

【教学目标】 通过对桥涵结构基本组成、桥涵工程的类型、建设工程工程量清单计价规范、市政工程工程量计算规范等知识点和内容的学习，学生掌握桥涵分部分项工程量计算、措施项目工程量计算、桥涵分部分项工程费计算、措施项目费计算、其他项目费计算、规费和税金计算方法和技能。

8.1　桥涵护岸工程基础知识

道路路线遇到江河湖泊、山谷深沟以及其他线路（铁路或公路）等障碍时，为了保持道路的连续性，就需要建造专门的人工构筑物——桥涵来跨越障碍。

8.1.1　桥涵结构基本组成

图 8-1 和图 8-2 表示公路桥梁的概貌，从图中可见，桥梁一般由以下几部分组成：

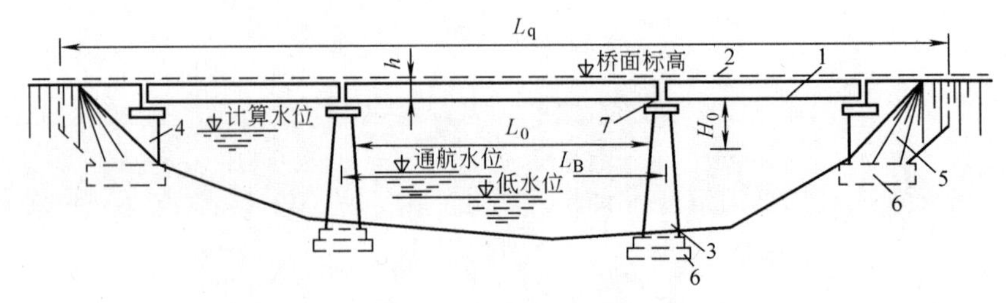

图 8-1　桥梁的基本组成

1—主梁；2—桥面；3—桥墩；4—桥台；5—锥形护坡；6—基础；7—支座

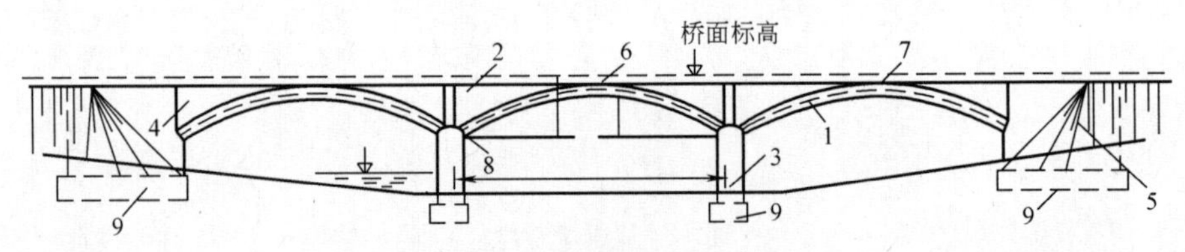

图 8-2　拱桥的基本组成

1—拱圈；2—拱上结构；3—桥墩；4—桥台；5—锥形护坡；6—拱轴线；7—拱顶；8—拱脚；9—基础

1. 桥梁上部结构（也称桥跨结构）

有主要承重结构、桥面系和支座组成。

主要承重结构是在线路中断时跨越障碍的主要承重结构。

支座是指一座桥梁中在桥跨结构与桥墩或桥台的支承处所设置的传力装置，它不仅要传递很大的荷载，并且要保证桥跨结构能产生一定的变位。

桥面系包括桥面铺装和桥面板组成。桥面铺装用以防止车轮直接磨耗桥面板和分布轮重，桥面板用来承受局部荷载。

2. 桥梁下部结构

是指桥墩和桥台（包括基础）。

桥墩和桥台是支承桥跨结构并将恒载和车辆等活载传至地基的建筑物，通常设置在桥两端的称为桥台，它除了上述作用外，还与路堤相衔接，以抵御路堤土压力，防止路堤填土的滑坡和坍落，单孔桥没有中间桥墩。

基础是指桥墩和桥台中使全部荷载传至地基的底部奠基部分，它是确保桥梁能安全使用的关键，由于基础往往深埋于土层之中，并且需在水下施工，故是桥梁建筑中比较困难的一个部分。

3. 附属结构

包括锥形护坡、护岸、导流结构物。

在桥梁建筑工程中，河流中的水位是变动的。在枯水季节的最低水位称为低水位；洪峰季节河流中的最高水位称为高水位。桥梁设计中按规定的设计洪水频率计算的高水位，称为设计洪水位。

4. 与桥梁布置和结构有关的尺寸和术语

净跨径对于梁式桥是设计洪水位上相邻两个桥墩（或桥台）之间的净距，用 L_0 表示。

对于拱式桥是每孔拱跨两个拱脚截面最低点之间的水平距离。

总跨径是多孔桥梁中各孔净跨径的总和，也称桥梁孔径，它反映了桥下宣泄洪水的能力。

计算跨径对于具有支座的桥梁，是指桥跨结构相邻两个支座中心之间的距离，用 L_B 表示；对于拱式桥，是两相邻拱脚截面形心点之间的水平距离，桥跨结构的力学计算是以 L_B 为基准的。

桥梁全长简称桥长，是桥梁两端两个桥台的侧墙或八字墙后端点之间的距离，以 L_q 表示。

桥梁高度简称桥高，是指桥面与低水位之间的高差或为桥面与桥下线路路面之间的距离 H_0，桥高在某种程度上反映了桥梁施工的难易性。

桥下净空高度是设计洪水位或计算通航水位至桥跨结构最下缘之间的距离。它应保证能安全排洪，并不得小于对该河流通航所规定的净空高度。

建筑高度是桥上行车路面（或轨顶）标高至桥跨结构最下缘之间的距离，它不仅与桥跨结构的体系和跨径大小有关，而且还随行车部分在桥上布置的高度位置而异。道路（或铁路）定线中所确定的桥面（或轨顶）标高，对通航净空顶部标高之差，又称为容许建筑高度。显然，桥梁的建筑高度不得大于其允许建筑高度，否则就不能保证桥下的通航要求。

净矢高是从拱顶截面下缘至相邻两拱脚截面下缘最低点之连线的垂直距离表示。

计算矢高是从拱顶截面形心至相邻两拱脚截面形心之连线的垂直距离。

矢跨比是拱桥中拱圈（或拱肋）的计算矢高与计算跨径之比，也称拱矢度，它是反映拱桥受力特性的一个重要指标。

此外，我国《公路工程技术标准》JTGB01—2003 中规定，对标准设计或新建桥涵跨径在 50m 以下时，一般均应尽量采用标准跨径。对于梁式桥，它是指两相邻桥墩中线之间的距离，或墩中线至桥台台背前缘之间的距离；对于拱式桥，则是指净跨径。

8.1.2 桥涵工程的类型

由基本构件所组成的各种结构物，在力学上也可归结为梁式、拱式和悬吊式三种基本体系以及它们之间的各种组合。下面从受力特点、建桥材料、适用跨度、施工条件等方面来阐明桥梁各种类型的特点。

(1) 梁式桥

梁式桥是一种在竖向荷载作用下无水平反力的结构（图 8-3)。

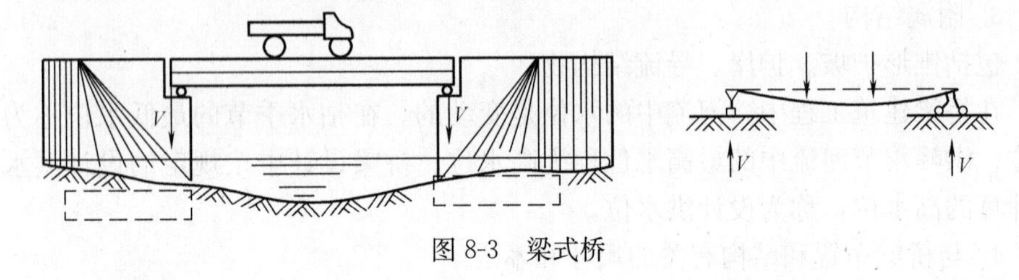

图 8-3 梁式桥

(2) 拱式桥

拱式桥的主要承重结构是拱圈或拱肋，这种结构在竖向荷载作用下，桥墩或桥台将承受水平推力。同时，这种水平推力将显著抵消荷载所引起在拱圈（或拱肋）内的弯矩作用。因此，与同跨径的梁相比，拱的弯矩和变形要小得多。拱桥的跨越能力较大，外形也较美观，在条件许可的情况下，修建拱桥往往是经济合理的（图 8-4)。

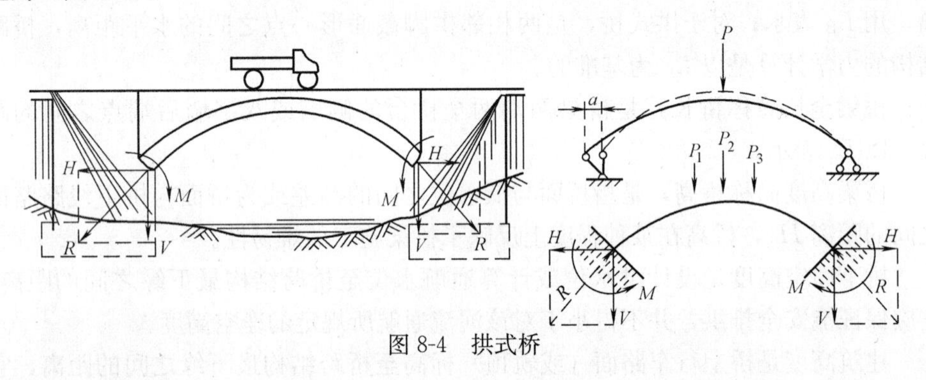

图 8-4 拱式桥

(3) 刚架桥

刚架桥的主要承重结构是梁或板和立柱或竖墙整体结合在一起的刚架结构，梁和柱的连接处具有很大的刚性，在竖向荷载作用下，梁部主要受弯，而在柱脚处也具有水平反力，其受力状态介于梁桥与拱桥之间。

(4) 吊桥

传统的吊桥（也称悬索桥）均用悬挂在两边塔架上的强大缆索作为主要承重结构，在竖向荷载作用下，通过吊杆使缆索承受很大的拉力，通常就需要在两岸桥台的后方修筑非常巨大的锚碇结构，吊桥也是具有水平反力（拉力）的结构。

(5) 组合体系桥梁

1) 拱组合体系

利用梁的受弯与拱的承压特点组合而成。

2）斜拉桥

斜拉桥由斜索、塔柱和主梁所组成，用高强钢材制成的斜索将主梁多点吊起，并将主梁的恒载和车辆荷载传至塔柱，再通过塔柱基础传至地基。这样，跨度较大的主梁就像一根多点弹性支承（吊起）的连续梁一样工作，从而可使主梁尺寸大大减小，结构自重显著减轻，既节省了结构材料，又大幅度地增大桥梁的跨越能力。

8.2　桥涵护岸工程的工程量清单编制

桥涵护岸工程分部分项工程量清单，应根据《建设工程工程量清单计价规范》附录“桥涵护岸工程”规定的统一项目编码、项目名称、计量单位和工程量计算规则编制。

8.2.1　列项编码

桥涵护岸工程的列项编码，应依据《建设工程工程量清单计价规范》，招标文件的有关要求，桥涵工程施工图设计文件和施工现场条件等综合因素确定。

1. 审读图纸

桥涵护岸工程施工图一般由桥涵平面布置图、桥涵结构总体布置图、桥涵上下部结构图及钢筋布置图、桥面系构造图、附属工程结构设计图组成。工程量清单编制者必须认真阅读全套施工图，了解工程的总体情况，明确各结构部分的详细构造，为分部分项工程量清单编制掌握基础资料。

（1）桥涵平面布置图，表达桥涵的中心轴线线形、里程、结构宽度、桥涵附近的地形地物等情况。为编制工程量清单时确定工程的施工范围提供依据。

（2）桥涵结构总体布置图中，立面图表达桥涵的类型、孔数及跨径、桥涵高度及水位标高、桥涵两端与道路的连接情况等；剖面图表达桥涵上下部结构的形式以及桥涵横向的布置方式等。主要为编制桥涵护岸各分部分项工程量清单及措施项目时提供根据。

（3）桥涵上下部结构图及钢筋布置图中，上下部结构图表达桥涵的基础、墩台、上部的梁（拱或塔索）的类型；各部分结构的形状、尺寸、材质以及各部分的连接安装构造等。钢筋布置图表达钢筋的布置形式、种类及数量。主要为桥涵护岸桩基础、现浇混凝土、预制混凝土、砌筑、装饰的分部分项工程量清单编制提供依据。

（4）桥面系构造图，表达桥面铺装、人行道、栏杆、防撞栏、伸缩缝、防水排水系统、隔声构造等的结构形式、尺寸及各部分的连接安装。主要为编制桥涵护岸的现浇混凝土、预制混凝土、其他分部分项工程量清单时提供根据。

（5）附属工程结构设计图，主要指跨越河流的桥涵或城市立交桥梁修建的河流护岸、河床铺砌、导流堤、护坡、挡墙等配套工程项目。

从以上桥涵护岸工程图纸内容的分析可以看出，一个完整的桥涵护岸工程分部分项工程量清单，应至少包括《建设工程工程量清单计价规范》“附录 D.1 土方工程，D.3桥涵护岸工程”中的有关清单项目，还可能出现《建设工程工程量清单计价规范》“附录D.2道路工程，D.7钢筋工程，D.8拆除工程”中的有关清单项目。

2. 列项编码

列项编码就是在熟读施工图的基础上，对照《建设工程工程量清单计价规范》“附录D.3桥涵护岸工程”中各分部分项清单项目的名称、特征、工程内容，将拟建的桥涵护岸工程结构进行合理的分类组合，编排列出一个个相对独立的与“附录D.2桥涵护岸工程”中各清单项目相对应的分部分项清单项目，经检查，符合不重不漏的前提下，确定各分部分项的项目名称，同时予以正确的项目编码。当拟建工程出现新结构、新工艺，不能与《建设工程工程量清单计价规范》附录的清单项目对应时，按《建设工程工程量清单计价规范》3.2.4条第2点，编制人可作相应补充，并报省、自治区、直辖市工程造价管理机构备案执行。

下面就列项编码的几个要点进行介绍：

(1) 项目特征

关于项目特征是对形成工程项目实体价格因素的重要描述，项目特征给予清单编制人在确定具体项目名称、项目编码时明确的提示或指引。实际上，项目特征、项目编码、项目名称三者是互为影响的整体，无论哪一项变化，都会引起其他两项的改变。

(2) 项目编码

项目编码应执行《建设工程工程量清单计价规范》3.4.3条的规定：“分部分项工程量清单的项目编码，1～9位应按附录A、附录B、附录C、附录D、附录E的规定设置；10～12位根据拟建工程的工程量清单项目名称由其编制人设置，并应自001起顺序编制”。也就是说除需要补充的项目外，前9位编码是统一规定，照抄套用，而后3位编码可由编制人根据拟建工程中相同的项目名称，不同的项目特征而进行排序编码。

这里以桥梁桩基中常见的“钢筋混凝土方桩”为例，其统一的项目编码为“040301003”，项目特征包括：

1) 形式；

2) 混凝土强度等级、石料最大粒径；

3) 断面；

4) 斜率；

5) 部位。

若在同一座桥梁结构中，上述5个项目特征有一个发生改变，则工程量清单编制时应在后3位的排序编码予以区别。例如：某座桥梁的桥墩桩基设计为C30钢筋混凝土方桩，断面尺寸30cm×40cm，混凝土碎石最大粒径20mm，桥台桩基设计为C30钢筋混凝土方桩，断面尺寸30cm×30cm，混凝土碎石最大粒径10mm；均为垂直桩。由于桩的断面、部位、碎石粒径特征不同，故项目编码应分别为040301003001和040301003002。

这就是说，相同名称的清单项目，项目的特征也应完全相同，若项目的特征要素的某项有改变，即应视为另一个清单项目，就需要有一个对应的项目编码。其原因是特征要素的改变，就意味着形成该工程项目实体的施工过程和造价的改变。作为指引承包商投标报价的分部分项工程量清单，必须给出明确具体的清单项目名称和编码，以便在清单计价时不发生理解上的歧义，在综合单价分析时体现科学合理。

（3）项目名称

具体项目名称，应按照《建设工程工程量清单计价规范》附录D.3中的项目名称结合实际工程的项目特征要素综合确定。如上例中编码为040301003002的钢筋混凝土方桩，具体的项目名称可表达为"C30钢筋混凝土方桩（桥台垂直桩，断面30cm×30cm，碎石最大10mm）"。具体名称的确定要符合桥涵护岸工程设计、施工规范，也要照顾到桥涵护岸工程专业方面的惯用表述。

（4）工程内容

工程内容是针对形成该分部分项清单项目实体的施工过程（或工序）所包含的内容的描述，是列项编码时，对拟建桥涵护岸工程编制的分部分项工程量清单项目，与《建设工程工程量清单计价规范》附录D.3桥涵护岸工程各清单项目是否对应的对照依据，也是对已列出的清单项目，检查是否重列或漏列的重要依据。如上例中编码为040301003002的钢筋混凝土方桩，清单项目的工程内容为：

1）工作平台搭拆；

2）桩机竖拆；

3）混凝土浇筑；

4）运桩；

5）沉桩；

6）接桩；

7）送桩；

8）凿除桩头；

9）桩芯混凝土充填；

10）废料弃置。

上述10项工程内容包括了沉入桩施工的全部施工工艺过程，还包括了钢筋混凝土桩的预制、运输。不再另外列出桩的制作、运送、接桩等清单项目名称，否则就属于重列。

但应注意，上述项目中未包括桩钢筋的制作、安装以及预制桩的模板，故应对照"D.7钢筋工程"另外增加钢筋的分部分项清单项目，否则就属于漏列。模板工程应列入措施项目中。

8.2.2　清单工程量计算

工程量清单编制要逐项计算清单项目工程量（简称清单工程量）。对于分部分项工程量清单项目而言，清单工程量的计算需要明确计算规则、计算单位，按照相应的计算方法准确计算。

(1) 桩基

桥梁工程中的桩基类型较多，在《建设工程工程量清单计价规范》的清单项目名称中，按照桩身材质的不同分为圆桩、钢筋混凝土板桩、钢筋混凝土方桩(管桩)、钢管桩，另外按照成孔方式的不同，又分为钢管成孔灌注、挖孔灌注桩、机械成孔灌注桩。除钢筋混凝土板桩的工程量是按设计图示桩长（包括桩尖）乘以桩的断面积以体积立方米计算外，其余圆木桩、钢筋混凝土方桩（管桩)、钢管桩、钢管成孔灌注桩，按设计图示的桩长（包括桩尖）以米计算。挖孔灌注桩、机械成孔灌注桩，按设计图示的桩长以米计算。

(2) 现浇混凝土

包括了桥梁结构中现浇施工的各分部分项工程清单项目，清单工程量的计算规则除“混凝土防撞护栏”按设计图示的尺寸以长度米计算，“桥面铺装”按设计图示的尺寸以面积平方米计算外，其余各项均按设计图示尺寸以体积立方米计算。其工作内容包括混凝土的制作、运输、浇筑、养护等全部内容，混凝土基础还包括垫层在内。所有的脚手架、支架和模板均归入措施项目。

(3) 预制混凝土

各项清单工程量的计算规则为：按设计图示尺寸以体积立方米计算。不扣除空心部分体积。

(4) 砌筑

各项清单工程量的计算规则为：按设计图示尺寸以体积立方米计算。

(5) 挡墙、护坡

除护坡按设计图示的尺寸以面积平方米计算外，其余各项均按设计图示尺寸以体积立方米计算。其中挡土墙的砂石滤层不能并入计算的总体积中。

(6) 立交箱涵

清单工程量的计算规则除“箱涵顶进”按设计图示尺寸以被顶箱涵的质量乘以箱涵的位移距离分节累计以千吨·米计算，“箱涵接缝”按设计图示以止水带长度以米计算外，其余各项均按设计图示尺寸以体积立方米计算。

(7) 钢结构中钢拉索、钢拉杆

按设计图示尺寸以质量吨计算，其余各项均按设计图示尺寸以质量吨计算(不含螺栓、焊缝质量)。此项工程量在组价时考虑。

(8) 装饰

各项清单工程量的计算规则为按设计图示尺寸以面积平方米计算。

(9) 其他

金属栏杆按设计图示尺寸以质量吨计算；橡胶支座、钢支座、盆式支座按设计图示数量以个计算，钢桥维修设备按设计图示数量以套计算；桥梁伸缩装置、桥面泄水管按设计图示的尺寸以长度米计算；毛毡支座、隔声屏障、防水层按设计图示尺寸以面积平方米计算。

8.2.3 清单工程量计算示例

某一桥梁（见附录市政工程施工图），桥梁起点桩号为K8+247.265。桥梁终点为K8+272.735，河道与路中心斜交70°，上部采用20m跨径预应力板简支梁，下

清单工程量计算表　　　　**表 8-1**

工程名称：某桥梁

序号	项目编码	工程项目	件数	计算式 长	宽	高、厚	单数量	单位	数量
1	040301007001	机械成孔灌注桩桩径 100cm	48	50			50	m	2400
2	040302001001	桥台混凝土基础 C10	2	(61＋2×0.3)/cos20°	5.0＋2×0.3	0.1	36.7	m^3	73.4
3	040302002001	混凝土承台	2	61/cos20°	5.0	1.5	486.9	m^3	973.8
4	040302003001	混凝土台帽	2	(1.05×0.4＋0.5×0.96)×64.383＋(1.05＋0.45)/2×(8.513＋13.302×2＋8.259)			90.48	m^3	180.96
5	040302004001	混凝土台身	2	{[(0.95＋1.95)/2cos20°]×3.57＋(1.5×1.5/2cos20°)}×60.5/cos20°			431.75	m^3	863.50
6	040302012001	混凝土空心板 C50	53＋4	9.47×53＋10.6×4			544.31	m^3	544.31
7	040302012002	混凝土空心板 C20(堵头)	53＋4	0.6	0.63	0.66	0.25	m^3	14.25
8	040302017001	桥面铺装	1	25.47	(12.5＋8.0)×2/cos20°		1112.29	m^2	1112.29
9	040302018001	桥头搭板 C30	8＋4	6.25 8.0	6.385 6.385	0.3 0.3	11.97＋ 15.32	m^3	157.040
10	040303002001	预制人行道板 C30	160	1.24	046	0.08	0.046	m^3	7.36
11	040302016001	混凝土小型构件地梁、侧石 C25	1	8.0＋6.4			14.4	m^3	14.4
12	040302005001	枕梁混凝土 C30	8＋4	6.65 8.513	0.4 0.4	0.3 0.3	0.8 1.02	m^3	10.48
13	040701002001	非预应力钢筋 ϕ10 以内						t	47.409
14	040701002002	非预应力钢筋 ϕ10 以外						t	173.935
15	040701004001	后张法预应力钢筋						t	21.118

钢筋明细表计算

表 8-2

序号	结构名称	钢筋直径(mm)							
		ϕ8	ϕ10	ϕ12	ϕ20	ϕ12	ϕ16	ϕ22	ϕ^j15.24
1	钻孔桩	10.315		1.627	82.181				
2	台帽	0.715	1.477	2.948			2.619		
3	承台						30.218		
4	中板	25.127				12.483			
5	边板	1.847				1.047			
6	枕梁		0.371					3.189	
7	搭板					2.781	9.097	17.293	
8	板锚端钢筋					7.228			
9	桥面构造钢筋(现浇)	6.812	0.321	0.201					
10	桥面构造钢筋(预制)	0.424		1.023					
11	钢绞线								21.118
合计		45.24	2.169	5.799	82.181	23.539	41.934	20.482	21.118

注：表格数据来源于施工图纸的钢筋的设计量。

其中：非预应力钢筋 ϕ10 以内：47.409t

非预应力钢筋 ϕ10 以外：173.935t

后张法预应力钢筋：21.118t

部采用重力式桥台，钻孔灌注桩基础，其余见相关图纸，土石方工程和桥梁栏杆部分省略不计，请编制该桥梁工程的工程量清单。

【解】　(1) 审读图纸

从图纸可以知道桥的标准跨径为 20m，采用后张法预应力空心板，采用重力式桥台，下部采用钻孔灌注桩基础，桩径为 100cm，桩长为 50m，共 48 根。台帽采用 C30 的混凝土，台身采用 C25 的混凝土，横断面有 2.75m 人行道—8.00m 辅道—4.5m 隔离带—12.5m 快车道—5.00m 的绿化带—12.5m 快车道—4.5m 隔离带—8.00m 辅道—2.75m 人行道组成。

(2) 列项编码

根据上述资料，对照《建设工程工程量清单计价规范》附录 D.3 桥涵护岸工程、D.7 钢筋工程清单项目设置规定。

(3) 计算清单工程量

按照施工图纸具体尺寸依据清单工程量计算规则，具体计算见表 8-1；钢筋计算见表 8-2。

(4) 列出分部分项工程量清单

某桥梁分部分项工程量清单见表 8-3。

分部分项工程量清单　　**表 8-3**

工程名称：某桥梁　　标段：

第　页共　页

序号	项目编码	项目名称	项目特征描述	计量单位	工程量	金额(元)		
						综合单价	合价	其中：暂估价
1	040301004001	机械成孔灌注桩	1. 桩径:100cm 2. 深度:50m 3. 混凝土强度等级:C20	m^3	2400			
2	040303002001	桥台混凝土基础	1. 混凝土强度等级:C15 2. 垫层:碎石	m^3	73.40			
3	040303003001	混凝土承台	1. 部位:灌注桩上 2. 混凝土强度等级:C20	m^3	973.8			
4	040303004001	混凝土台帽	1. 部位:台身上 2. 混凝土强度等级:C20	m^3	180.96			
5	040303005001	混凝土台身	1. 部位:承台上 2. 混凝土强度等级:C20	m^3	863.5			
6	040304003001	混凝土空心板	1. 部位:桥面板 2. 形式:方孔空心板 3. 混凝土强度等级:C50	m^3	544.3			
7	040304003002	混凝土空心板 C20	1. 部位:桥面板 2. 形式:方孔空心板 3. 混凝土强度等级:C20	m^3	14.25			

续表

序号	项目编码	项目名称	项目特征描述	计量单位	工程量	金额(元)		
						综合单价	合价	其中：暂估价
8	040303019001	桥面铺装	1. 部位:桥面 2. 形式:方孔空心板 3. 沥青品种:石油沥青 4. 厚度:水泥混凝土80cm厚;细粒沥青混凝土30cm厚	m^2	1112.29			
9	040303020001	桥头搭板C30	混凝土强度等级:C30	m^3	157.04			
10	040304005001	预制人行道板	1. 形状尺寸:460×1240×80 2. 混凝土强度等级:C30	m^3	7.36			
11	040304005002	混凝土小型构件	构件种类:地梁、侧石C25	m^3	14.4			
12	040303021001	枕梁混凝土	1. 部位:枕梁 2. 混凝土强度等级:C30	m^3	10.48			
13	040901002001	非预应力钢筋	1. 材质:普通碳素钢 2. 规格:ϕ10以内	t	57.724			
14	040901002002	非预应力钢筋	1. 材质:普通碳素钢 2. 规格:ϕ10以外	t	173.935			
15	040901006001	后张法预应力钢筋	1. 材质:普通碳素钢 2. 规格:ϕ4 3. 部位:桥面空心板	t	21.118			
本页小计								
合计								

注：根据建设部、财政部发布的《建筑安装工程费用组成》(建标〔2003〕206号)的规定，为计取规费等的使用，可在表中增设其中："直接费"、"人工费"或"人工费+机械费"。

8.2.4 措施项目清单编制

桥涵护岸工程的措施项目，应根据拟建工程的具体情况考虑：

(1) 跨越河流的桥涵，根据桥涵的规模大小、通航要求，可考虑水上工作平台、便桥、大型吊装设备等。

(2) 陆地立交桥涵，根据周围建筑物限制、已有道路分布状况，可考虑是否开挖支护、开通便道、指明加工(堆放)场地、原有管线保护等。

(3) 根据开工路段是否需要维持正常的交通车辆通行，可考虑设置防护围(墙)栏等临时结构。

(4) 根据桥涵上下部结构类型，可考虑特定的施工方法配套的措施项目等。

（5）响应招标文件的文明施工、安全施工、环境保护的措施项目等。

《建设工程工程量清单计价规范》规定措施项目清单应参照规范要求根据拟建工程具体情况确定。某桥梁工程的拟计算的措施项目（见表8-4）。

措施项目清单（一）　　　　**表8-4**

工程名称：某桥梁　　　　标段：　　　　第1页共1页

序号	项目名称	计算基础	费率(%)	金额(元)
1	安全文明施工费			
2	夜间施工费			
3	二次搬运费			
4	冬、雨季施工			
5	大型机械设备进出场及安拆费			
6	施工排水			
7	施工降水			
8	地上、地下设施、建筑物的临时保护设施			
9	已完工程及设备保护			
10	各专业工程的措施项目			
合　计				

注：1. 本表适用于以“项”计价的措施项目。

2. 根据建设部、财政部发布的《建筑安装工程费用组成》（建标［2003］206号）的规定，“计算基础”可为“直接费”、“人工费”或“人工费＋机械费”。

8.2.5　其他项目清单

某桥梁的其他项目清单见表8-5、表8-6。

其他项目清单　　　　**表8-5**

工程名称：某桥梁　　　　标段：　　　　第1页共1页

序号	项目名称	计量单位	金额(元)	备注
1	暂列金额		250000	明细详见表8-6
2	暂估价			
2.1	材料暂估价			
2.2	专业工程暂估价			
3	计日工			
4	总承包服务费			
5				
合　计				—

注：材料暂估单价进入清单项目综合单价，此处不汇总。

暂列金额明细表 **表 8-6**

工程名称：某桥梁　　标段：　　第　页　共　页

序号	项目名称	计量单位	暂定金额(元)	备注
1	暂列金额	项	250000	
2				
合　计			250000	—

8.2.6　规费、税金项目清单

某桥梁的规费、税金项目清单见表 8-7。

规费、税金项目清单 **表 8-7**

工程名称：某桥梁　　标段：　　第 1 页共 1 页

序号	项目名称	计算基础	费率(%)	金额(元)
1	规费			
1.1	工程排污费			
1.2	社会保障费			
(1)	养老保险费			
(2)	失业保险费			
(3)	医疗保险费			
(4)	生育保险费			
(5)	工伤保险费			
1.3	住房公积金			
2	税金	分部分项工程费＋措施项目费＋其他项目费＋规费		
合　计				

8.3　桥涵护岸工程工程量清单报价编制

桥涵护岸工程清单计价应响应招标文件的规定，完成工程量清单所列项目的全部费用，包括分部分项工程费，措施项目费和规费、税金。

8.3.1 计价工程量计算

1. 计价工程量计算规则

这里的计价工程量是指各分部分项工程分解细化列出的具体施工项目的工程量。对桥涵结构工程而言，该工程量的计算仍然以施工图纸为依据，并应遵守《全国统一市政工程预算定额》的工程量计算规则。

打桩工程计算长度均包括桩尖长度，不扣除桩尖虚体积，若是管桩则必须注意减去空心部分体积。如某一桥梁工程，需要打入24根30cm×30cm×1600cm钢筋混凝土桩，根据工程量计算规则，求得打桩工程量为：24×30cm×30cm×1600cm=34.56m^3。

送桩工程量计算按不同桩材料、桩横断面面积、打桩机所在位置以送桩体积计算。陆上打桩时按原地面平均标高增加1.0m为界线，界线以下至设计桩顶标高之间的打桩实体积计算。支架上打桩，按当地施工期间的最高水位增加0.5m为界线，界线以下至设计桩顶标高之间的打桩实体积计算。船上打桩时，以施工期间的平均水位增加1.0m为界线，界线以下至设计桩顶标高之间的打桩实体积计算。

(1) 钻孔灌注混凝土桩

1) 灌注桩成孔工程量按照设计入土深度×设计桩截面积计算。

2) 护筒埋设深度，如在设计和施工组织中没有明确规定时，陆地一般按2m计算，水中按6m计算。

3) 泥浆制作按泥浆的体积计算。

4) 灌注水下混凝土工程量按设计桩长增加1.0m乘以设计横断面面积计算。

(2) 砌筑工程

砌筑工程量按设计砌体尺寸以体积计算，应当注意嵌入砌体中的钢管、沉降缝、伸缩缝以及单孔面积0.3m^2以内的预留孔所占体积不予扣除。

(3) 钢筋工程

钢筋工程应按照图纸设计数量进行计算，钢筋重量=钢筋每米重量×钢筋长度。钢筋长度包括弯钩长度，180°弯钩长6.25d，135°弯钩长4.9d，90°弯钩长3.5d，d为钢筋直径。设计中没有包括施工用钢筋时，可以在结算时经建设单位签证后另行计算。锚具工程量按设计用量乘以定额规定的系数进行；计算管道压浆时不扣除钢筋体积。

(4) 现浇混凝土工程

混凝土工程量按设计尺寸以实体积计算（不包括空心板、梁的空心体积），不扣除钢筋、铁件、预留压浆孔道和螺栓所占体积；模板工程量按接触混凝土的面积计算；现浇混凝土墙、板上单孔面积0.3m^2以内的预留孔所占体积不予扣除，洞侧壁模板面积也不增加；单孔面积0.3m^2以外的预留孔所占体积应予扣除，洞侧壁模板面积并入墙、板模板工程量内。

桥面混凝土铺装工程量，区别人行道、车行道，以铺装混凝土的体积计算。

（5）预制混凝土工程

1）计算预制桩工程量时按桩长度（包括桩尖长度）乘以桩截面面积计算。预制空心构件按设计尺寸扣除空心体积计算。

2）模板工程量计算，除了灯柱、栏杆等小型构件按平面投影面积计算外，其余按模板接触混凝土面积计算，但非预应力构件不包括胎、地模，其面积应另外计算，空心板梁不再计算空心部分的模板工程量。

（6）立交箱涵工程

箱涵滑板下的肋楞，其工程量并入滑板内计算；箱涵混凝土工程量，不扣除单孔面积 $0.3m^2$ 以内的预留孔洞体积。

（7）安装工程

安装预制构件工程量均按构件混凝土实体积以立方米计算。

（8）临时工程

1）搭拆打桩工作平台面积计算：

（a）桥梁打桩　　$F=N_1F_1+N_2F_2$

每座桥台（桥墩）　$F_1=(5.5+A+2.5)\times(6.5+D)$

每条通道　　$F_2=6.5\times[L-(6.5+D)]$

（b）钻孔灌注桩　　$F=N_1F_1+N_2F_2$

每座桥台（桥墩）　$F_1=(A+6.5)\times(6.5+D)$

每条通道　　$F_2=6.5\times[L-(6.5+D)]$

式中　F——工作平台总面积；

F_1——每座桥台（桥墩）工作平台面积；

F_2——桥台至桥墩间或桥墩至桥墩间通道工作平台面积；

N_1——桥台和桥墩总数量；

N_2——通道总数量；

D——两排桩之间距离（m）；

L——桥梁跨径或护岸的第一根桩中心至最后一根桩中心之间的距离（m）；

A——桥台（桥墩）每排桩的第一根桩中心至最后一根桩中心之间的距离（m）。

2）凡台与墩或墩与墩之间不能连续施工时（如不能断航、断交通或拆迁工作不能配合），每个墩、台可计一次组装、拆卸柴油打桩架及设备运输费。

3）桥涵拱盔、支架空间体积计算：

（a）桥涵拱盔体积按起拱线以上弓形侧面积乘以（桥宽＋2m）计算；

（b）桥涵支架体积为结构底至原地面（水上支架为水上支架平台顶面）平均标高乘以纵向距离再乘以（桥宽＋2m）计算。

（9）装饰工程

计价工程量计算表

表 8-8

工程名称：某桥梁

序号	项目编码	项 目 名 称	件数	计 算 式			单位	数量
				长	宽	高、厚		
1	040301004001	机械成孔灌注桩	48	50	ϕ100		m	2400
	包含内容	钻、冲成孔	48	50	ϕ100		m	2400
		机械成孔灌注桩打桩平台	2	(5.36×11 +6.5)×(6.5+3.0)+6.5×[17.98−(6.5+3)]			m^2	1353.98
		护筒埋设	48	48×6			m	288
		泥浆制作	48	$3.14\times0.5^2\times50$			m^3	1884
		水下混凝土	48	$3.14\times0.5^2\times(50+1)$			m^3	1921.68
		凿除桩头	48	$48\times3.14\times0.5^2\times1$			m^3	37.68
2	040303003001	桥台混凝土基础 C15	2	$(61+2\times0.3)/\cos20°$	5.0+2×0.3	0.1	m^3	73.4
	包含内容	桥台碎石垫层	2	$(61+2\times0.3)/\cos20°$	5.0+2×0.3	0.3	m^3	220.2
3	040303003001	混凝土承台	2	$61/\cos20°$	5.0	1.5	m^3	973.8
4	040303004001	混凝土台帽	2	$(1.05\times0.4+0.5\times0.96)\times64.383+(1.05+0.45)/2\times(8.513+13.302\times2+8.259)$			m^3	180.95
5	040303005001	混凝土台身	2	$\{[(0.95+1.95)/2\cos20°]\times3.57+(1.5\times1.5/2\cos20°)\}\times60.5/\cos20°$			m^3	863.5
6	040304003001	混凝土空心板 C50	53+4	9.47×53+10.6×4			m^3	544.31
7	040304003002	混凝土空心板 C20	53+4	0.6	0.63	0.66	m^3	14.25
8	040303019001	混凝土桥面铺装	1	25.47	$(12.5+8.0)\times2/\cos20°$		m^2	1112.29
	包含内容	沥青混凝土桥面铺装	1	25.47	$(12.5+8.0)\times2/\cos20°$		m^2	1112.29

续表

序号	项目编码	项目名称	件数	计算式			单位	数量
				长	宽	高、厚		
9	040303020001	桥头搭板 C30	8+4	6.25 8.0	6.385 6.385	0.3 0.3	m^3	157.04
10	040304005001	预制人行道板 C30	160	1.24	0.46	0.08	m^3	7.36
	包含内容	安装人行道板	160	1.24	0.46	0.08	m^3	7.36
11	040304005001	混凝土小型构件地梁、侧石 C25	1	8.6+4.0			m^3	14.4
12	040303021001	枕梁混凝土 C30	8+4	6.65 8.513	0.4 0.4	0.3 0.3	m^3	10.48
13	040901002001	非预应力钢筋 ϕ10 以内					t	57.724
	包含内容	预制混凝土构件钢筋 ϕ10 以内	见钢筋计算表				t	0.424
		现浇混凝土构件钢筋 ϕ10 以内	见钢筋计算表				t	46.985
		桩混凝土构件钢筋 ϕ10 以内	见钢筋计算表				t	10.315
14	040901002002	非预应力钢筋 ϕ10 以外					t	173.935
	包含内容	预制混凝土构件钢筋 ϕ10 以外	见钢筋计算表				t	1.023
		现浇混凝土构件钢筋 ϕ10 以外	见钢筋计算表				t	89.104
		桩混凝土构件钢筋 ϕ10 以外	见钢筋计算表				t	83.808
15	040901006001	后张法预应力钢筋					t	21.118
	包含内容	YM15-4 型锚钢丝	见钢筋计算表				t	21.118
		压浆管道	波纹管=78.84×60 块=4730.4				m	4730.4
		孔道压浆	V=4730.4×0.056×0.056×0.7854=11.65				m^3	11.65

本工程除金属油漆以吨计算，其余项目按装饰面积计算。

（10）构件运输

运距按场内运输范围（150m）内构件堆放中心至起吊点的距离计算，超出该范围按场外运输计算。

2. 计价工程量计算

某桥梁工程计价工程量计算见表8-8。

8.3.2 综合单价编制

综合单价的确定有多种方法，这里介绍采用《全国统一市政工程预算定额》的计算方法。

所谓的综合定额分析计算综合单价，实质上就是分解细化桥涵工程量清单每个分部分项工程对应所采用的消耗量定额中包含哪些具体的定额子目工作内容，并对应地套用所采用的消耗量定额分析计算，然后将各子目费用组合汇总，形成综合单价。这一过程，实际上是先分解细化，后组合汇总的过程。分解的目的是便于合理套用所采用的消耗量定额，组合的结果是形成综合单价。

1. 分部分项工程分解细化

针对招标方提供的工程量清单，进行分部分项工程的分解细化，就是要求明确地列出每个分部分项工程具体有哪些施工项目组成，而这些施工项目应该与所采用的消耗量定额的哪些子目相对应，才能够合理套用，进一步分析计算工程量清单综合单价。

（1）认真阅读桥涵工程施工图，了解桥涵的总体布置，明确各部分的结构构造、尺寸、材料等，深入了解设计意图，必要时需到工程所在地现场了解情况，掌握水文、地质、交通等方面的详细资料。在对桥涵工程全面、详尽了解的基础上，认真核对招标方提供的工程量清单。如发现错、漏，应与招标方取得联系，及时更正或明确解决的办法。

（2）在确认工程量清单正确无误的前提下，就桥涵工程的土方工程、桩基、现浇混凝土、预制混凝土、砌筑及其他工程的各分部分项工程逐一考虑如下几个问题：

1）每个分部分项工程量清单是否已包含了施工图中的哪些具体施工项目？

2）施工图中未包含的施工项目应划归在哪个分部分项工程量清单中计算？

3）工程量清单中的每个分部分项工程采用何种施工方案？

4）每个具体的施工项目选择哪种施工方法？

例如：本章综合示例的某市桥梁工程量清单中有“040701004001后张法预应力钢筋”这个清单项目。根据《建设工程工程量清单计价规范》，后张法预应力钢筋清单的工程内容包括有：钢丝束孔道制作安装、锚具安装、钢筋制作钢丝束孔道制作安装和孔道压浆。采用的全国市政定额分析综合单价时，定额中的后张法预应力钢筋已包括有钢丝束制作和锚具安装，但不包括压浆管道制作和孔道压浆。故可初步分解细化为：钢筋孔道制作、安装；孔道压浆，压浆管道制作安装等过程，并分解列出。

同时清单计价还涉及施工方法的选择，需结合工程图纸和现场条件及施工企业的施工能力综合考虑。应该由施工组织设计来确定，这也是分析计算措施项目费用的需要。

2. 分部分项工程量清单综合单价计算

分部分项工程量清单综合单价计算表见表 8-9。

根据前面某桥梁工程的工程量清单和计价工程量，进行工程量清单综合单价计算。管理费按工料机合计的 5%计取，利润按工料机合计的 3%计取。

根据市场价格自主确定的人工、材料单价见表 8-9；机械台班单价见表 8-10。

人工、材料单价 **表 8-9**

序号	名称	单位	单价	序号	名称	单位	单价
1	人工	工日	30.00	20	预应力钢丝	t	9800.00
2	枋木、枋板材	m^3	1300.00	21	波纹管	m	20.00
3	扒钉	kg	3.80	22	圆木	m^3	900.00
4	风镐凿子	根	8.00	23	碎石 50～80	m^3	50.00
5	圆钉	kg	4.90	24	碎石 30～50	m^3	55.00
6	钢护筒	t	3800.00	25	混凝土 C15	m^3	158.00
7	水下混凝土 C20	m^3	185.00	26	混凝土 C20	m^3	175.00
8	黏土	m^3	5.00	27	混凝土 C25	m^3	188.00
9	水	m^3	1.20	28	混凝土 C30	m^3	205.00
10	焊条	kg	5.80	29	混凝土 C50	m^3	256.00
11	铁件	kg	4.20	30	电	kW·h	1.40
12	钻头	kg	30.00	31	草袋	个	1.80
13	导管	kg	3.80	32	煤	t	240.00
14	螺栓	kg	4.90	33	木柴	kg	0.30
15	钢筋 ϕ10 以内	t	3000.00	34	细粒式沥青混凝土	m^3	298.00
16	钢筋 ϕ10 以外	t	2900.00	35	隔离剂	kg	9.80
17	素水泥浆	m^3	455.00	36	柴油	kg	4.80
18	氧气	m^3	2.50	37	铁丝 18 号～22 号	kg	4.20
19	乙炔	kg	15.00				

机械台班单价 **表 8-10**

序号	机械名称	单位	单价	序号	机械名称	单位	单价
1	单筒卷扬机 5t	台班	88.00	12	机动翻斗车 1t	台班	90.00
2	双筒卷扬机 5t	台班	125.00	13	光轮压路机 8t	台班	210.00
3	单筒卷扬机 1t	台班	71.00	14	光轮压路机 15t	台班	300.00
4	电动起重机 5t	台班	158.00	15	沥青混凝土摊铺机 8t	台班	600.00
5	交流电焊机 30kVA	台班	78.00	16	钢筋切断机 ϕ40	台班	35.00
6	空气压缩机 $1m^3/min$	台班	75.00	17	钢筋弯曲机 ϕ40	台班	23.00
7	灰浆搅拌机 200L	台班	49.00	18	对焊机 75kVA	台班	100.00
8	潜水泵 ϕ100	台班	51.00	19	液压注浆泵	台班	125.00
9	混浆泵 ϕ100	台班	171.00	20	预应力筋拉伸机 90t	台班	36.00
10	四旋钻机 ϕ1000 以内	台班	355.00	21	高压油泵 50MPa	台班	95.00
11	混凝土搅拌机 350L	台班	92.00				

3. 分部分项工程量清单综合单价分析

分部分项工程量清单综合单价分析见表 8-11。

工程量清单综合单价分析表　　**表 8-11-1**

工程名称：某桥梁工程　　标段：　　第1页共15页

项目编码	040301004001		项目名称	机械成孔灌注桩(桩径100cm)			计量单位	m	
清单综合单价组成明细									
定额编号	定额名称	定额单位	数量	单价				合价	
				人工费	材料费	机械费	管理费和利润	人工费	材料费
3-508	工作平台搭拆	m²	1353.98	11.766	6.002		1.421	15930.4	8126.71
3-110	护筒埋设	m	288	90.9	15.98	68.77	14.052	26179.2	4602.15
3-207	砂浆制作	m³	1884	5.43	1.965	0.931	0.666	10230	3701.72
3-134	钻、冲成孔	m	2400	33.03	9.29	134.002	14.106	79272	22296
3-209	混凝土浇筑	m³	1921.68	45.66	226.975	36.356	24.719	87744	436173.83
3-545	凿除桩头	m³	37.68	42.452	3.399	16.627	4.998	1599.6	90.4

定额编号	合价 机械费	合价 管理费和利润
3-508		1924.006
3-110	19805.84	4046.98
3-207	1754.2	1254.895
3-134	321604.8	33853.824
3-209	69863.96	47502.546
3-545	626.5	188.334

人工单价	小计	人工费 220955.2	材料费 474990.81	机械费 413655.3	管理费和利润 88770.585
30元/工日	未计价材料费				
清单项目综合单价		499.33			

	主要材料名称、规格、型号	单位	数量	单价(元)	合价(元)	暂估单价(元)	暂估合价(元)
材料费明细	枋木	m³	6.179	1300	8032.7		
	扒钉	kg	63.09	3.80	239.742		
	风镐凿子	根	11.30	8	90.40		
	圆木	m³	0.086	900	77.40		
	圆钉	kg	0.29	4.90	1.42		
	钢护筒	t	1.152	3800	4377.60		
	水下混凝土C20	m³	2340.61	1.85	433012.85		
	黏土	m³	333.47	5	1667.35		
	水	m³	1695.60	1.2	2034.72		
	焊条	t	0.02	5.80	278.4		
	铁件	t	48	4.2	201.6		
	钻头	个	727.2	30	21816		
	导管	m	730.24	3.80	2774.91		
	螺栓	t	78.79	4.9	386.07		
	其他材料费			—		—	
	材料费小计			—	474990.81	—	

注：1. 如不使用省级或行业建设主管部门发布的计价依据，可不填定额项目、编号等。

2. 招标文件提供了暂估单价的材料，按暂估的单价填入表内“暂估单价”栏及“暂估合价”栏。

工程量清单综合单价分析表 表 8-11-2

工程名称：某桥梁工程 标段： 第 2 页共 15 页

<table>
<tr><td>项目编码</td><td colspan="3">040303002001</td><td>项目名称</td><td colspan="2">桥台混凝土基础</td><td colspan="2">计量单位</td><td colspan="3">m^3</td></tr>
<tr><td colspan="12">清单综合单价组成明细</td></tr>
<tr><td rowspan="2">定额编号</td><td rowspan="2">定额名称</td><td rowspan="2">定额单位</td><td rowspan="2">数量</td><td colspan="4">单 价</td><td colspan="4">合 价</td></tr>
<tr><td>人工费</td><td>材料费</td><td>机械费</td><td>管理费和利润</td><td>人工费</td><td>材料费</td><td>机械费</td><td>管理费和利润</td></tr>
<tr><td>3-260</td><td>碎石垫层辅筑</td><td>m^3</td><td>220.2</td><td>19.59</td><td>64.838</td><td></td><td>6.754</td><td>4313.7</td><td>14277.31</td><td></td><td>1487.23</td></tr>
<tr><td>3-261</td><td>混凝土浇筑</td><td>m^3</td><td>73.4</td><td>39.691</td><td>161.146</td><td>88.08</td><td>23.113</td><td>2913.3</td><td>11828.15</td><td>6465.06</td><td>1696.49</td></tr>
<tr><td colspan="2">人工单价</td><td colspan="6">小 计</td><td>7227</td><td>26105.46</td><td>6465.06</td><td>3183.72</td></tr>
<tr><td colspan="2">30 元/工日</td><td colspan="6">未计价材料费</td><td colspan="4"></td></tr>
<tr><td colspan="8">清单项目综合单价</td><td colspan="4">585.58</td></tr>
<tr><td rowspan="8">材料费明细</td><td colspan="4">主要材料名称、规格、型号</td><td>单位</td><td>数量</td><td>单价（元）</td><td>合价（元）</td><td>暂估单价（元）</td><td>暂估合价（元）</td></tr>
<tr><td colspan="4">碎石 50-80</td><td>m^3</td><td>224.604</td><td>50</td><td>11230.2</td><td></td><td></td></tr>
<tr><td colspan="4">碎石 30-50</td><td>m^3</td><td>55.402</td><td>55</td><td>3047.11</td><td></td><td></td></tr>
<tr><td colspan="4">C15 混凝土</td><td>m^3</td><td>74.5</td><td>158</td><td>11771</td><td></td><td></td></tr>
<tr><td colspan="4">水</td><td>m^3</td><td>30.83</td><td>1.2</td><td>37</td><td></td><td></td></tr>
<tr><td colspan="4">电</td><td>kW·h</td><td>14.39</td><td>1.4</td><td>20.15</td><td></td><td></td></tr>
<tr><td colspan="6">其他材料费</td><td>—</td><td></td><td>—</td><td></td></tr>
<tr><td colspan="6">材料费小计</td><td>—</td><td>26105.46</td><td>—</td><td></td></tr>
</table>

注：1. 如不使用省级或行业建设主管部门发布的计价依据，可不填定额项目、编号等。

2. 招标文件提供了暂估单价的材料，按暂估的单价填入表内“暂估单价”栏及“暂估合价”栏。

工程量清单综合单价分析表 表 8-11-3

工程名称：某桥梁工程 标段： 第 3 页共 15 页

项目编码	040303003001	项目名称	混凝土承台	计量单位	m^3

清单综合单价组成明细											
定额编号	定额名称	定额单位	数量	单价				合价			
				人工费	材料费	机械费	管理费和利润	人工费	材料费	机械费	管理费和利润
3-265	混凝土承台	m^3	973.8	42.75	180.297	23.736	19.743	41630.1	175573.36	23114.2	19225.383
人工单价	小计							41630.1	175573.36	23114.2	19225.383
30元/工日	未计价材料费										
清单项目综合单价								266.53			

	主要材料名称、规格、型号	单位	数量	单价（元）	合价（元）	暂估单价（元）	暂估合价（元）
材料费明细	水	m^3	458.66	1.2	550.39		
	电	kW·h	42847	1.4	599.86		
	C20混凝土	m^3	988.41	175	172971.75		
	草袋	个	806.31	1.8	1451.36		
	其他材料费			—		—	
	材料费小计			—	175573.36	—	

注：1. 如不使用省级或行业建设主管部门发布的计价依据，可不填定额项目、编号等。

2. 招标文件提供了暂估单价的材料，按暂估的单价填入表内“暂估单价”栏及“暂估合价”栏。

工程量清单综合单价分析表 **表 8-11-4**

工程名称：某桥梁工程　　标段：　　第 4 页共 15 页

项目编码	040303004001			项目名称		混凝土台帽		计量单位		m³	
清单综合单价组成明细											
定额编号	定额名称	定额单位	数量	单价				合价			
				人工费	材料费	机械费	管理费和利润	人工费	材料费	机械费	管理费和利润
3-284	现浇混凝土台帽	m³	180.96	47.73	1807.739	26.735	150.58	8637.30	32706.45	4837.9	27248.291
人工单价	小计							8637.30	32706.45	4837.9	27248.291
30 元/工日	未计价材料费										
清单项目综合单价								275.62			
材料费明细	主要材料名称、规格、型号				单位	数量		单价（元）	合价（元）	暂估单价（元）	暂估合价（元）
	C20 混凝土				m³	183.67		175	32142.25		
	草袋				个	154.36		1.8	277.85		
	水				m³	113.64		1.2	136.37		
	电				kW·h	107.13		1.4	149.98		
	其他材料费							—		—	
	材料费小计							—	32706.45	—	

注：1. 如不使用省级或行业建设主管部门发布的计价依据，可不填定额项目、编号等。

2. 招标文件提供了暂估单价的材料，按暂估的单价填入表内“暂估单价”栏及“暂估合价”栏。

工程量清单综合单价分析表　　　　表 8-11-5

工程名称：某桥梁工程　　　　标段：　　　　第 5 页共 15 页

项目编码	040303005001		项目名称		混凝土台身		计量单位		m^3
清单综合单价组成明细									
定额编号	定额名称	定额单位	数量	单价				合价	
				人工费	材料费	机械费	管理费和利润	人工费	材料费	机械费	管理费和利润
3-274	现浇混凝土台身	m^3	863.5	47.73	179.16	26.739	20.29	41214.9	154704.75	23089.24	17520.69
人工单价	小计							41214.9	154704.75	23089.24	17520.69
30 元/工日	未计价材料费										
清单项目综合单价								273.92			
材料费明细	主要材料名称、规格、型号			单位	数量	单价（元）	合价（元）	暂估单价（元）	暂估合价（元）		
	C20 混凝土			m^3	876.45	175	153378.75				
	草袋			个	145.07	1.8	261.13				
	水			m^3	291	1.2	349.2				
	电			kW·h	511.19	1.4	715.67				
	其他材料费					—		—			
	材料费小计					—	154704.75	—			

注：1. 如不使用省级或行业建设主管部门发布的计价依据，可不填定额项目、编号等。
2. 招标文件提供了暂估单价的材料，按暂估的单价填入表内“暂估单价”栏及“暂估合价”栏。

工程量清单综合单价分析表 **表 8-11-6**

工程名称：某桥梁工程　　　　标段：　　　　第 6 页共 15 页

<table>
<tr><td>项目编码</td><td colspan="2">040304003001</td><td colspan="2">项目名称</td><td colspan="2">混凝土空心板 C50</td><td colspan="2">计量单位</td><td colspan="3">m³</td></tr>
<tr><td colspan="12">清单综合单价组成明细</td></tr>
<tr><td rowspan="2">定额编号</td><td rowspan="2">定额名称</td><td rowspan="2">定额单位</td><td rowspan="2">数量</td><td colspan="4">单　价</td><td colspan="4">合　价</td></tr>
<tr><td>人工费</td><td>材料费</td><td>机械费</td><td>管理费和利润</td><td>人工费</td><td>材料费</td><td>机械费</td><td>管理费和利润</td></tr>
<tr><td>3-304</td><td>混凝土空心板C50</td><td>m³</td><td>544.31</td><td>59.07</td><td>267</td><td>33.201</td><td>28.742</td><td>32152.5</td><td>145330.82</td><td>18072.02</td><td>15644.38</td></tr>
<tr><td></td><td></td><td></td><td></td><td></td><td></td><td></td><td></td><td></td><td></td><td></td><td></td></tr>
<tr><td colspan="2">人工单价</td><td colspan="6">小　计</td><td>32152.5</td><td>145330.82</td><td>18072.02</td><td>15644.38</td></tr>
<tr><td colspan="2">30 元/工日</td><td colspan="6">未计价材料费</td><td colspan="4"></td></tr>
<tr><td colspan="8">清单项目综合单价</td><td colspan="4">388.01</td></tr>
<tr><td rowspan="11">材料费明细</td><td colspan="4">主要材料名称、规格、型号</td><td>单位</td><td>数量</td><td>单价（元）</td><td>合价（元）</td><td>暂估单价（元）</td><td>暂估合价（元）</td></tr>
<tr><td colspan="4">C50 混凝土</td><td>m³</td><td>552.47</td><td>256</td><td>141432.32</td><td></td><td></td></tr>
<tr><td colspan="4">草袋</td><td>个</td><td>1166.46</td><td>1.8</td><td>2099.63</td><td></td><td></td></tr>
<tr><td colspan="4">水</td><td>m³</td><td>617.25</td><td>1.2</td><td>774.7</td><td></td><td></td></tr>
<tr><td colspan="4">电</td><td>kW·h</td><td>731.55</td><td>1.4</td><td>1024.17</td><td></td><td></td></tr>
<tr><td colspan="4"></td><td></td><td></td><td></td><td></td><td></td><td></td></tr>
<tr><td colspan="4"></td><td></td><td></td><td></td><td></td><td></td><td></td></tr>
<tr><td colspan="4"></td><td></td><td></td><td></td><td></td><td></td><td></td></tr>
<tr><td colspan="4"></td><td></td><td></td><td></td><td></td><td></td><td></td></tr>
<tr><td colspan="6">其他材料费</td><td>—</td><td></td><td>—</td><td></td></tr>
<tr><td colspan="6">材料费小计</td><td>—</td><td>145330.82</td><td>—</td><td></td></tr>
</table>

注：1. 如不使用省级或行业建设主管部门发布的计价依据，可不填定额项目、编号等。

2. 招标文件提供了暂估单价的材料，按暂估的单价填入表内“暂估单价”栏及“暂估合价”栏。

工程量清单综合单价分析表　　　　表 8-11-7

工程名称：某桥梁工程　　　　标段：　　　　第 7 页共 15 页

项目编码		040304003002		项目名称		混凝土空心板 C20		计量单位		m³	
清单综合单价组成明细											
定额编号	定额名称	定额单位	数量	单价				合价			
				人工费	材料费	机械费	管理费和利润	人工费	材料费	机械费	管理费和利润
3-304	混凝土空心板 C20	m³	14.25	59.074	184.679	33.267	22.162	841.8	2631.67	474.06	315.803
人工单价		小计						841.8	2631.67	474.06	315.803
30 元/工日		未计价材料费									
清单项目综合单价								299.18			
材料费明细	主要材料名称、规格、型号					单位	数量	单价（元）	合价（元）	暂估单价（元）	暂估合价（元）
	C20 混凝土					m³	14.46	175	2530.5		
	草袋					个	30.54	1.8	54.97		
	水					m³	16.16	1.2	19.39		
	电					kW·h	19.15	1.4	26.81		
	其他材料费							—		—	
	材料费小计							—	2631.67	—	

注：1. 如不使用省级或行业建设主管部门发布的计价依据，可不填定额项目、编号等。

2. 招标文件提供了暂估单价的材料，按暂估的单价填入表内“暂估单价”栏及“暂估合价”栏。

工程量清单综合单价分析表

表 8-11-8

工程名称：某桥梁工程　　　　　　标段：　　　　　　　　第 8 页共 15 页

项目编码		040303019001		项目名称		桥面铺装		计量单位		m^2	
清单综合单价组成明细											
定额编号	定额名称	定额单位	数量	单价				合价			
				人工费	材料费	机械费	管理费和利润	人工费	材料费	机械费	管理费和利润
3-331	水泥混凝土铺装 8cm 厚	m^3	88.98	60.809	221.387	15.5	23.816	5410.8	19698.98	1379.22	2119.119
2-285	沥青混凝土铺装 3cm 厚	m^2	1112.29	6.449	232.259	10.432	19.931	724.2	26091.56	1171.5	2238.074
人工单价		小　计						6135	45790.54	2550.72	4357.193
30 元/工日		未计价材料费									
清单项目综合单价								52.89			
材料费明细	主要材料名称、规格、型号					单位	数量	单价（元）	合价（元）	暂估单价（元）	暂估合价（元）
	C25 混凝土					m^3	90.31	188	16978.28		
	枋板材					m^3	0.151	1300	196.3		
	草袋					个	1146.06	1.8	2062.91		
	水					m^3	280.29	1.2	336.35		
	隔离剂					kg	1.33	9.8	13.03		
	电					kW·h	80.08	1.4	112.11		
	细粒沥青混凝土					m^3	33.7	298	10042.6		
	煤					t	0.111	240	26.64		
	木柴					kg	17.8	0.3	5.34		
	柴油					kg	3336.87	4.8	16016.98		
	其他材料费							—		—	
	材料费小计							—	45790.54	—	

注：1. 如不使用省级或行业建设主管部门发布的计价依据，可不填定额项目、编号等。

2. 招标文件提供了暂估单价的材料，按暂估的单价填入表内“暂估单价”栏及“暂估合价”栏。

工程量清单综合单价分析表　　　　**表 8-11-9**

工程名称：某桥梁工程　　　　标段：　　　　第 9 页共 15 页

项目编码	040303020001	项目名称			桥头搭板		计量单位		m³		
清单综合单价组成明细											
定额编号	定额名称	定额单位	数量	单价				合价			
				人工费	材料费	机械费	管理费和利润	人工费	材料费	机械费	管理费和利润
3-302	C30 混凝土桥头搭板	m³	157.04	57.901	213.972	32.412	24.343	9092.7	33602.09	5090.02	3822.796
人工单价		小　计						9092.7	33602.09	5090.02	3822.796
30 元/工日		未计价材料费									
清单项目综合单价								328.63			
材料费明细	主要材料名称、规格、型号				单位	数量		单价（元）	合价（元）	暂估单价（元）	暂估合价（元）
	C30 混凝土				m³	159.4		205	32677		
	草袋				个	288.95		1.8	520.11		
	水				m³	102.23		1.2	122.68		
	电				kW·h	201.64		1.4	282.3		
	其他材料费							—		—	
	材料费小计							—	33602.09	—	

注：1. 如不使用省级或行业建设主管部门发布的计价依据，可不填定额项目、编号等。
2. 招标文件提供了暂估单价的材料，按暂估的单价填入表内“暂估单价”栏及“暂估合价”栏。

工程量清单综合单价分析表 表 8-11-10

工程名称：某桥梁工程　　标段：　　第 10 页共 15 页

项目编码	040304005001	项目名称	预制人行道板 C30	计量单位	m^3

清单综合单价组成明细											
定额编号	定额名称	定额单位	数量	单价				合价			
				人工费	材料费	机械费	管理费和利润	人工费	材料费	机械费	管理费和利润
3-344	预制人行道板C30	m^3	7.36	55.149	214.394	27.117	23.733	405.9	1577.94	199.58	174.673
3-475	安装人行道板	m^3	7.36	47.894			3.83	352.5			28.20
人工单价		小计						758.4	1577.94	199.58	202.87
30 元/工日		未计价材料费									
清单项目综合单价								372.12			

	主要材料名称、规格、型号	单位	数量	单价（元）	合价（元）	暂估单价（元）	暂估合价（元）
材料费明细	C30 混凝土	m^3	7.47	205	1531.35		
	草袋	个	16.63	1.8	29.93		
	水	m^3	6.38	1.2	7.66		
	电	kW·h	6.43	1.4	9		
	其他材料费			—		—	
	材料费小计			—	1577.94	—	

注：1. 如不使用省级或行业建设主管部门发布的计价依据，可不填定额项目、编号等。

2. 招标文件提供了暂估单价的材料，按暂估的单价填入表内“暂估单价”栏及“暂估合价”栏。

工程量清单综合单价分析表　　　　**表 8-11-11**

工程名称：某桥梁工程　　　　标段：　　　　第 11 页共 15 页

项目编码	040303021001	项目名称	现浇枕梁	计量单位	m^3

清单综合单价组成明细

定额编号	定额名称	定额单位	数量	单价				合价			
				人工费	材料费	机械费	管理费和利润	人工费	材料费	机械费	管理费和利润
3-270	C30 混凝土现浇枕梁	m^3	10.48	42.739	211.588	23.794	22.25	447.9	2217.44	249.36	233.177
人工单价		小　　计						447.9	2217.44	249.36	233.177
30 元/工日		未计价材料费									
清单项目综合单价								300.37			

	主要材料名称、规格、型号	单位	数量	单价（元）	合价（元）	暂估单价(元)	暂估合价(元)
材料费明细	C30 混凝土	m^3	10.64	205	2181.2		
	草袋	个	11.25	1.8	20.25		
	水	m^3	7.95	1.5	9.54		
	电	kW·h	4.61	1.4	6.45		
	其他材料费			—		—	
	材料费小计			—	2217.44	—	

注：1. 如不使用省级或行业建设主管部门发布的计价依据，可不填定额项目、编号等。
2. 招标文件提供了暂估单价的材料，按暂估的单价填入表内“暂估单价”栏及“暂估合价”栏。

工程量清单综合单价分析表 **表 8-11-12**

工程名称：某桥梁工程　　标段：　　第 12 页共 15 页

项目编码	040304005002		项目名称		混凝土小型构件			计量单位		m³	
清单综合单价组成明细											
定额编号	定额名称	定额单位	数量	单价				合价			
				人工费	材料费	机械费	管理费和利润	人工费	材料费	机械费	管理费和利润
3-328	C25 地梁、侧石小构件	m³	14.4	82.958	198.335	15.554	23.748	1194.6	2856.02	223.98	341.968
人工单价	小　计							1194.6	2856.02	223.98	341.968
30 元/工日	未计价材料费										
清单项目综合单价								320.60			
材料费明细	主要材料名称、规格、型号				单位	数量		单价（元）	合价（元）	暂估单价（元）	暂估合价（元）
	C25 混凝土				m³	14.62		188	2748.56		
	草袋				个	30.90		1.8	55.62		
	水				m³	15.85		1.2	19.02		
	电				kW·h	23.44		1.4	32.82		
	其他材料费							—		—	
	材料费小计							—	2856.02	—	

注：1. 如不使用省级或行业建设主管部门发布的计价依据，可不填定额项目、编号等。

2. 招标文件提供了暂估单价的材料，按暂估的单价填入表内“暂估单价”栏及“暂估合价”栏。

工程量清单综合单价分析表　　表 8-11-13

工程名称：某桥梁工程　　标段：　　第 13 页共 15 页

项目编码	040901002001	项目名称	非预应力钢筋 ϕ10 以内	计量单位	

清单综合单价组成明细

定额编号	定额名称	定额单位	数量	单价				合价			
				人工费	材料费	机械费	管理费和利润	人工费	材料费	机械费	管理费和利润
3-233	预制混凝土 ϕ10 以内	t	0.424	618.396	3096.63	55.991	301.68	262.2	1312.98	23.74	127.91
3-235	现浇混凝土 ϕ10 以内	t	46.985	499.80	3096.91	46.06	291.422	23483.1	145508.42	2164.12	13692.444
3-237	桩筋 ϕ10 以内	t	10.315	533.398	3159.299	364.518	324.577	5502	32588.17	3760	3348.014
人工单价	小计							29247.3	179409.57	5947.86	17168.37
30 元/工日	未计价材料费										
清单项目综合单价								4015.19			

材料费明细	主要材料名称、规格、型号	单位	数量	单价（元）	合价（元）	暂估单价（元）	暂估合价（元）
	钢筋 ϕ10 以内	t	58.872	3000	176616		
	镀锌钢丝 18 号～22 号	kg	435.8	4.2	1830.36		
	电焊条	kg	166.07	5.8	963.21		
	其他材料费			—		—	
	材料费小计			—	179409.57	—	

注：1. 如不使用省级或行业建设主管部门发布的计价依据，可不填定额项目、编号等。

2. 招标文件提供了暂估单价的材料，按暂估的单价填入表内“暂估单价”栏及“暂估合价”栏。

工程量清单综合单价分析表

表 8-11-14

工程名称：某桥梁工程　　　　标段：　　　　第 14 页共 15 页

项目编码	040901002002	项目名称	非预应力钢筋 ϕ10 以外	计量单位	t

清单综合单价组成明细

定额编号	定额名称	定额单位	数量	单价				合价			
				人工费	材料费	机械费	管理费和利润	人工费	材料费	机械费	管理费和利润
3-234	预制混凝土 ϕ10 以外	t	1.023	235.777	3065.103	71.398	269.78	241.2	3135.6	73.04	275.99
3-236	现浇混凝土 ϕ10 以外	t	89.104	243.299	3079.95	74.826	271.85	21678.9	274436.2	6667.34	24222.92
3-237	桩筋 ϕ10 以外	t	83.808	533.401	3115.668	364.557	321.09	44703.3	261117.88	30552.82	26909.92
人工单价		小计						66623.4	538689.68	37293.2	51408.83
30 元/工日		未计价材料费									
清单项目综合单价								3990.08			

材料费明细	主要材料名称、规格、型号	单位	数量	单价（元）	合价（元）	暂估单价（元）	暂估合价（元）
	钢筋 ϕ10 以外	t	180.89	2900	524581		
	镀锌钢丝 18 号～22 号	kg	391.54	4.2	1644.46		
	电焊条	kg	2149.01	5.8	12464.26		
	其他材料费			—		—	
	材料费小计			—	538689.68	—	

注：1. 如不使用省级或行业建设主管部门发布的计价依据，可不填定额项目、编号等。

2. 招标文件提供了暂估单价的材料，按暂估的单价填入表内“暂估单价”栏及“暂估合价”栏。

工程量清单综合单价分析表　　**表 8-11-15**

工程名称：某桥梁工程　　标段：　　第 15 页共 15 页

项目编码	040701006001	项目名称	后张法预应力筋钢丝束	计量单位	t

清单综合单价组成明细

定额编号	定额名称	定额单位	数量	单价				合价			
				人工费	材料费	机械费	管理费和利润	人工费	材料费	机械费	管理费和利润
3-247	YM15-4 型锚钢丝	t	21.118	561.899	10394.69	178.51	890.81	11866.2	219515.06	3780.84	18812.97
3-258	压浆管道	m	4730.4	2.073	21.568		1.89	9806.1	102025.2		8946.504
4-259	孔道压浆	m^3	11.65	183.219	478.733	218.90	70.468	2134.5	5577.24	2550.24	820.954
人工单价		小计						23806.8	327117.5	6331.08	28580.43
30 元/工日		未计价材料费									
清单项目综合单价								18270.47			

	主要材料名称、规格、型号	单位	数量	单价（元）	合价（元）	暂估单价（元）	暂估合价（元）
材料费明细	预应力钢丝	t	22.39	9800	219422		
	镀锌钢丝 18 号～22 号	kg	14.36	4.2	60.31		
	氧气	m^3	4.22	2.5	10.55		
	乙炔	kg	1.48	15	22.2		
	波纹管 ϕ50	m	5101.26	20	102025.2		
	素水泥浆	m^3	12.23	455	5564.65		
	水	m^3	10.49	1.2	12.59		
	其他材料费			—		—	
	材料费小计			—	327117.5	—	

8.3.3 计算分部分项工程量清单计价表

分部分项工程量清单计价表见表8-12。

分部分项工程量清单与计价表 表8-12

工程名称：某桥梁 标段： 第1页共1页

序号	项目编码	项目名称	项目特征描述	计量单位	工程量	金额(元)		
						综合单价	合价	其中：暂估价
1	040301004001	机械成孔灌注桩	1. 桩径：100cm 2. 深度：50m 3. 混凝土强度等级：C20	m	2400	499.33	119839.20	
2	040303002001	桥台混凝土基础	1. 混凝土强度等级：C15 2. 垫层：碎石	m^3	73.40	585.58	42981.57	
3	040303003001	混凝土承台	1. 部位：灌注桩上 2. 混凝土强度等级：C20	m^3	973.8	266.53	259546.91	
4	040303004001	混凝土台帽	1. 部位：台身上 2. 混凝土强度等级：C20	m^3	180.96	275.62	49876.20	
5	040303005001	混凝土台身	1. 部位：承台上 2. 混凝土强度等级：C20	m^3	863.5	273.92	236529.92	
6	040304003001	混凝土空心板	1. 部位：桥面板 2. 形式：方孔空心板 3. 混凝土强度等级：C50	m^3	544.3	388.01	211197.72	
7	040304003002	混凝土空心板C20	1. 部位：桥面板 2. 形式：方孔空心板 3. 混凝土强度等级：C20	m^3	14.25	299.18	4263.32	
8	040303019001	桥面铺装	1. 部位：桥面 2. 形式：方孔空心板 3. 沥青品种：石油沥青 4. 厚度：水泥混凝土80cm厚；细粒沥青混凝土30cm厚	m^2	1112.29	52.89	58829.02	
9	040303020001	桥头搭板C30	混凝土强度等级：C30	m^3	157.04	328.63	51608.06	

续表

序号	项目编码	项目名称	项目特征描述	计量单位	工程量	金额(元)		
						综合单价	合价	其中：暂估价
10	040304005001	预制人行道板	1. 形状尺寸：460×1240×80 2. 混凝土强度等级：C30	m^3	7.36	372.12	2738.80	
11	040304005001	混凝土小型构件	构件种类：地梁、侧石 C25	m^3	14.4	300.37	4325.33	
12	040303021001	枕梁混凝土	1. 部位：枕梁 2. 混凝土强度等级：C30	m^3	10.48	320.6	3359.89	
13	040901002001	非预应力钢筋	1. 材质：普通碳素钢 2. 规格：ϕ10 以内	t	57.724	4015.19	231772.83	
14	040901002002	非预应力钢筋	1. 材质：普通碳素钢 2. 规格：ϕ10 以外	t	173.935	3990.08	694014.56	
15	040901006001	后张法预应力钢筋	1. 材质：普通碳素钢 2. 规格：ϕ4 3. 部位：桥面空心板	t	21.118	18270.47	385835.79	
本页小计							2356719.12	
合计							2356719.12	

注：根据建设部、财政部发布的《建筑安装工程费用组成》（建标［2003］206号）的规定，为计取规费等的使用，可在表中增设其中："直接费"、"人工费"或"人工费+机械费"。

8.3.4 措施项目费确定

桥涵工程的措施项目应根据拟建工程所处的地形、地质、现场环境等条件，结合具体的施工方法，由施工组织设计确定。采用工程量清单计价时，措施项目费的计算应响应招标文件的要求，同时也可以根据拟建工程确定的施工组织设计提出的具体措施补充计算。桥梁工程发生的措施项目较多，可从以下几方面考虑。

（1）用于桥涵工程整体的文明施工、环境保护的措施项目。应按工程所在地当地有关部门的要求、规定计算。

（2）安全施工方面的措施。如：安全挡板、防护挡板等，可按施工方案及参照当地有关规定计算。

（3）生产性临时设施。如：现场加工场地、工作棚、仓库等，可按相应的分部分项工程费乘费率计算。

（4）其他措施项目。如：由于场地所限发生的二次搬运；使用大型机械设备的进出场及安拆；可列项分析计算。同时如在有水的河流施工时，应考虑围堰、筑岛、修筑便桥、修建水上工作平台等措施项目；当桥梁采用现浇施工时，上部结构的支架、脚手架、模板工程、泵送混凝土等均为不可缺少的措施项目；当采用预制施工上部结构时，各类梁、板、拱、小型构件的运输、安装等措施项目也必然发生，这样都应参照施工方案及当地定额规定分析计算。

（5）工程保护、保修、保险费用。应按工程所在地当地有关部门的要求、规定计算。

某桥梁措施项目费计算分两个部分，一是模板摊销费计算（表 8-14），另外一个是脚手梁工程费计算。

按照某省的规定，环境保护、文明施工、安全施工、临时设施以分部分项工程量清单计价的工料机合计为基数乘以相关费率计算。具体计算见表 8-13。

措施项目清单与计价表（一） **表 8-13**

工程名称：某桥梁 标段： 第 1 页共 1 页

序号	项 目 名 称	计算基础	费率(%)	金额(元)
1	安全文明施工费	人工费	30	146989.47
2	夜间施工费			
3	二次搬运费			
4	冬雨季施工			
5	大型机械设备进出场及安拆费			
6	施工排水			
7	施工降水			
8	地上、地下设施、建筑物的临时保护设施			
9	已完工程及设备保护			
10	各专业工程的措施项目			
	合 计			146989.47

注：1. 本表适用于以“项”计价的措施项目。

2. 根据建设部、财政部发布的《建筑安装工程费用组成》（建标［2003］206 号）的规定，“计算基础”可为“直接费”、“人工费”或“人工费＋机械费”。

措施项目清单与计价表（二） **表 8-14**

工程名称：某桥梁 标段： 第 1 页 共 1 页

序号	项目编码	项 目 名 称	项目特征描述	计量单位	工程量	金额(元)	
						综合单价	合价
1	AB001	承台混凝土浇筑 C25 模板		$10m^2$	42.14	204.982	8637.95
2	AB002	台帽混凝土浇筑 C30 模板		$10m^2$	50.38	619.77	31224.03
3	AB003	台身混凝土浇筑 C25 模板		$10m^2$	102.82	120.889	12429.81

续表

序号	项目编码	项目名称	项目特征描述	计量单位	工程量	金额(元)	
						综合单价	合价
4	AB004	空心板混凝土浇筑C50模板		$10m^2$	485.72	116.352	56514.24
5	AB005	人行道梁、侧石C25混凝土模板		$10m^2$	20.44	102.968	2104.68
6	AB006	枕梁C30模板		$10m^2$	5.24	533.32	2794.59
7	AB007	桥头搭板C30模板		$10m^2$	4.59	227.786	1045.54
本页小计							114750.84
合计							114750.84

注：本表适用于以综合单价形式计价的措施项目。

8.3.5 其他项目费计算

其他项目费应根据拟建工程的具体情况依据发布的其他项目清单计算。

某桥梁工程的其他项目费计算见表8-15、表8-16。

其他项目清单与计价表 **表8-15**

工程名称：某桥梁　　标段：　　第1页共1页

序号	项目名称	计量单位	金额(元)	备注
1	暂列金额		250000	明细详见表8-16
2	暂估价			
2.1	材料暂估价			
2.2	专业工程暂估价			
3	计日工			
4	总承包服务费			
5				
合计			250000	

注：材料暂估单价进入清单项目综合单价，此处不汇总。

暂列金额明细表 **表8-16**

工程名称：某桥梁　　标段：　　第1页共1页

序号	项目名称	计量单位	暂定金额(元)	备注
1	暂列金额	项	250000	
2				
合计			250000	—

8.3.6 规费及税金计算、单位工程费用汇总

税金按国家税法文件规定计算，规费按某地规定计算。单位工程费用汇总表见表 8-17、表 8-18。

规费、税金项目清单与计价表 **表 8-17**

工程名称：某桥梁 标段： 第 1 页共 1 页

序号	项目名称	计算基础	费率(%)	金额(元)
1	规费			107792.27
1.1	工程排污费			
1.2	社会保障费	人工费	16%	78394.38
1.3	住房公积金	人工费	6%	29397.89
2	税金			101261.01
2.1	营业税	分部分项工程费＋措施项目费＋其他项目费＋规费	3.093%	92055.47
2.2	城市维护建设税	营业税	7%	6443.88
2.3	教育费附加	营业税	3%	2761.66
合计				209053.28

单位工程投标报价汇总表 **表 8-18**

工程名称：某桥梁 第 1 页共 1 页

序号	单项工程名称	金额(元)	其中:暂估价(元)
1	分部分项工程	2356719.12	
2	措施项目	261740.31	
2.1	安全文明施工费	146989.47	—
3	其他项目	250000	—
3.1	暂列金额	250000	—
3.2	专业工程暂估价		—
3.3	计日工		—
3.4	总承包服务费		—
4	规费	107792.27	—
5	税金	101261.01	—
招标控制价/投标报价合计＝1＋2＋3＋4＋5		3077512.71	

注：本表适用于单位工程招标控制价或投标报价的汇总，如无单位工程划分，单项工程也使用本表汇总。

思考题与习题

1. 叙述桥涵结构的基本组成。
2. 桥梁是怎样分类的?
3. 常见的桥梁工程工程量清单项目有哪些?
4. 桥涵工程工程量清单列项的要点是什么?
5. 叙述桥涵工程工程量清单编制过程。
6. 叙述桥梁工程工程量清单报价编制过程。

教学单元9　管道工程工程量清单计价

【教学目标】 通过对给水工程的分类、城市给水系统的组成、给水管网的布置形式、给水管材种类、给水管件和附件、排水工程的分类、排水管道系统的组成、排水管材的种类、建设工程工程量清单计价规范、市政工程工程量计算规范等知识点和内容的学习，学生掌握管道分部分项工程量计算、措施项目工程量计算、管道分部分项工程费计算、措施项目费计算、其他项目费计算、规费和税金计算方法和技能。

9.1　管道工程基础知识

9.1.1　给水工程基础知识

1. 给水工程的分类

根据用户的不同，给水工程建设标准体系划分为城市给水工程、建筑给水工程、工业给水工程三大类。

(1) 城市给水工程

以符合水环境质量标准的水体作为水源，经过取水工程、水处理工程，制成符合水质标准的水，再由输水、配水工程输送至用户（包括各类工厂、公共建筑、居民住宅等）。

(2) 工业给水工程

以城市自来水作为工业用水水源，经过软化、除盐、冷却、稳定等特殊水处理工艺后，供生产工艺过程使用。

(3) 建筑给水工程

建筑给水工程包括建筑内部给水，建筑消防，居住小区给水，建筑水处理，特殊建筑给水。其最基本的用户为住宅建筑、各类公共建筑和工业企业。将接自室外给水管网的水，以最适用、经济、合理、卫生、安全的给水系统，输送至各用水设备和用水点，如卫生器具给水配件、生产用水设备、消防给水设备和体育、娱乐、观赏等用水。

2. 城市给水系统组成

城市给水系统是指取水、水质处理、输配水等设施以一定的方式组合而成的总体，通常由取水构筑物、水处理构筑物、泵站、输水管道、配水管网和调节构筑物组成。其中输水管和配水管网构成给水管道工程。根据水源的不同，一般有地表水源给水系统和地下水源给水系统两种形式，如图9-1所示。

输水管是从水源向水厂或从水厂向配水管网输水的长距离管道，不向沿线两侧配水。一般都采用两条平行管线，并在中间的适当地点设置连通管，安装切换阀门。

配水管网是分布在整个给水区域范围内的管道网络，接受输水管道输送来的

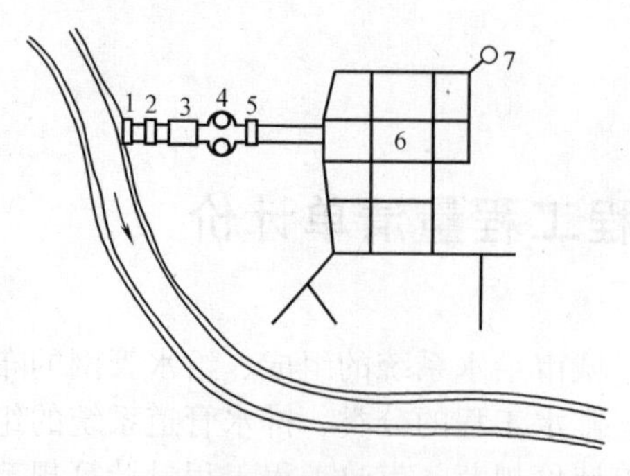

（1）地表水源给水系统

1—取水构筑物；2—一级泵站；3—水处理构筑物；4—清水池；5—二级泵站；6—输水管；7—配水管网

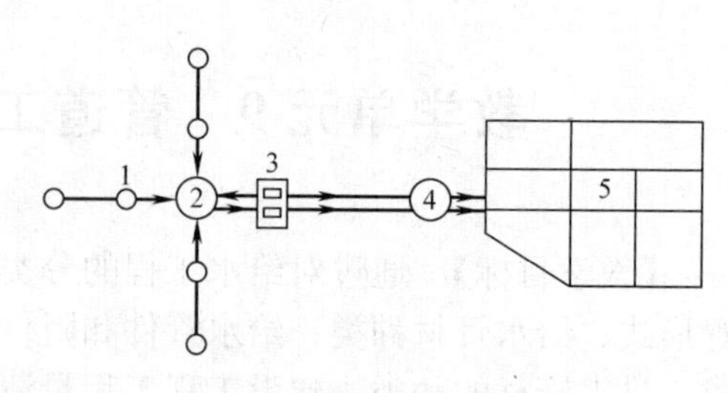

（2）地下水源给水系统

1—井群；2—集水池；3—泵站；4—输水管；5—水塔

图 9-1　给水系统

水量，并将其分配到各用户的接管点上。一般敷设在城市道路下，就近为两侧的用户供水。配水管网由配水干管、连通管、配水支管、分配管、附属构筑物和调节构筑物组成。

3. 给水管网的布置形式

（1）重力输水系统

适用于水源地地形高于给水区，并且高差可以保证以经济的造价输送所需的水量，清水池中的水可以靠自身的重力，经重力输水管进入配水管网供用户使用。当地形高差很大时，可在中途设置减压水池，形成多级重力输水系统。

（2）压力输水系统

当水源地与给水区的地形高差不能保证以经济的造价输送所需的水量，或水源地地形低于给水区时，可采用压力输水系统。清水池中的水必须由泵站加压经输水管送至配水管网供用户使用。该输水系统需要消耗大量的动力，供水成本较高。

（3）重力、压力输水相结合的输水系统

在地形复杂且又是长距离输水管道时，往往采用重力和压力相结合的输水方式。

（4）枝状配水管网

枝状管网是因从泵站或水塔到用户的管线布置类似树枝状而得名，其管径由泵站或水塔到用户逐渐减小，如图 9-2 所示。

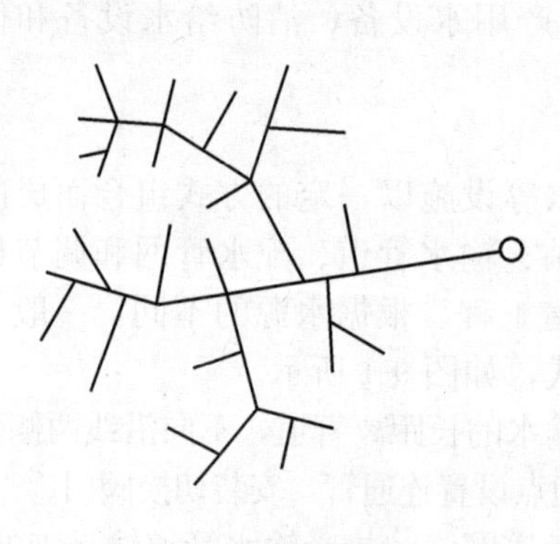

图 9-2　枝状管网

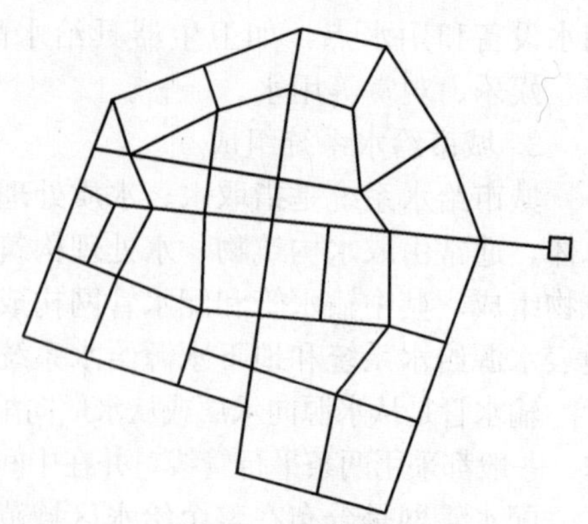

图 9-3　环状管网

（5）环状配水管网

管网中管线相互连接成环状，当管网中某一管段损坏时，可以关闭附近的阀门使其与其他的管段隔开，水可以从另外的管线绕过该管段继续向下游用户供水，使断水的范围减至最小，如图9-3所示。

4. 给水管材及防腐

给水管道分为金属管（铸铁管、钢管）和非金属管（预应力钢筋混凝土管、玻璃钢管、塑料管等）。

（1）铸铁管

铸铁管按材质分为灰铸铁管和球墨铸铁管。

灰铸铁管即连续铸铁管，耐腐蚀性强。因其工艺缺陷造成质地较脆、抗冲击和抗震能力差，接口易漏水，往往会产生爆管和水管断裂事故，且重量较大。现已逐渐被球墨铸铁管取代。

球墨铸铁管强度接近钢管，管壁较薄，重量较轻，抗腐蚀性能远高于钢管。球墨铸铁管的工作压力一般在3MPa以上，公称直径在*DN*500～*DN*1200，有效长度为6m。

（2）钢管

钢管耐高压、耐振动、自重轻、单管长度大、接口方便；但钢管的承受外荷载的稳定性差，耐腐蚀性能差，使用前应进行管壁内外的防腐处理。

钢管有热轧无缝钢管和纵向焊缝或螺旋形焊缝的焊接钢管。大直径钢管通常是在加工厂用钢板卷圆焊接，称为卷焊钢管。

市政给水管道中常用的普通钢管工作压力不超过1.0MPa，管径为*DN*100～*DN*2200，有效长度为4～10m。

（3）钢筋混凝土压力管

1）预应力钢筋混凝土管

预应力钢筋混凝土管的公称内径为*DN*400～*DN*1400，其管外径、壁厚、长度和接头橡胶圈规格详见《给水排水设计手册》或《市政工程设计施工系列图集》。

2）自应力钢筋混凝土管

自应力钢筋混凝土管是借膨胀水泥在养护过程中发生膨胀，张拉钢筋，而混凝土则因钢筋所给予的张拉反作用力而产生压应力。自应力钢筋混凝土管后期膨胀，可能使管材疏松，只可用在郊区或农村等水压较低的次要管线上。

3）钢筒预应力混凝土管

钢筒预应力混凝土管（Prestressed Concrete Cylinder Pipe，PCCP）是由钢板、钢丝和混凝土构成的复合管材，分为两种形式：一种是内衬式钢筒预应力混凝土管（PCCP-L管），是在钢筒内衬以混凝土，钢筒外缠绕预应力钢丝，再敷设砂浆保护层而成。另一种是埋置式钢筒预应力混凝土管（PCCP-E管），是将钢筒埋置在混凝土里面，然后在混凝土管芯上缠绕预应力钢丝，再敷设砂浆保护层。

钢筒预应力混凝土管是目前国际上使用广泛的大口径、耐高压管材，由嵌埋薄钢筒的管芯、缠在管芯外的预应力钢丝和钢丝外的水泥砂浆保护层组成。如图

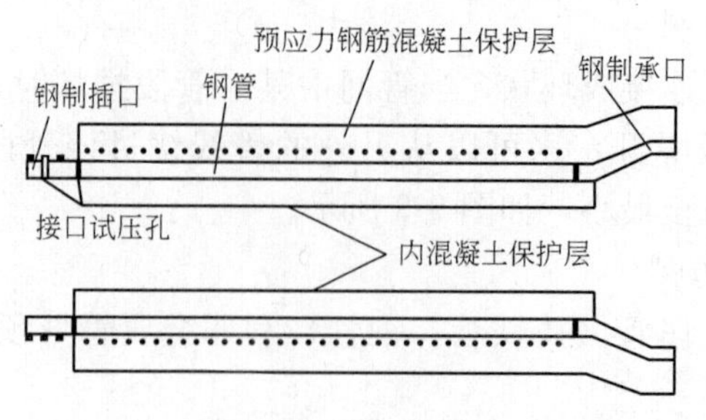

图 9-4 钢筒预应力混凝土管构造图

9-4 所示。

管子的两端分别焊有钢制的承口密封圈。在工作状态下，嵌埋在管壁中的薄钢筒具有抗渗功能，缠绕在管芯外的预应力钢丝及管芯的混凝土壁承受管材内水压力及外荷载，因此 PCCP 管是一种将钢管与普通预应力混凝土管的优点相结合的管种。

预应力钢筒混凝土管兼有钢管和混凝土管的性能，具有较好的抗爆、抗渗和抗腐蚀性能，钢材用量约为钢管的 1/3，使用寿命可达 50 年以上，价格与普通铸铁管相近，是一种极有发展前途的市政给水管材。

目前我国生产的预应力钢筒混凝土管的管径为 $DN600 \sim DN3400$，单根管长 5m，工作压力为 0.4～2.0MPa。

(4) 玻璃钢管

玻璃钢管耐腐蚀、水力性能好，重量仅为钢管的 1/4 左右、预应力钢筋混凝土管的 1/5～1/10，采用橡胶圈接口，水密性能好，施工、运输方便，寿命长，维护费用低，一般用于强腐蚀性土壤处。为降低价格，提高管道的刚度，国内已生产应用夹砂玻璃钢管，用于原水的输送和城市给水管网。

(5) 塑料管

塑料管具有内壁光滑不结垢，水头损失小，耐腐蚀，重量轻，易加工和接口方便等特点。目前国内用作给水管道的塑料管有硬聚氯乙烯管（UPVC 管）、聚乙烯管（PE 管）、聚丙烯管（PP 管）。

(6) 管道防腐

腐蚀是金属管道的变质现象，表现方式有生锈、坑蚀、结瘤、开裂、脆化等。可以分为没有电流产生的化学腐蚀、形成原电池而产生电流的电化学腐蚀（氧化还原反应）。给水管网在水中和土壤中的腐蚀，以及流散电流引起的腐蚀，均为电化学腐蚀。

防止管道腐蚀的方法有：

1）采用非金属管；

2）金属管内壁喷涂涂料、水泥砂浆、沥青，防止金属和水接触；

3）根据地下水和土壤性质，金属管外壁采取涂保护层防腐；

4）阴极保护。方法之一是使用消耗性的阳极材料，如铝、镁、锌，将阳极块用导线连接到管道（阴极）上，阳极腐蚀，管道得以保护；另一种方法是外加电流阴极保护法，电源的阴极连接到管线上，防止腐蚀。

5. 给水管件和附件

(1) 给水管件

给水管配件又称元件或零件。管道配件的种类非常多，如在管道分支处用的三通或四通；转弯处用的各种角度的弯管；变径处用的变径管；改变接口形式采用的各种短管等。给水铸铁管常用配件见表9-1。

铸铁管配件 **表9-1**

编号	名称	符号	编号	名称	符号
1	承插直管		17	承口法兰渐缩管	
2	法兰直管		18	双承渐缩管	
3	三法兰三通		19	承口法兰短管	
4	三承三通		20	法兰插口短管	
5	双承法兰三通		21	双承口短管	
6	法兰四通		22	双承套管	
7	四承四通		23	马鞍法兰	
8	双承双法兰四通		24	活络接头	
9	法兰泄水管		25	法兰式墙管(甲)	
10	承口泄水管		26	承式墙管(甲)	
11	90°法兰弯管		27	喇叭口	
12	90°双承弯管		28	闷头	
13	90°承插弯管		29	塞头	
14	双承弯管		30	法兰式消火栓用弯管	
15	承插弯管		31	法兰式消火栓用丁字管	
16	法兰渐缩管		32	法兰式消火栓用十字管	

各种配件的口径和尺寸均采用公称尺寸，与各级公称管径的水管相匹配，其具体尺寸和规格可查阅《市政工程设计施工系列图集》或《给水排水设计手册》。

(2) 给水附件

1) 阀门

阀门在输水管道和给水管网中起分段和分区的隔离检修作用，并可调节管网中的流量和压力。常用的阀门有闸阀和蝶阀两种。

蝶阀的连接方式有对夹和法兰连接两种方式，密封有橡胶和金属等密封形式，且有中线、偏心等不同结构方式。

闸阀和蝶阀均有手动和电动之分。

2) 止回阀

止回阀是用来限制管道中的水流只朝一个方向流动的阀门。

3) 排气阀和泄水阀

排气阀安装在管线的隆起部位，在管线投产或检修后用水时能排出管内空气，平时用以排除从水中释出的气体，以免空气积聚在管内影响正常使用。另外，排气阀具有在管线出现负压时向管中进气的功能，从而起到减轻水锤对管路的危害。

泄水阀是在管道检修时用来排除管中的沉淀物以及检修时放空管内的存水。一般在管线下凹部位安装排水管，在排水管靠近水管的部位安装泄水阀。

6. 给水管道基础与覆土

(1) 基础

1) 天然基础。当管底地基土层承载力较高，地下水位较低时，可采用天然地基作为管道基础。施工时，将天然地基整平，管道铺设在未经扰动的原状土上即可。

2) 砂基础。当管底为岩石、碎石或多石地基时，对金属管道应铺垫不小于100mm厚的中砂或粗砂，对非金属管道应铺垫不小于150mm厚的中砂或粗砂，构成砂基础，再在上面铺设管道。

3) 混凝土基础。当管底地基土质松软，承载力低或铺设大管径的钢筋混凝土管道时，应采用混凝土基础。根据地基承载力的实际情况，可采用强度等级不低于C10的混凝土带形基础，也可采用混凝土枕基。

混凝土带形基础是沿管道全长做成的基础，而混凝土枕基是只在管道接口处用混凝土块垫起，其他地方用中砂或粗砂填实。

(2) 覆土

给水管道埋设在地面以下，其管顶以上应有一定厚度的覆土，以保证管道内的水在冬季不会因冰冻而结冰；在正常使用时管道不会因各种地面荷载作用而损坏。管道的覆土厚度是指管顶到地面的垂直距离。

在非冰冻地区，管道覆土厚度的大小主要取决于外部荷载、管材强度、管道交叉情况以及土壤地基等因素。一般金属管道的覆土厚度不小于0.7m，非金属管道的覆土厚度不小于1.0～1.2m。在冰冻地区，管道覆土厚度的大小，除考虑上述因素外还要考虑土壤的冰冻深度，覆土厚度应大于土壤的最大冰冻深度。一般管底在冰冻线以下的最小距离为：$DN \leqslant 300$mm时，为$DN+200$mm；$300 < DN \leqslant 600$mm时，为$0.75DN$mm；$DN > 600$mm时，为$0.5DN$mm。

7. 给水管网附属构筑物

（1）阀门井

给水管网中的各种附件一般都安装在阀门井中，使其有良好的操作和养护环境。阀门井的形状有圆形和矩形两种。

阀门井一般用砖、石砌筑，也可用钢筋混凝土现场浇筑。其形式、规格和构造参见《给水排水标准图集》或《市政工程设计施工系列图集》。

（2）泄水阀井

泄水阀一般放置在阀门井中构成泄水阀井，当由于地形因素排水管不能直接将水排走时，还应建造一个与阀门井相连的湿井。

（3）支墩

支墩一般用混凝土建造，也可用砖、石砌筑，一般有水平弯管支墩、垂直向下弯管支墩、垂直向上弯管支墩等。给水管道支墩的形状和尺寸参见《给水排水标准图集》或《市政工程设计施工系列图集》。

（4）管道穿越障碍物

市政给水管道在通过铁路、公路、河谷时，必须采取一定的措施保证管道安全可靠地通过。管道穿越铁路或公路时，其穿越地点、穿越方式和施工方法，应符合相应的技术规范的要求，并经过铁路或交通部门同意后才可实施。

架空管维护管理方便，防腐性好，但易遭破坏，防冻性差，在寒冷地区必须采取有效的防冻措施。

当河谷较浅，冲刷较轻，河道航运繁忙，不适宜设置架空管；或穿越铁路和重要公路时，须采用倒虹管。

9.1.2 排水工程基础知识

1. 排水工程的分类

和给水工程对应，根据用户和污染源的不同，排水工程建设标准体系划分为城市排水工程、工业排水工程、建筑排水工程三大类。

（1）城市排水工程

以城市用户（包括各类工厂、公共建筑、居民住宅等）排出的废水，通过城市下水管道，汇集集中至一定地点进行污水处理，使出水符合处置地点的质量标准要求。还有从用户区域排除的雨水径流水，大型工业企业的排水汇集和常规污水处理等。

（2）工业排水工程

工业生产工艺过程使用过的水，包括生产污水、生产废水等，其排出的废水，进行中和、除油、除重金属等特定的污水处理，再排入城市排水管道。

（3）建筑排水工程

建筑排水工程包括生活污、废水排水系统、生产污水、废水排水系统、雨水排水系统等。通过排水系统收集使用过的污水、废水以及屋面和庭院的雨水径流水，排至室外排水系统。

2. 排水体制

生活污水、工业废水和雨水可以采用一个管渠来排除，也可以采用两个或两个以上独立的管渠来排除，污水的这种不同排除方式所形成的排水系统，称为排水体制。排水系统的体制一般分为合流制和分流制两种类型。

(1) 合流制

将生活污水、工业废水和雨水混合在同一个管渠内排除的系统，称为合流制系统。

1) 直排式合流制

最早出现的合流制排水系统，是将排除的混合污水不经处理直接就近排入水体，如图 9-5 所示。

2) 截流式合流制

临河岸边建造一条截流干渠，同时在合流干管与截流干管相交前或相交处设置溢流井，并在截留干管下游设置污水处理厂。晴天和初降雨时所有污水都排送至污水处理厂，经处理后排入水体，随着降雨量的增加，雨水径流也增加，当混合污水的流量超过截流干管的输水能力后，就有部分混合污水经溢流井溢出，直接排入水体，如图 9-6 所示。

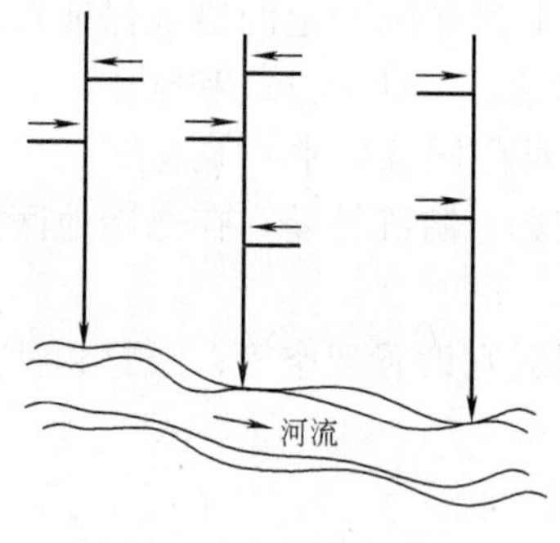

图 9-5　直排式合流制

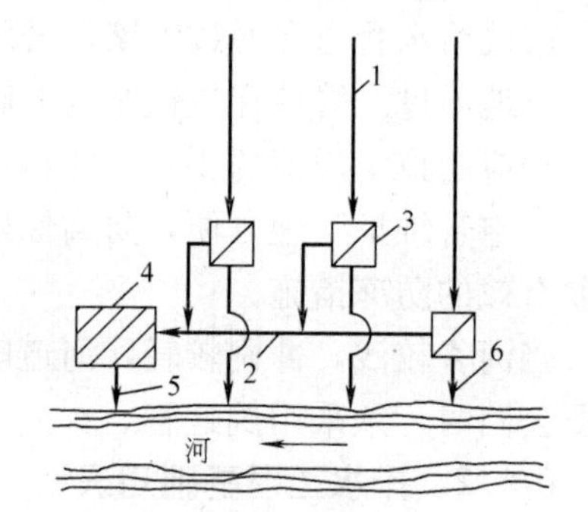

图 9-6　截流式合流制

1—合流干管；2—截流干管；3—溢流井；4—污水处理厂；5—出水口；6—溢流出水口

3) 完全合流制

将污水和雨水合流于一条管渠，全部送往污水处理厂进行处理后再排放。此时，污水处理厂的设计负荷大，要容纳降雨的全部径流量，其水量和水质的经常变化不利于污水的生物处理；处理构筑物过大，平时也很难全部发挥作用。

(2) 分流制

将生活污水、工业废水和雨水分别在两个或两个以上各自独立的管渠内排除的系统，称为分流制系统。排除生活污水、城市污水或工业废水的系统称污水排水系统，排除雨水的系统称雨水排水系统。由于排除雨水方式的不同，分流制排水系统分为完全分流制和不完全分流制两种排水系统。

1) 完全分流制

完全分流制是将城市的生活污水和工业废水用一条管道排除，而雨水用另一条管道来排除的排水方式，如图 9-7 所示。

2）不完全分流制

在城市中受经济条件的限制，只建完整的污水排水系统，不建雨水排水系统，雨水沿道路边沟排除，或为了补充原有渠道系统输水能力的不足只建一部分雨水管道，待城市发展后再将其改造成完全分流制，如图 9-8 所示。

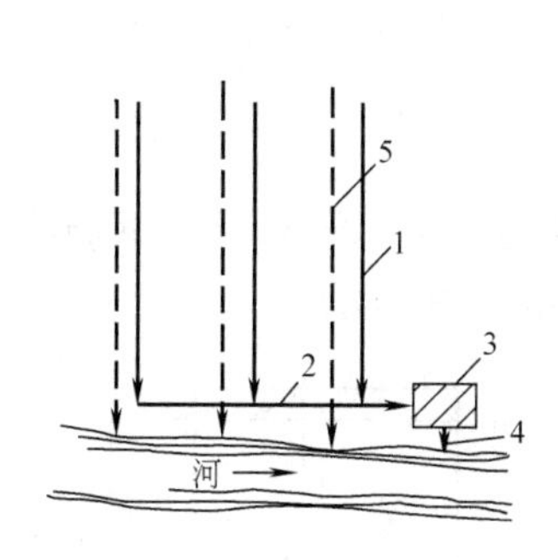

图 9-7　完全分流制

—污水干管；2—污水主干管；3—污水处理厂；

4—出水口；5—雨水干管

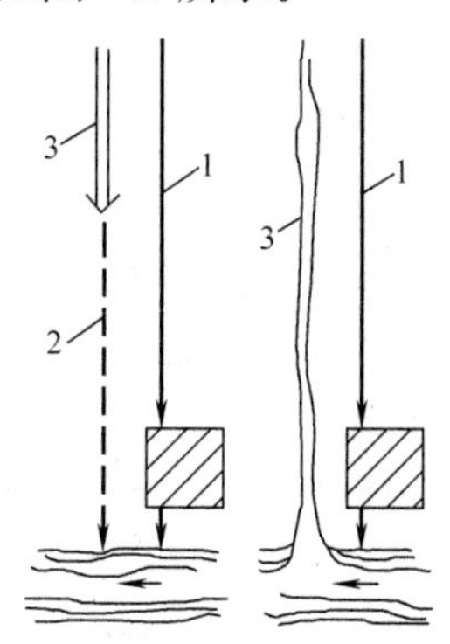

图 9-8　不完全分流制

1—污水管道；2—雨水管渠；

3—原有渠道

3）排水体制的特点

① 环保方面，全部截流式合流制对环境的污染最小；部分截留式合流制雨天时部分污水溢流入水体，造成污染；分流制在降雨初期有污染。

② 造价方面，合流制管道比完全分流制可节省投资 20%～40%，但合流制泵站和污水处理厂投资要高于分流制，总造价看，完全分流制高于合流制。而采用不完全分流制，初期投资少、见效快，在新建地区适于采用。

③ 维护管理，合流制污水处理厂维护管理复杂。晴天时合流制管道内易于沉淀，在雨天时沉淀物易被雨水冲走，减小了合流制管道的维护管理费。

3. 排水管道系统的组成

（1）污水管道系统的组成

城市污水管道系统包括小区管道系统和市政管道系统。

小区管道系统主要是收集小区内各建筑物排除的污水，并将其输送到市政管道系统中。一般由接户管、小区支管、小区干管、小区主干管和检查井、泵站等附属构筑物组成。

市政污水管道系统主要承接城市内各小区的污水，并将其输送到污水处理厂，经处理后再排放利用。一般由支管、干管、主干管和检查井、泵站、出水口及事故排出口等附属构筑物组成。

（2）雨水管道系统的组成

降落在屋面上的雨水由天沟和雨水斗收集，通过落水管输送到地面，与降落在地面上的雨水一起形成地表径流，然后通过雨水口收集流入小区的雨水管道系统，经过小区的雨水管道系统流入市政雨水管道系统，然后通过出水口排放。因此雨水管道系统包括小区雨水管道系统和市政雨水管道系统两部分。小区雨水管道系统是收集、输送小区地表径流的管道及其附属构筑物，包括雨水口、小区雨水支管、小区雨水干管、雨水检查井等。

市政雨水管道系统是收集小区和城市道路路面上的地表径流的管道及其附属构筑物。包括雨水支管、雨水干管和雨水口、检查井、雨水泵站、出水口等附属构筑物。

4. 排水管材

(1) 混凝土管和钢筋混凝土管

适用于排除雨水和污水，分混凝土管、轻型钢筋混凝土管和重型钢筋混凝土管3种，管口有承插式、平口式和企口式3种，如图9-9所示。

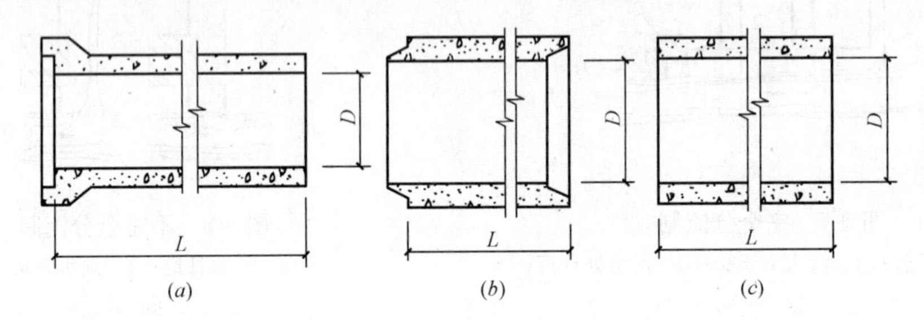

图9-9 混凝土管和钢筋混凝土管

(a) 承插式；(b) 企口式；(c) 平口式

混凝土管和钢筋混凝土管便于就地取材，制造方便，在排水管道系统中得到了广泛应用。其主要缺点是抵抗酸、碱侵蚀及抗渗性能差；管节短、接头多、施工复杂、自重大、搬运不便。混凝土管的最大管径一般为450mm，长多为1m，适用于管径较小的无压管。轻型钢筋混凝土管、重型钢筋混凝土管长度多为2m，因管壁厚度不同，承受的荷载有很大差异。

(2) 金属管

金属管质地坚固，强度高，抗渗性能好，管壁光滑，水流阻力小，管节长，接口少，施工运输方便。但价格昂贵，抗腐蚀性差，因此，在市政排水管道工程中很少用。只有在设防地震烈度大于8度或地下水位高，流沙严重的地区；或承受高内压、高外压及对渗漏要求特别高的地段才采用金属管。

常用的金属管有铸铁管和钢管。排水铸铁管耐腐蚀性好，经久耐用；但质地较脆，不耐振动和弯折，自重较大。钢管耐高压、耐振动、重量比铸铁管轻，但抗腐蚀性差。

(3) 排水渠道

排水渠道一般有砖砌、石砌、钢筋混凝土渠道，断面形式有圆形、矩形、半椭圆形等，如图9-10所示。

砖砌渠道应用普遍，在石料丰富的地区，可采用毛石或料石砌筑，也可用预制混凝土砌块砌筑，对大型排水渠道，可采用钢筋混凝土现场浇筑。

排水渠道的构造一般包括渠顶、渠底和渠身。渠道的上部叫渠顶，下部叫渠

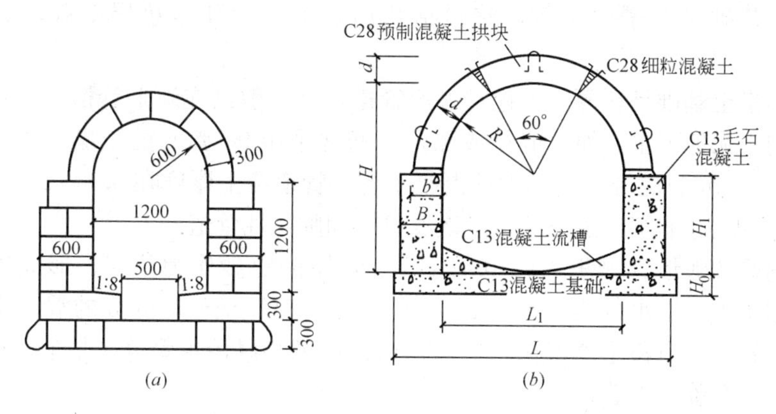

图 9-10　排水渠道

（a）石砌渠道；（b）预制混凝土块拱形渠道

底，两壁叫渠身。通常将渠底和基础做在一起，渠顶做成拱形，渠底和渠身扁光、勾缝，以使水力性能良好。

（4）新型管材

随着新型建筑材料的不断研制，用于制作排水管道的材料也日益增多，新型排水管材不断涌现，如玻璃纤维筋混凝土管和热固性树脂管、离心混凝土管，其性能均优于普通的混凝土管和钢筋混凝土管。

塑料管已广泛用于排水管道，UPVC双壁波纹管是以聚氯乙烯树脂为主要原料，经挤出成型的内壁光滑，外壁为梯形波纹状肋，内壁和外壁波纹之间为中空的异型管壁管材。管材重量轻，搬运、安装方便。双壁波纹管采用橡胶圈承插式连接，施工质量易保证，由于是柔性接口，可抗不均匀沉降。一般情况下不需做混凝土基础，管节长，接头少，施工速度快。

在大口径排水管道中，已开始应用玻璃钢夹砂管。玻璃钢夹砂管具有重量轻、强度高，耐腐蚀、耐压、使用寿命长，流量大、能耗小，管节长（可达12m），接头少的特点，使用橡胶圈连接，一插即可，快速可靠，综合成本低。

5. 排水管道基础及覆土

（1）排水管道基础

1）砂土基础

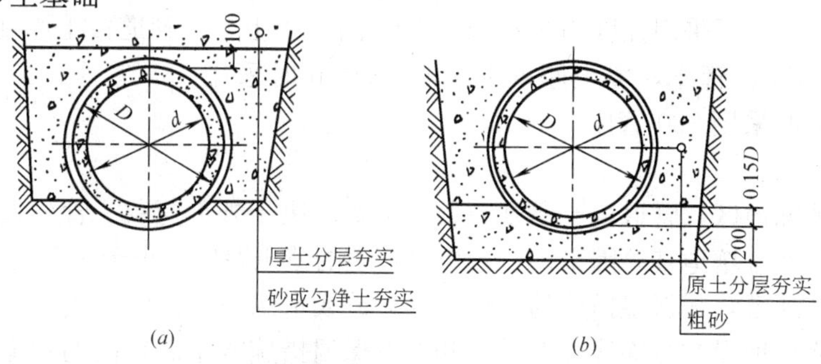

图 9-11　砂土基础

（a）弧形素土基础；（b）砂垫层基础

砂土基础又叫素土基础，它包括弧形素土基础和砂垫层基础，如图 9-11 所示。

弧形素土基础是在原土上挖一弧形管槽，管道敷设在弧形管槽里。弧形素土基础适用于无地下水，原土能挖成弧形（通常采用 90°弧）的干燥土壤；管道直径小于 600mm 的混凝土管和钢筋混凝土管；管道覆土厚度在 0.7～2.0m 之间的小区污水管道、非车行道下的市政次要管道和临时性管道。

在挖好的弧形管槽里，填 100～150mm 厚的粗砂作为垫层，形成砂垫层基础。适用于无地下水的岩石或多石土壤；管道直径小于 600mm 的混凝土管和钢筋混凝土管；管道覆土厚度在 0.7～2.0m 之间的小区污水管道、非车行道下的市政次要管道和临时性管道。

2）混凝土枕基

混凝土枕基是只在管道接口处才设置的管道局部基础，如图 9-12 所示。通常在管道接口下用 C10 混凝土做成枕状垫块，垫块常采用 90°或 135°管座。这种基础适用于干燥土壤中的雨水管道及不太重要的污水支管，常与砂土基础联合使用。

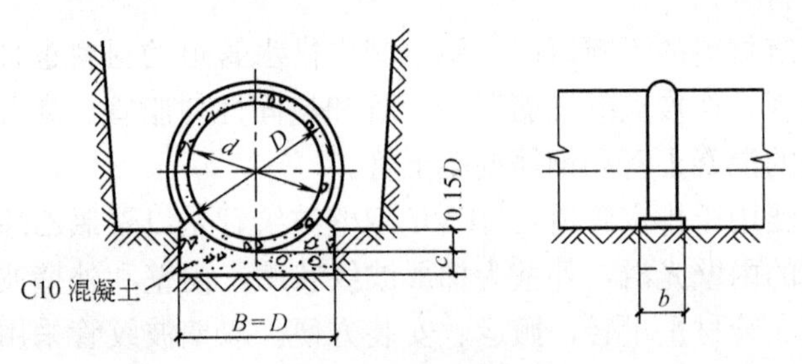

图 9-12　混凝土枕基

3）混凝土带形基础

混凝土带形基础是沿管道全长铺设的基础，分为 90°、135°、180°的管座形式，如图 9-13 所示。

混凝土带形基础适用于各种潮湿土壤及地基软硬不均匀的排水管道，管径为 200～2000mm。无地下水时常在槽底原土上直接浇筑混凝土；有地下水时在槽底铺 100～150mm 厚的卵石或碎石垫层，然后在上面再浇筑混凝土，根据地基承载力的实际情况，可采用强度等级不低于 C10 的混凝土。当管道覆土厚度在 0.7～2.5m 时采用 90°管座，覆土厚度在 2.6～4.0m 时采用 135°管座，覆土厚度在 4.1～6.0m 时采用 180°管座。

（2）覆土

在非冰冻地区，管道覆土厚度的大小主要取决于外部荷载、管材强度、管道交叉情况以及土壤地基等因素。一般排水管道的覆土厚度不小于 0.7m。

在冰冻地区，无保温措施的生活污水管道或水温与生活污水接近的工业废水管道，管底可埋设在冰冻线以上 0.15m；有保温措施或水温较高的管道，管底在冰冻线以上的距离可以加大，其数值应根据该地区或条件相似地区的经验确定，但要保证管道的覆土厚度不小于 0.7m。

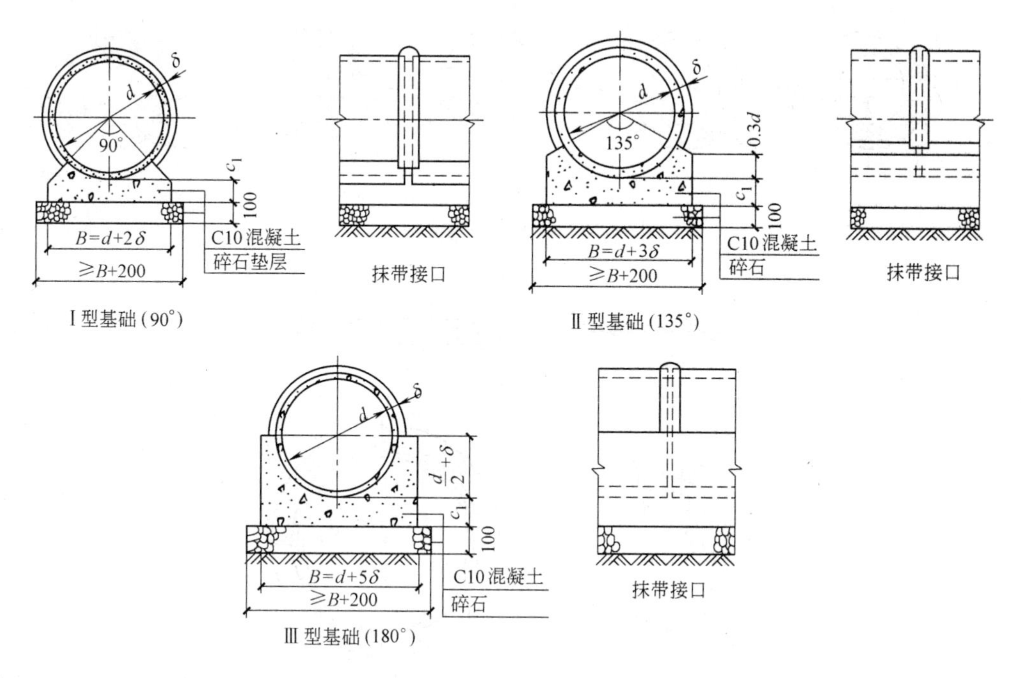

图 9-13　混凝土带形基础

6. 排水管网附属构筑物构造

(1) 检查井

在排水管渠系统上，为便于管渠的衔接和对管渠进行定期检查和清通，必须设置检查井。检查井通常设在管渠交汇、转弯、管渠尺寸或坡度改变、跌水等处以及相隔一定距离的直线管渠段上。根据检查井的平面形状，可将其分为圆形、方形、矩形或其他不同的形状。方形和矩形检查井用在大直径管道的连接处或交汇处，一般均采用圆形检查井。

检查井由井底（包括基础）、井身和井盖（包括盖座）三部分组成，如图 9-14 所示。

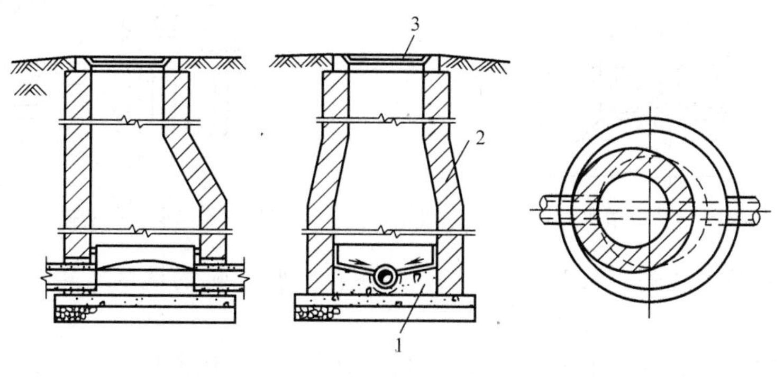

图 9-14　检查井

1—井底；2—井身；3—井盖

井盖可采用铸铁、钢筋混凝土或其他材料，为防止雨水流入，盖顶应略高出地面。盖座采用与井盖相同的材料。井盖和盖座均为厂家预制，施工前购买即

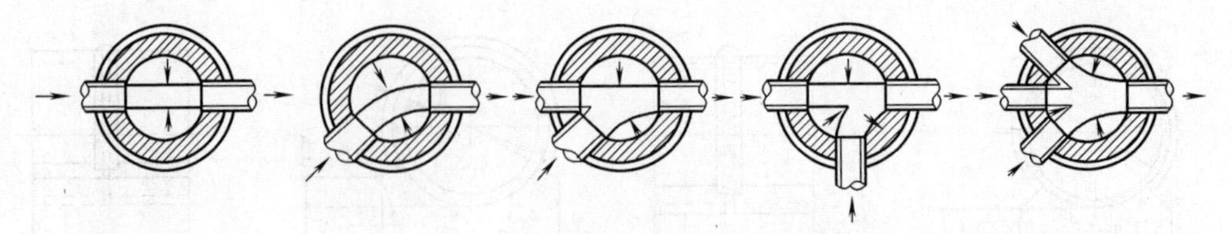

图 9-15　检查井井底流槽形式

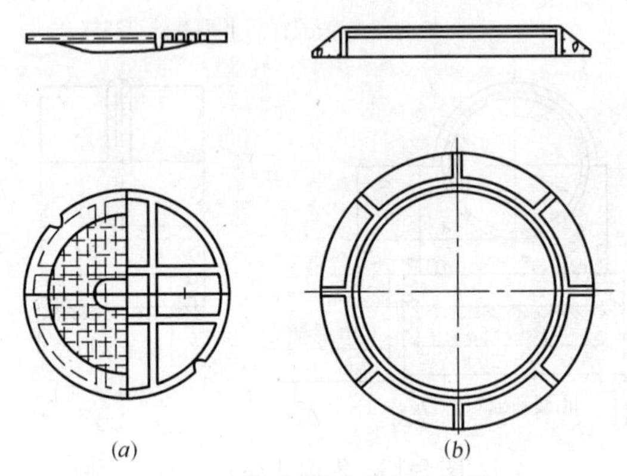

图 9-16　轻型铸铁井盖和盖座

（*a*）井盖；（*b*）盖座

可，其形式如图 9-16 所示。

（2）雨水口

雨水口一般设在道路交叉口、路侧边沟的一定距离处以及设有道路缘石的低洼地方，在直线道路上的间距一般为 25～50m，在低洼和易积水的地段，要适当缩小雨水口的间距。

雨水口的构造包括进水箅、井筒和连接管三部分，如图 9-17 所示。

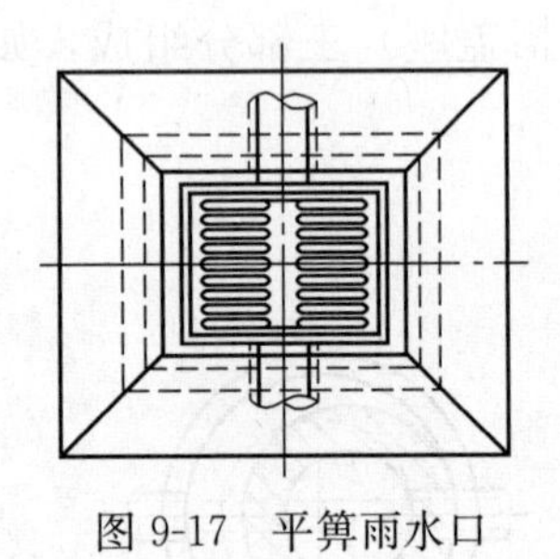

图 9-17　平箅雨水口

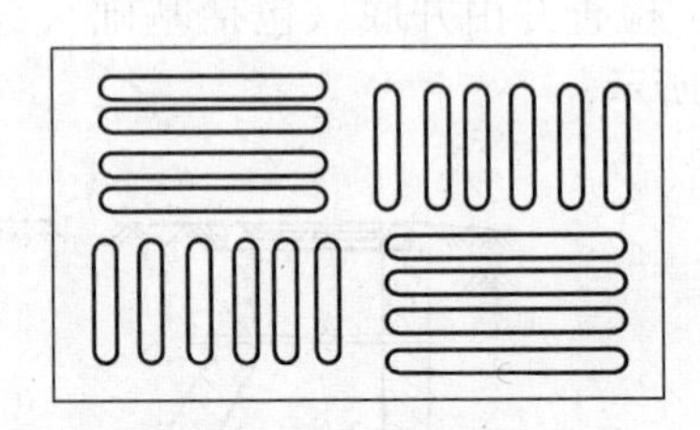

图 9-18　箅条交错排列的进水箅

井筒一般用砖砌，深度不大于 1m，在有冻胀影响的地区，可根据经验适当加大。

雨水口由连接管与雨水管渠或合流管渠的检查井相连接。连接管的最小管径为 200mm，坡度一般为 0.01，长度不宜超过 25m。

（3）倒虹管

排水管道遇到河流、洼地、或地下构筑物等障碍物时，不能按原有的坡度埋设，而是按下凹的折线方式从障碍物下通过，这种管道称为倒虹管。它由进水

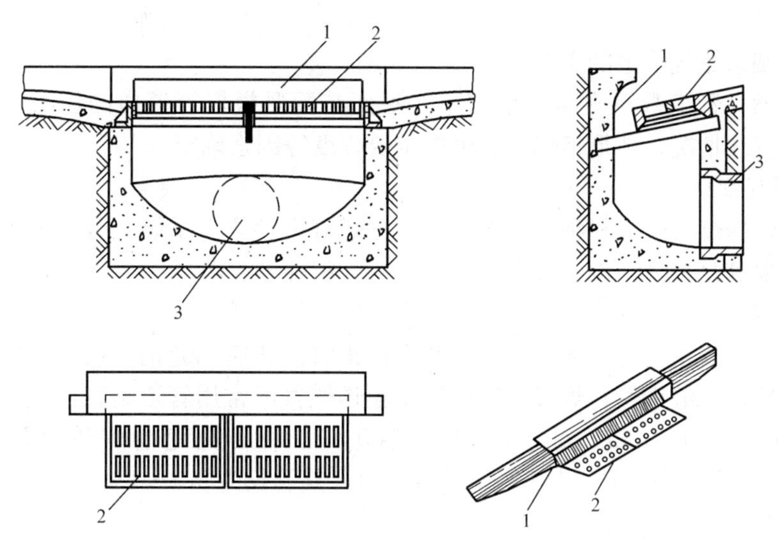

图 9-19　双箅联合式雨水口

1—边石进水箅；2—边沟进水箅；3—连接管

井、下行管、平行管、上行管和出水井组成，如图 9-20 所示。

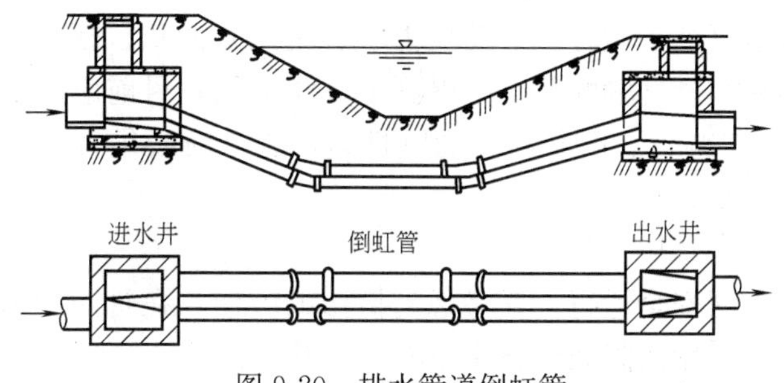

图 9-20　排水管道倒虹管

进水井和出水井均为特殊的检查井，在井内设闸板或堰板以根据来水流量控制倒虹管启闭的条数，进水井和出水井的水面高差要足以克服倒虹管内产生的水头损失。

平行管管顶与规划河床的垂直距离不应小于 0.5m，与构筑物的垂直距离应符合与该构筑物相交的有关规定。上行管和下行管与平行管的交角一般不大于 30°。

9.1.3　燃气工程基础知识

1. 燃气系统的分类及布置

(1) 燃气管网系统的分类

城市燃气管网系统根据所采用的压力级制的不同，可分为一级系统、两级系统、三级系统和多级系统四种。

一级系统仅用低压管网来输送和分配燃气，一般适用于小城镇的燃气供应系统；两级系统由低压和中压或低压和次高压两级管网组成；三级系统由低压、中压和高压三级管网组成；多级系统由低压、中压、次高压和高压，甚至更高压力的管网组成。

(2) 城市燃气管道的布置

城市燃气管道敷设在城市道路下，平面布置要根据管道内的压力、道路情况、地下管线情况、地形情况、管道的重要程度等因素确定。

2. 燃气管材

用于输送燃气的管材种类很多，应根据燃气的性质、系统压力和施工要求来选用，并要满足机械强度、抗腐蚀、抗震及气密性等要求。

(1) 钢管

常用的钢管主要有普通无缝钢管和焊接钢管。普通无缝钢管按制造方法又分为热轧和冷轧无缝钢管；焊接钢管中用于输送燃气的常用管道是直焊缝钢管，常用管径为 60～150mm。对于大口径管道，可采用直缝卷焊管（*DN*200～*DN*1800）和螺旋焊接管（*DN*200～*DN*700），其管长为 3.8～18m。

(2) 铸铁管

用于燃气输配管道的铸铁管，一般为铸模浇铸或离心浇铸铸铁管，铸铁管的抗拉强度、抗弯曲和抗冲击能力不如钢管，但其抗腐蚀性比钢管好，在中、低压燃气管道中被广泛采用。

(3) 塑料管

塑料管具有耐腐蚀、质轻、流动阻力小、使用寿命长、施工简便、抗拉强度高等优点，近年来在燃气输配系统中得到了广泛应用，目前应用最多的是中密度聚乙烯和尼龙-11 塑料管。但塑料管的刚性差，施工时必须夯实槽底土壤，才能保证管道的敷设坡度。

3. 附属设备

为保证燃气管网安全运行，并考虑到检修的方便，在管网的适当地点要设置必要的附属设备，常用的附属设备主要有以下几种：

(1) 阀门

阀门的种类很多，在燃气管道上常用的有闸阀、旋塞、球阀和蝶阀。闸阀、球阀和蝶阀在给水管道工程构造中已述及，在此不再介绍。

旋塞是一种动作灵活的阀门，阀杆转 90°即可达到启闭的要求。

(2) 补偿器

补偿器是消除管道因胀缩所产生的应力的设备，常用于架空管道和需要进行蒸汽吹扫的管道上。此外，补偿器安装在阀门的下侧，利用其伸缩性能，方便阀门的拆卸与检修。在埋地燃气管道上，多用钢制波形补偿器。

在通过山区、坑道和地震多发区的中、低压燃气管道上，可使用橡胶—卡普隆补偿器，它是带法兰的螺旋波纹软管，软管是用卡普隆布作夹层的胶管，外层用粗卡普隆绳加强。其补偿能力在拉伸时为 150mm，压缩时为 100mm，优点是纵横方向均可变形。

(3) 排水器

为排除燃气管道中的冷凝水和石油伴生气管道中的轻质油，在管道敷设时应有一定的坡度，在低处设排水器，将汇集的油或水排出，其间距根据油量或水量而定，通常取500m。排水器还可观测燃气管道的运行状况，并可作为消除管道堵塞的手段。

(4) 放散管

放散管是一种专门用来排放管道内部的空气或燃气的装置。在管道投入运行时，利用放散管排除管道内的空气；在检修管道或设备时，利用放散管排除管道内的燃气，防止在管道内形成爆炸性的混合气体。放散管应安装在阀门井中，在环状网中阀门的前后都应安装，在单向供气的管道上则安装在阀门前。

(5) 阀门井

为保证管网的运行安全与操作方便，市政燃气管道上的阀门一般都设置在阀门井中。阀门井一般用砖、石砌筑，要坚固耐久并有良好的防水性能，其大小要方便工人检修，井筒不宜过深。

9.2 市政管网工程量清单编制

9.2.1 市政管网工程量清单编制方法

《建设工程工程量清单计价规范》附录D.5“市政管网工程”，适用于市政管网工程及市政管网专用设备安装工程，管道铺设、管件、钢支架制作以及新旧管道连接，同时适用于给水排水工程和市政燃气、供热工程。

(一) 市政给水排水管道的界线划分

不同性质的管道，其清单项目设置、组价定额都有所不同，所以要首先明确管道的界线划分。

1. 市政给水管道与建筑安装给水管道的界线划分

《全国统一市政工程预算定额》规定：有水表井的以水表井为界，无水表井的以市政管道碰头点为界。有些地方定额又进行了进一步的明确，如《某××省市政工程计价表》规定：有水表井的以水表井为界，无水表井的以围墙外两者碰头处为界。水表井以外为市政给水管道，水表井以内为建筑安装管道。如果建筑小区内无水表井，则管道碰头处为建筑物入土管道的变径处。

2. 市政排水管道与建筑安装排水管道的界线划分

《全国统一市政工程预算定额》规定，以室外管道与市政管道碰头点检查井为界。《××省市政工程计价表》规定：市政工程排水管道与其他专业工程排水管道按其设计标准及施工验收规范划分，按市政工程设计标准设计施工的管道，属于市政工程管道。

(二) 市政管网工程量清单编制方法

市政管网工程和所有市政工程一样，在进行工程量清单编制时的步骤方法是相同的。

(1) 工程量清单编制时，首先要熟悉图纸，熟悉规范、定额及相关的工程量计算规则；

(2) 确定项目名称、项目编码，计算分部分项工程数量；

(3) 确定综合工程内容，编制分部分项工程量清单；

(4) 编制措施项目清单；

(5) 编制其他项目清单以及零星工作量。

9.2.2 市政管网工程清单工程量计算规则及项目设置

市政管网工程清单项目设置共分管道铺设，管件、钢支架制作安装及新旧管连接，阀门、水表、消火栓安装，井类、设备基础及出水口，顶管，构筑物，设备安装7章共计111项内容。

1. 管道铺设

管道铺设工程量清单项目设置及工程量计算规则，应按表D.5.1规定执行。管道铺设项目设置中没有明确区分管道的用途，在列工程量清单时在市政管道名称前要明确给水、排水、热力、燃气等。

(1) 项目特征

管道铺设清单项目名称较多，同样是混凝土管道，因其规格不同可以用在给水工程上，也可以用在排水工程上。所以首先要明确管道铺设清单项目的特征。

1) 材质

混凝土管包括预应力混凝土管（用于给水工程）、混凝土排水管；

铸铁管包括一般铸铁管、球墨铸铁管、硅铸铁管；

钢管包括碳素钢板卷管、焊接钢管、无缝钢管；

塑料管有UPVC、PVC、PE、HDPE、PPR等。

2) 接口形式及接口材料

给水混凝土管采用承插连接，胶圈接口；

给水承插铸铁管承插连接（青铅接口、石棉水泥接口、膨胀水泥接口、胶圈接口）；

排水混凝土管有平接（水泥砂浆抹带接口、钢丝网水泥砂浆抹带接口），承插连接（水泥砂浆接口、沥青油膏接口），套箍连接（预制混凝土外套环、现浇混凝土套环）；

钢管有法兰连接、焊接、箍接、丝接等；

塑料管有焊接、粘接剂粘接、热熔连接、电熔连接、胶圈连接等。

3) 垫层厚度、材料品种、强度和基础断面形式、混凝土强度

4) 管材规格、埋设深度、防腐要求

(2) 工程量计算规则

给水排水工程中采用的混凝土管道、铸铁管道，规定按图示管道中心线长度以延长米计算，不扣除井、管件、阀门所占长度；

对钢管、镀锌钢管、塑料管道，按图示管道中心线长度以延长米计算，不扣除管件、阀门、法兰所占长度；

塑料排水管安装，其工程量应扣除井所占长度。

管道铺设除管沟挖填方外，包括从垫层到基础，管道防腐、铺设、保温、检验试验、冲洗消毒和吹扫等全部内容。

管道铺设中遇到的管件、钢支架制作安装及新旧管连接，应分别列清单项目。

2. 管件、钢支架制作、安装及新旧管连接

管件、钢支架制作、安装及新旧管连接工程量清单项目设置及工程量计算规则，应按表 D. 5. 2 的规定执行。

3. 阀门、水表、消火栓安装

阀门、水表、消火栓安装工程量清单项目设置及工程量计算规则，应按表 D. 5. 3 的规定执行。

4. 井类、设备基础及出水口

井类、设备基础及出水口工程量清单项目设置及工程量计算规则，应按表 D. 5. 4 的规定执行。

5. 顶管

顶管工程量清单项目设置及工程量计算规则，应按表 D. 5. 5 的规定执行。

6. 构筑物

构筑物工程量清单项目设置及工程量计算规则，应按表 D. 5. 6 的规定执行。

7. 设备安装

设备安装工程量清单项目设置及工程量计算规则，应按表 D. 5. 7 的规定执行。

9. 2. 3　市政管网工程量清单编制实例

以杭州市七格污水处理厂室外排水为例，分部分项工程量清单见表 9-2，措施项目清单见表 9-3，工程量计算表见表 9-2～表 9-7。

杭州市七格污水处理厂室外排水工程　工程

工程量清单

工程造价

招 标 人：××市重点建设办公室（单位盖章）　咨 询 人：××咨询有限公司（单位资质专用章）

法定代表人或其授权人：管　同（签字或盖章）　法定代表人或其授权人：陈　怡（签字或盖章）

编 制 人：供　郑（造价人员签字盖专用章）　复 核 人：陈　平（造价工程师签字盖专用章）

编制时间：2010 年 11 月 3 日　复核时间：2010 年 11 月 10 日

分部分项工程量清单　　表 9-2

工程名称：杭州市七格污水处理厂室外排水工程　　标段：　　第 1 页共 1 页

序号	项目编码	项目名称	项目特征描述	计量单位	工程量	金额(元)		
						综合单价	合价	其中：暂估价
1	040501004001	塑料管道敷设	1. UPVC 加筋管敷设(胶圈接口)225mm 2. 人工挖沟、槽土方一、二类土，深 2m 以内 3. 非定型(管)道垫层　砂 4. 人工填土夯实　槽、坑	m	185			
2	040501004002	塑料管道敷设	1. UPVC 加筋管敷设(胶圈接口)300mm 2. 人工挖沟、槽土方一、二类土，深 2m 以内 3. 非定型(管)道垫层　砂 4. 人工填土夯实　槽、坑	m	185			
3	040501004003	塑料管道敷设	1. UPVC 加筋管敷设(胶圈接口)400mm 2. 人工挖沟、槽土方一、二类土，深 2m 以内 3. 非定型(管)道垫层　砂 4. 人工填土夯实　槽、坑 5. 非定型渠(管)道垫层　C10 混凝土	m	357.21			
4	040501004004	塑料管道敷设	1. UPVC 加筋管敷设(胶圈接口)600mm 2. 人工挖沟、槽土方一、二类土，深 2m 以内 3. 非定型(管)道垫层　砂 4. 人工填土夯实　槽、坑 5. 非定型渠(管)道垫层　C10 混凝土	m	51.33			
5	040504001001	雨水进水井	1. 人工挖坑土方　一、二类土，深 2m 以内 2. 非定型井垫层　碎石 3. 非定型井垫层　C15 混凝土 4. 非定型井砌筑及抹灰　砖砌　矩形 M7.5 5. 砖墙　井内侧抹灰 6. 砖墙　井底抹灰 7. 钢筋混凝土井圈制作 C20 8. 井盖、井箅安装　雨水井　铸铁平箅 9. 人工填土夯实　槽、坑	座	28			
6	040504001002	砌筑检查井(不落井底)	1. 人工挖坑土方　一、二类土，深 4m 以内 2. 非定型井垫层　混凝土 100 厚 C10 3. 非定型井垫层混凝土 200 厚 C20 4. 非定型井砌筑及抹灰　砖砌　矩形 M7.5 5. 砖墙　井内侧抹灰 6. 砖墙　流槽抹灰 7. 预制井室盖板 8. 井室矩形盖板安装　每块体积在 0.5m³ 以内 9. 钢筋混凝土井圈制作 C20 10. 井盖、井箅安装　检查井　铸铁平箅 11. 人工填土夯实　槽、坑	座	11			

续表

序号	项目编码	项目名称	项目特征描述	计量单位	工程量	金额(元)		
						综合单价	合价	其中：暂估价
7	040504001003	砌筑检查井（落井底）	1. 人工挖坑土方　一、二类土，深 4m 以内 2. 非定型井垫层　混凝土 100 厚 C10 3. 非定型井垫层混凝土 200 厚 C20 4. 非定型井砌筑及抹灰　砖砌　矩形 M7.5 5. 砖墙　井内侧抹灰 6. 砖墙　流槽抹灰 7. 预制井室盖板 8. 井室矩形盖板安装　每块体积在 $0.5m^3$ 以内 9. 钢筋混凝土井圈制作 C20 10. 井盖、井箅安装　检查井　铸铁平箅 11. 人工填土夯实　槽、坑	座	10			
本页小计								
合计								

措施项目清单（一）　　　　**表 9-3**

工程名称：杭州市七格污水处理厂室外排水工程　　标段：　　　　第 1 页共 1 页

序号	项目名称	计算基础	费率(%)	金额(元)
1	安全文明施工费			
2	夜间施工费			
3	二次搬运费			
4	冬、雨季施工			
5	大型机械设备进出场及安拆费			
6	施工排水			
7	施工降水			
8	地上、地下设施、建筑物的临时保护设施			
9	已完工程及设备保护			
10	各专业工程的措施项目			
合计				

注：1. 本表适用于以“项”计价的措施项目。

2. 根据建设部、财政部发布的《建筑安装工程费用组成》（建标［2003］206 号）的规定，“计算基础”可为“直接费”、“人工费”或“人工费＋机械费”。

其他项目清单　　表 9-4

工程名称：杭州市七格污水处理厂室外排水工程　　标段：　　第1页共1页

序号	项目名称	计量单位	金额(元)	备注
1	暂列金额		24500	明细详见表 9-5
2	暂估价			
2.1	材料暂估价			
2.2	专业工程暂估价			
3	计日工			
4	总承包服务费			
5				
合　计				—

注：1. 材料暂估单价进入清单项目综合单价，此处不汇总。

暂列金额明细表　　表 9-5

工程名称：杭州市七格污水处理厂室外排水工程　　标段：　　第1页共1页

序号	项目名称	计量单位	暂定金额(元)	备注
1	暂列金额	项	24500	
2				
合　计			24500	—

规费、税金项目清单 表 9-6

工程名称：杭州市七格污水处理厂室外排水工程　　标段：　　第1页共1页

序号	项目名称	计算基础	费率(%)	金额(元)
1	规费			
1.1	工程排污费			
1.2	社会保障费			
(1)	养老保险费			
(2)	失业保险费			
(3)	医疗保险费			
(4)	生育保险费			
(5)	工伤保险费			
1.3	住房公积金			
2	税金	分部分项工程费＋措施项目费＋其他项目费＋规费		
合　计				

清单工程量计算表 表 9-7

工程名称：杭州市七格污水处理厂室外排水　　第1页　共2页

序号	分部分项工程名称	单位	数量	计算式
一	道路北侧、南侧雨水总管			
1	Y52-Y53			
	PVC-U 环形肋管 $D300$	m	39	
	雨水检查井 1100×1100	座	2	落井底深 1.651、深 1.5833 各 1 座
2	Y54-1～Y55			
	PVC-U 环形肋管 $D300$	m	29	
	PVC-U 环形肋管 $D400$	m	39	
	雨水检查井 1100×1100	座	3	落井底深 1.888、深 1.978、深 2.753 各 1 座
3	Y56-Y57			
	PVC-U 环形肋管 $D300$	m	39	
	雨水检查井 1100×1100	座	2	深 1.743 不落底、深 2.173 落等底各 1 座
4	Y147-Y149			
	PVC-U 环形肋管 $D300$	m	39	
	雨水检查井 1100×1100	座	2	深 2.15 落底、深 1.733 不落等底各 1 座
5	Y149-Y151	3		
	PVC-U 环形肋管 $D400$	m	12	
	钢筋混凝土管 $D600$	m	51.33	
	雨水检查井 1100×1100	座	3	深 2.486、2.84、3.171 落底各 1 座

续表

序号	分部分项工程名称	单位	数量	计算式
6	Y152-Y153			
	PVC-U环形肋管 *D*300	m	39	
	雨水检查井1100×1100	座	2	深1.743不落井底、深2.163落底各1座
二	污水系统			
	W42-W48			
	PVC-U环形肋管 *D*400	m	306.21	
	污水检查井1100×1100	座	7	深3.18、2.943、2.893、3.048、3.211、3.374、3.576各1座
三	雨水收集系统			根据工程表给定数量计算，埋深按雨水口大样图中尺寸管道顶为1200，等深1500计算
	PVC-U环形肋管 *D*225	m	185	
	雨水集水井510×390	座	28	
四	石砌井及3号临时明渠	略		

9.3 市政管网工程量清单报价编制

9.3.1 管道工程工程量清单报价编制方法

（1）熟悉图纸、规范、定额及相关基础资料；

（2）进行工程量的核算；

（3）确定分部分项工程量清单综合单价；

（4）进行分部分项工程量清单计价；

（5）措施项目清单计价；

（6）其他项目清单计价及零星工作量计价；

（7）计算工程造价。

9.3.2 管道工程工程计价工程量计算

工程量清单报价，是按照计价工程量、工料机市场价、企业定额或有关消耗量定额（包括预算定额）进行组价，形成综合单价后，再与清单工程量相乘，得出分部分项工程费。所以，有必要对消耗量定额进行全面熟悉和掌握。以《全国统一市政工程预算定额》为例介绍主要的计价工程量计算规则。

1. 管道铺设

因管道性质、施工工艺、验收要求、工作内容不同，给水管道和排水管道的预算工程量计算规则和套用的定额均有所不同，必须分别对待。

（1）给水管道

承插铸铁给水管安装工程量，按不同承插铸铁管公称直径、接口材料，以承插铸铁管的中心线长度计算，不扣除管件、阀门所占长度。支管长度从主管中心开始计算到支管末端交接处的中心。计量单位为10m。

预应力（自应力）混凝土给水管安装（胶圈接口）工程量，按不同预应力（自应力）混凝土管公称直径，以安装预应力（自应力）混凝土管的中心线长度计算，计量长度为10m。

塑料给水管安装工程量，按不同塑料管外径、连接方式（粘接、胶圈接口），以安装塑料管的中心线长度计算，不扣除管件、阀门所占长度。计量单位为10m。

碳钢管安装工程量，按不同碳钢管公称直径，以安装碳钢管的长度计算，不扣除管件、阀门、法兰所占长度。计量单位为10m。

碳素钢板卷管安装工程量，按不同碳素钢板卷管规格尺寸（外壁×壁厚），以安装碳素钢板卷管的长度计算，不扣管件、阀门等所占长度。计量单位为10m。

承插铸铁管给水管安装、预应力（自应力）混凝土给水管安装、塑料给水管安装套用第五册《给水工程》第一章“管道安装”的相应子目；碳钢管安装、碳素钢板卷管安装执行第七册《燃气与集中供热工程》第一章“管道安装”的有关定额子目的规定。

混凝土给水管道安装不需要接口时，执行第六册《排水工程》相应定额子目。

给水管道安装总工程量不足50m时，管径不大于300mm的，其定额人工和机械乘以系数1.67；管径大于300mm的，其定额人工和机械乘以系数2.00；管径大于600mm的，其定额人工和机械乘以系数2.50。

（2）排水管道

套用第六册《排水工程》第一章相应子目。

平接（企口）式、套箍式、承插式混凝土排水管道铺设工程量，按不同下管方式和管径，以混凝土管道的中心线扣除检查井所占长度后的延长米计算，计量单位为100m。

塑料排水管、玻璃钢管道，以管道的中心线扣除检查井所占长度后的延长米计算。

（3）混凝土排水管道接口

套用第六册《排水工程》第一章“排水管道接口”的相应子目。

平（企）接口工程量，按不同接口材料（水泥砂浆、钢丝网水泥砂浆、膨胀水泥砂浆、石棉水泥砂浆）、管基角度（120°、180°）、管径，以平（企）接口的口数计算，计量单位为10个口。

预制混凝土外套环接口工程量，按不同接口形式（平口、企口）、接口材料（石棉水泥接口、柔性接口）、管径，以外套环接口的口数计算，计量单位为10个口。

现浇混凝土套环接口工程量，按不同管座角度（120°、180°）、管径，以套环接口的口数计算，计量单位为10个口。

变形缝接口工程量按不同管径，以变形缝的口数计算，计量单位为10个口。

承插接口工程量，按不同接口材料（水泥砂浆接口、沥青油膏接口）、管径，以承插接口的口数计算，计量单位为10个口。

在排水管道平（企）口接口定额中，膨胀水泥砂浆接口和石棉水泥接口适用于360°的角度，其他接口均是管座120°和180°。若管座角度不同，按相应材质的接口做法，以管道接口调整表进行调整，即调整基数或材料乘以调整系数。

定额中，水泥砂浆抹带接口、钢丝网水泥砂浆抹带接口均不包括内抹口。如设计要求内抹口时，则按抹口周长每100m增加水泥砂浆0.42m^3、人工9.22工日计算。

（4）检测及试验、冲洗消毒或吹扫

给水管道试压工程量，按不同管道公称直径，以试压管道的长度计算，不扣除管件、阀门、法兰所占长度，计量单位为100m。

给水管道消毒冲洗工程量，按不同管道公称直径，以消毒冲洗管道的长度计算，不扣除管件、阀门、法兰所占长度，计量单位为100m。

排水管道闭水试验工程量，按不同管径，按实际闭水长度计算，不扣除各种井所占长度。计量单位为100m。

（5）管道防腐、绝热

铸铁管（钢管）内涂工程量，按不同铸铁管（钢管）公称直径、内涂水泥砂浆的方式（离心机械内涂或人工内涂），以内涂管道的中心线长度计算，不扣除管件、阀门所占的长度，但管件、阀门内防腐工程量也不另行计算。计量单位为10m。

管道防腐执行第五册《给水工程》第二章“管道内防腐”相应子目。

金属管道除锈的工程量，按除锈的方式、锈蚀程度，以除锈管道的外表面面积计算，计量单位为10m^2。套用相应子目。

刷油的工程量，以管道的外表面面积计算，计量单位为10m^2，按所涂刷油漆的种类、遍数，套用相应子目。

防腐层的安装工程量按管道外径计算刷油和缠绕玻璃丝布的面积，套用相应子目。

管道保温（冷）安装工程量，按不同保温材料品种（瓦块、板材等）、管道直径，计算绝热层的体积，以“m^3”计，计算管道长度时不扣除法兰、阀门、管件所占长度。

保温层外包保护层（防潮层）的敷设工程量，按保护层不同材料，计算保护层的面积，计量单位为10m^2。组价时，根据绝热层的结构套用有关定额子目。

（6）垫层铺筑、基础浇筑和管座浇筑

排水管道的基础分为定型基础和非定型基础。定型基础根据《给水排水标准图集》S2编制，如果设计的工程项目要求与采用的标准图集不同，即为非定型基础。对定型混凝土管道基础，如果管径、管座角度一定，其单位长度的砌筑工程量、单位造价就一定。

1）定型混凝土排水管道基础

平接（企口）式管道基础工程量　按不同管座角度（120°、180°）、管径，以管道基础中心线扣除检查井所占长度后的延长米计算，计量单位为100m。

满包混凝土加固工程量按不同管径，以混凝土加固中心线扣除检查井所占长度后的延长米计算，计量单位为100m。

若管座角度与《给水排水标准图集》S2不符，则作为非定型管道基础。

组价时，套用第六册《排水工程》第一章“定型混凝土管道基础及铺设”中“定型混凝土管道基础”相应子目。

2）非定型管道（包括给水管道、排水管道）基础和垫层

按部位分别计算垫层铺筑、基础和管座浇筑的工程量。

渠（管）道垫层工程量按不同垫层材料（毛石、碎石、碎砖、砾石、2∶8灰土、3∶7灰）、砖石料铺筑方法（灌浆或干铺），以垫层的体积计算，计量单位为$10m^3$。

平基工程量按不同平基材料，以平基的体积计算，计量单位为$10m^3$。

负拱基础工程量按不同基础材料，以基础的体积计算，计量单位为$10m^3$。

混凝土枕基的预制、安装、现浇工程量按枕基的混凝土体积计算，计量单位为$10m^3$。

现浇混凝土管座工程量按管座的混凝土体积计算，计量单位为$10m^3$。

混凝土枕基、管座不分角度均按上述相应项目执行。

套用第六册《排水工程》第三章“非定型井、渠、管道基础及砌筑”中“非定型管道垫层及基础”相应子目。

（7）井壁（墙）凿洞

井壁（墙）凿洞工程量，按不同墙体材料（砖墙、石墙）、墙体厚度，以凿洞的面积计算，计量单位为$10m^2$。

2. 管道配件

全国统一市政工程定额第五册《给水工程》第三章“管件安装”中，列出了铸铁管件、承插式预应力混凝土转换件、塑料管件、分水栓、马鞍卡子、二合三通、铸铁穿墙管、水表的安装子目。对于碳钢管件的制作安装需套用第七册《燃气与集中供热工程》第二章“管件制作、安装”有关定额子目。

3. 井类、设备基础

（1）定型排水检查井

定型排水检查井的砌筑，预算定额中已综合了混凝土搅拌、捣固、抹平、养生、调制砂浆、砌筑、勾缝、井盖、井座、爬梯安装、材料场内运输等工作内容。

砖砌圆形雨水检查井工程量，按不同井径、适用管径、井深，以砖砌圆形雨水检查井的座数计算。井深按井底基础以上至井盖顶计算。

砖砌跌水检查井工程量，按不同跌差高度、井深，以砖砌跌水检查井的座数计算。

砖砌竖槽式跌水井工程量，按不同型号、跌差高度、井深，以砖砌竖槽式跌水井的座数计算。

砖砌污水闸槽井，按不同规格、管径、井深，以砖砌污水闸槽井的座数

计算。

砖砌矩形直线污水检查井工程量，按不同规格、管径、井深，以砖砌矩形直线污水检查井的座数计算。

砖砌矩形两侧交汇雨水检查井工程量，按不同规格、管径、井深，以砖砌矩形两侧交汇雨水检查井的座数计算。

砖砌扇形雨水检查井工程量，按不同扇形角度（30°、45°、60°、90°）、管径、井深，以砖砌扇形雨水检查井的座数计算。

砖砌雨水进水井工程量，按不同箅数（单、双、三）、箅的安装方式（平、立、联合）、井深，以砖砌雨水进水井的座数计算。

砖砌连接井，按不同适用管径、以砖砌连接井的座数计算。

上述定型井套用第六册《排水工程》第二章“定型井”相应子目。

在各类定型井的工作内容中已包括内抹灰，如设计要求外抹灰时，可另行计算外抹灰的工程量，套用第六册《排水工程》第三章“非定型井”相应子目。

各类检查井，当井深大于1.5m时，需搭设脚手架。脚手架搭拆作为措施项目，其费用应计算在措施项目费用中，可视井深、井字架材质套用第六册《排水工程》第七章“模板、钢筋、井字架工程”的相应子目。

如遇三通、四通井，执行非定型井项目。

（2）给水定型井

给水定型井包括阀门井、水表井、消火栓井、排泥井。

砖砌圆形阀门井，按不同形式（收口式或直筒式）、井内径、井深，以砖砌圆形阀门井的座数计算。计算单位为座。这里的砖砌圆形阀门井是根据《给水排水标准图集》S143编制的，且按无地下水考虑。

砖砌矩形卧式阀门井，按不同井室净空尺寸、井深，以砖砌矩形卧式阀门井的座数计算。计算单位为座。这是根据《给水排水标准图集》S144编制的，且按无地下水考虑。

砖砌矩形水表井，按不同井室净空尺寸、井室净高，以砖砌矩形水表井的座数计算。计算单位为座。这是根据《给水排水标准图集》S145编制的，且按无地下水考虑。

消火栓井，按不同形式、井深，以消火栓井的座数计算。这是根据《给水排水标准图集》S162编制的，且按无地下水考虑。

圆形排泥湿井，按不同井内径、井深，以圆形排泥湿井的座数计算。这是根据《给水排水标准图集》S146编制的，且按无地下水考虑。

定型井套用第五册《给水工程》第四章“管道附属构筑物”相应子目。

井深是指基础顶面至铸铁井盖顶面的距离。井深大于1.5m时，需搭设脚手架。脚手架搭拆作为措施项目，其费用应计算在措施项目费用中，可视井深、井字架材质套用第六册《排水工程》第七章“模板、钢筋、井字架工程”的相应子目。

（3）非定型检查井

非定型检查井包括给水管道和排水管道上各式非定型井，统称为非定型井。

（4）排水管道出口

砖砌排水管道出水口工程量　按不同出水口形式（一字式、八字式、门字式）、出水口规格、管径，以排水管道出水口的处数计算。

石砌排水管道出水口工程量　按不同出水口形式（一字式、八字式、门字式）、出水口规格、管径，以排水管道出水口的处数计算。

套用第六册《排水工程》第一章“定型混凝土管道基础及铺设”中“排水管道出水口”相应子目。

（5）支墩

管道支墩工程量，按每处体积不同，以管道支墩混凝土体积计算，不扣除钢筋、预埋件所占体积，计量单位为 $10m^3$，可套用第五册《给水工程》第四章“管道附属构筑物”相应子目。

（6）设备基础

垫层按不同垫层材料（毛石、碎石、碎砖、混凝土），以垫层的体积计算，计量单位为 $10m^3$。

混凝土浇筑（设备基础）：独立、环形设备基础工程量，按不同设备基础单体体积，以设备基础的混凝土体积计算，套用第六册《排水工程》第五章“给排水构筑物”中“设备基础”的子目。

地脚螺栓孔灌浆工程量：按不同一台设备的灌浆体积，以地脚螺栓孔灌浆的体积计算；设备底座与基础间灌浆按不同一台设备的灌浆体积，以设备底座与基础间灌浆的体积计算。套用第六册《排水工程》第六章“给排水机械设备安装”中“地脚螺栓孔灌浆”和“设备底座与基础间灌浆”的子目。

4. 构筑物砌筑

（1）管道方沟

管道方沟垫层预算工程量按不同垫层材料（毛石、碎石、碎砖、砾石、2∶8灰土、3∶7灰）、砖石料铺筑方法（灌浆或干铺），以垫层的体积计算。

管道方沟基础砌筑预算工程量按不同平基材料，以平基的体积计算。

上述两项套用第六册《排水工程》第三章“非定型井、渠、管道基础及砌筑”“非定型渠道垫层及基础”的相应子目。若为现浇混凝土方沟底板，则套用渠（管）道基础中平基的相应子目。

墙身、拱盖砌筑工程量按不同砌筑材料以墙身、拱盖的砌体体积计算。

现浇混凝土方沟工程量按不同部位（壁或顶），以方沟的混凝土体积计算。

勾缝工程量按不同材质墙面、勾缝形式（平缝、凹缝、凸缝），以勾缝的面积计算。

抹面工程量按不同抹灰物面（墙面、底面、拱面）、物面材质，以抹灰的面积计算。

上述（3）～（6）项套用《××地区市政工程计价表》或《全国统一市政工程预算定额》《第六册　排水工程》第三章“非定型井、渠、管道基础及砌筑”“非定型渠道砌筑”和“非定型渠道抹灰与勾缝”相应子目。

（2）沉井工程

1）现浇混凝土沉井井壁和隔墙工程量

垫木工程量，按沉井刃角中心线长度计算。灌砂工程量，按灌砂的体积计算。沉井的井壁、隔墙浇筑工程量，均按不同结构厚度（50mm 以内、50mm 以外），以结构的混凝土体积计算。沉井井壁及墙壁的厚度不同，如上薄下厚时，可按平均厚度计算。

2）沉井下沉工程量按不同挖土方法（人工、机械）、土壤类别、井深，以沉井的体积计算。

3）沉井混凝土底板工程量

砂垫层、混凝土垫层工程量，均按垫层的体积计算。沉井混凝土底板工程量，均按不同结构厚度（50mm 以内、50mm 以外），以结构的混凝土体积计算。

4）沉井内地下混凝土结构。沉井内地下结构包括刃角、地下结构梁、地下结构柱和地下结构平台。沉井的刃角、地下结构梁、柱、平台制作工程量，按其混凝土体积计算。

5）沉井混凝土顶板工程量，按其混凝土体积计算。

沉井工程套用第六册《排水工程》第五章“给排水构筑物”中“沉井”相应子目。

（3）现浇混凝土水池

现浇钢筋混凝土水池工程量均按水池各部位不同，以混凝土实体积计算，不扣除面积 0.3m^2 以内的空洞体积。现浇钢筋混凝土水池部位分为：池底、池壁（隔墙）、池柱、池梁、池盖、现浇混凝土板、池槽、导流洞（壁）、混凝土扶梯、其他现浇钢筋混凝土构件和金属扶梯、栏杆。

（4）预制钢筋混凝土构件

预制钢筋混凝土构件包括预制板、槽、支墩和其他异型构件。钢筋混凝土稳流板、井池内壁板、挡水板、导流隔板工程量，均按其混凝土体积计算，计量单位为 10m^3。配孔集水槽、辐射槽制作、安装工程量，均按其混凝土体积计算，计量单位为 10m^3。支墩制作、安装工程量，均按其混凝土体积计算，计量单位为 10m^3。异型构件制作、安装工程量，均按其混凝土体积计算，计量单位为 10m^3。

预制混凝土板、槽、支墩和异型构件，制作安装定额中已包括构件场内运输和养生的费用。套用定额时，除支墩安装执行《市政工程计价表》《第六册　排水工程》第五章“给排水构筑物”中“支墩安装”的相应子目外，其他预制混凝土构件的安装均套用《市政工程计价表》《第六册　排水工程》第五章“给排水构筑物”中的“异型构件安装”的子目。

9.3.3　管道工程工程量清单报价实例

管道工程工程量清单报价以杭州市七格污水处理厂室外排水为例，单位工程费汇总表见表 9-8，分部分项工程量清单计价表见表 9-9，措施项目清单计价表见表 9-10，其他项目清单与计价表见表 9-11、表 9-12，规费、税金项目清单与计价表见表 9-13。

投标总价

招　标　人：××市重点建设办公室

工程名称：杭州市七格污水处理厂室外排水工程

投标总价(小写)：367441.63

(大写)：叁拾陆万柒仟肆佰肆拾壹元陆角叁分

投　标　人：××市政工程公司
(单位盖章)

法定代表人
或其授权人：孙　路
(签字或盖章)

编　制　人：张　成
(造价人员签字盖专用章)

编制时间：2010年12月5日

单位工程投标报价汇总表　　　　**表 9-8**

工程名称：杭州市七格污水处理厂室外排水工程　　　　第 1 页共 1 页

序号	单项工程名称	金额(元)	其中:暂估价(元)
1	分部分项工程	299249.69	
2	措施项目	18231.82	
2.1	安全文明施工费	18231.82	—
3	其他项目	24500.00	—
3.1	暂列金额	24500.00	—
3.2	专业工程暂估价		—
3.3	计日工		—
3.4	总承包服务费		—
4	规费	13370	—
5	税金	12090.12	—
招标控制价/投标报价合计=1+2+3+4+5		367441.63	

注：本表适用于单位工程招标控制价或投标报价的汇总，如无单位工程划分，单项工程也使用本表汇总。

分部分项工程量清单与计价表　　　　**表 9-9**

工程名称：杭州市七格污水处理厂室外排水工程　　　标段：　　　第 1 页共 1 页

序号	项目编码	项目名称	项目特征描述	计量单位	工程量	金额(元)		
						综合单价	合价	其中：暂估价
1	040501004001	塑料管道敷设	1. UPVC 加筋管敷设(胶圈接口)225mm 2. 人工挖沟、槽土方一、二类土，深2m以内 3. 非定型(管)道垫层　砂 4. 人工填土夯实　槽、坑	m	185	126.822	23462.07	
2	040501004002	塑料管道敷设	1. UPVC 加筋管敷设(胶圈接口)300mm 2. 人工挖沟、槽土方一、二类土，深2m以内 3. 非定型(管)道垫层　砂 4. 人工填土夯实　槽、坑	m	185	222.25	41116.25	
3	040501004003	塑料管道敷设	1. UPVC 加筋管敷设(胶圈接口)400mm 2. 人工挖沟、槽土方一、二类土，深2m以内 3. 非定型(管)道垫层　砂 4. 人工填土夯实　槽、坑 5. 非定型渠(管)道垫层　C10 混凝土	m	357.21	308.03	110031.4	
4	040501004004	塑料管道敷设	1. UPVC 加筋管敷设(胶圈接口)600mm 2. 人工挖沟、槽土方一、二类土，深2m以内 3. 非定型(管)道垫层　砂 4. 人工填土夯实　槽、坑 5. 非定型渠(管)道垫层　C10 混凝土	m	51.33	697.385	35796.77	

续表

序号	项目编码	项目名称	项目特征描述	计量单位	工程量	金额(元)		
						综合单价	合价	其中：暂估价
5	040504001001	雨水进水井	1. 人工挖坑土方　一、二类土，深2m以内 2. 非定型井垫层　碎石 3. 非定型井垫层　C15混凝土 4. 非定型井砌筑及抹灰　砖砌　矩形　M7.5 5. 砖墙　井内侧抹灰 6. 砖墙　井底抹灰 7. 钢筋混凝土井圈制作C20 8. 井盖、井箅安装　雨水井　铸铁平箅 9. 人工填土夯实　槽、坑	座	28	556.341	15577.55	
6	040504001002	砌筑检查井（不落井底）	1. 人工挖坑土方　一、二类土，深4m以内 2. 非定型井垫层　混凝土100厚C10 3. 非定型井垫层混凝土200厚C20 4. 非定型井砌筑及抹灰　砖砌　矩形　M7.5 5. 砖墙　井内侧抹灰 6. 砖墙　流槽抹灰 7. 预制井室盖板 8. 井室矩形盖板安装　每块体积在0.5m^3以内 9. 钢筋混凝土井圈制作C20 10. 井盖、井箅安装　检查井　铸铁平箅 11. 人工填土夯实　槽、坑	座	11	3790.541	41695.95	
7	040504001003	砌筑检查井（落井底）	1. 人工挖坑土方　一、二类土，深4m以内 2. 非定型井垫层　混凝土100厚C10 3. 非定型井垫层混凝土200厚C20 4. 非定型井砌筑及抹灰　砖砌　矩形　M7.5 5. 砖墙　井内侧抹灰 6. 砖墙　流槽抹灰 7. 预制井室盖板 8. 井室矩形盖板安装　每块体积在0.5m^3以内 9. 钢筋混凝土井圈制作C20 10. 井盖、井箅安装　检查井　铸铁平箅 11. 人工填土夯实　槽、坑	座	10	3156.97	31569.7	
本页小计							299249.69	
合计							299249.69	

措施项目清单与计价表（一） **表 9-10**

工程名称：杭州市七格污水处理厂室外排水工程　　标段：　　第1页共1页

序号	项目名称	计算基础	费率(%)	金额(元)
1	安全文明施工费	人工费(60772.73)	30%	18231.82
2	夜间施工费			
3	二次搬运费			
4	冬雨季施工			
5	大型机械设备进出场及安拆费			
6	施工排水			
7	施工降水			
8	地上、地下设施、建筑物的临时保护设施			
9	已完工程及设备保护			
10	各专业工程的措施项目			
合　计				18231.82

注：1. 本表适用于以“项”计价的措施项目。
2. 根据建设部、财政部发布的《建筑安装工程费用组成》（建标［2003］206号）的规定，“计算基础”可为“直接费”、“人工费”或“人工费+机械费”。

其他项目清单与计价汇总表 **表 9-11**

工程名称：杭州市七格污水处理厂室外排水工程　标段：　第 1 页共 1 页

序号	项目名称	计量单位	金额(元)	备注
1	暂列金额		24500	明细详见表 9-12
2	暂估价			
2.1	材料暂估价			
2.2	专业工程暂估价			
3	计日工			
4	总承包服务费			
5				
合　计			24500	—

注：1. 材料暂估单价进入清单项目综合单价，此处不汇总。

暂列金额明细表 **表 9-12**

工程名称：杭州市七格污水处理厂室外排水工程　标段：　第 1 页共 1 页

序号	项目名称	计量单位	暂定金额(元)	备注
1	暂列金额	项	24500	
2				
合　计			24500	—

规费、税金项目清单与计价表　　表 9-13

工程名称：杭州市七格污水处理厂室外排水工程　　标段：　　第1页共1页

序号	项目名称	计算基础	费率(%)	金额(元)
1	规费			13370
1.1	工程排污费			
1.2	社会保障费	人工费(60772.73)	16%	9723.64
1.3	住房公积金	人工费(60772.73)	6%	3646.36
1.4	危险作业意外伤害保险			
1.5	工程定额测定费			
2	税金			12090.12
2.1	营业税	分部分项工程费＋措施项目费＋其他项目费＋规费	3.093%	10991.02
2.2	城市维护建设税	营业税	7%	769.37
2.3	教育费附加	营业税	3%	329.73
合计				25460.12

思考题与习题

1. 叙述给水工程的分类。
2. 叙述城市给水系统的组成。
3. 常用的给水管材有哪些？
4. 常用的给水管件和附件有哪些？
5. 排水工程是如何分类的？
6. 叙述排水管道系统的组成。
7. 常用的排水管材有哪些？

8. 叙述燃气系统的分类。

9. 叙述常用的燃气管材。

10. 叙述市政管网工程工程量清单的编制过程。

11. 叙述市政管网工程工程量清单报价的编制过程。

附录　市政工程施工图

道路工程说明

1.1　设计依据

1. 杭州市七格污水处理厂工程建设指挥部委托我院工程设计合同。

2. 关于德胜路（红普路—下沙高教一号路）初步设计的批复（杭建设发（2003）258 号，2003.4.24）。

3. 杭州市建设委员会公文（杭建计简复（2002）181 号）处理简复单。

1.2　主要设计资料

1.《城市道路设计规范》CJJ 37—90。

2.《城市道路和建筑物无障碍设计规范》JGJ 50—2001。

1.3　道路设计调整内容

1. 与初步设计相比，道路路宽由初设 50m 增加到 60m，道路分幅也作了一定的调整（详见标准横断面）。

2. 因道路路宽和路幅的调整且要与已设计道路标高接顺，道路纵断也作了相应的调整。

3. 本标段与初步设计相比在桩号 8＋260 处增加一座跨径 20m 的桥梁。

1.4　道路设计标准

1. 道路设计等级：德胜路：城市快速路，设计车速：80km/h，辅道设计车速：40km/h。

2. 沥青路面设计年限 15 年，路面结构设计标准轴载 100kN。交通等级：重型。

1.5　道路路面结构设计

快车道：3cm（细粒式沥青混凝土）＋5cm（中粒式沥青混凝土）＋7cm（粗粒式沥青混凝土）＋35cm（粉煤灰三渣）＋30cm（塘渣垫层）＝80cm。

辅道：3cm（细粒式沥青混凝土）＋7cm（粗粒式沥青混凝土）＋30cm（粉煤灰三渣）＋20cm（塘渣垫层）＝60cm。

人行道：5cm（预制人行道板）＋2cm（水泥砂浆）＋15cm（粉煤灰三渣）＝22cm。

1.6　路基工程

设计德胜路大部分路段为拆迁建筑、现状农田及池塘，要求对路基进行处理。

1. 对于现状农田路段，路基施工前需先清除表面耕植土，层厚约为 30cm，然后分层回填至路基顶面。

2. 对于淤泥质填土和池塘等不良地质的路段，应先抽干水，要求完全清淤，然后用塘渣进行换填处理，分层回填至路基顶面，如遇淤泥层较厚，则根据实际情况，待施工时再明确处理方案。

3. 对于沿线桥梁桥台台背 5m 范围内填土应采用砂碎石回填。

1.7 施工注意事项

1. 本标段设计起点桩号为 8＋120，终点桩号为 10＋320。

2. 与本次设计道路相交的经一路、经二路、经三路、经四路均不开口（平面图中用虚线表示）。

3. 道路平面图中表示的桥梁、箱涵位置、尺寸及结构以桥梁、箱涵图为准。

4. 公交车站位置设在辅道上，采用非港湾式停靠站，具体位置由公交公司和其他部门协商确定。

5. 道路两侧挡墙基础如遇池塘，则先清淤，用塘渣回填至周围现状地面标高，然后在其上砌筑挡墙至路面高度。

6. 道路填土应分层回填，采用重型压路机碾压，每层夯实厚度不大于 30cm，路槽下 0～0.8m 范围压实度为 98％，0.8m 以下压实度为 93％。保证土基回弹模量≥25MPa，再铺基层，严禁用生活垃圾和淤质土及有机质土回填。

7. 施工前应进行各项室内指标试验（包括侧石抗压强度等），满足要求后才能进行施工。

8. 路基填方及路面结构施工时应严格按有关规范及验收标准执行，合格后可进行下一道工序施工。

1.8 工程质量验收标准

道路工程质量验收和评定按《市政道路工程质量检验评定标准》CJJ 1—90 进行。

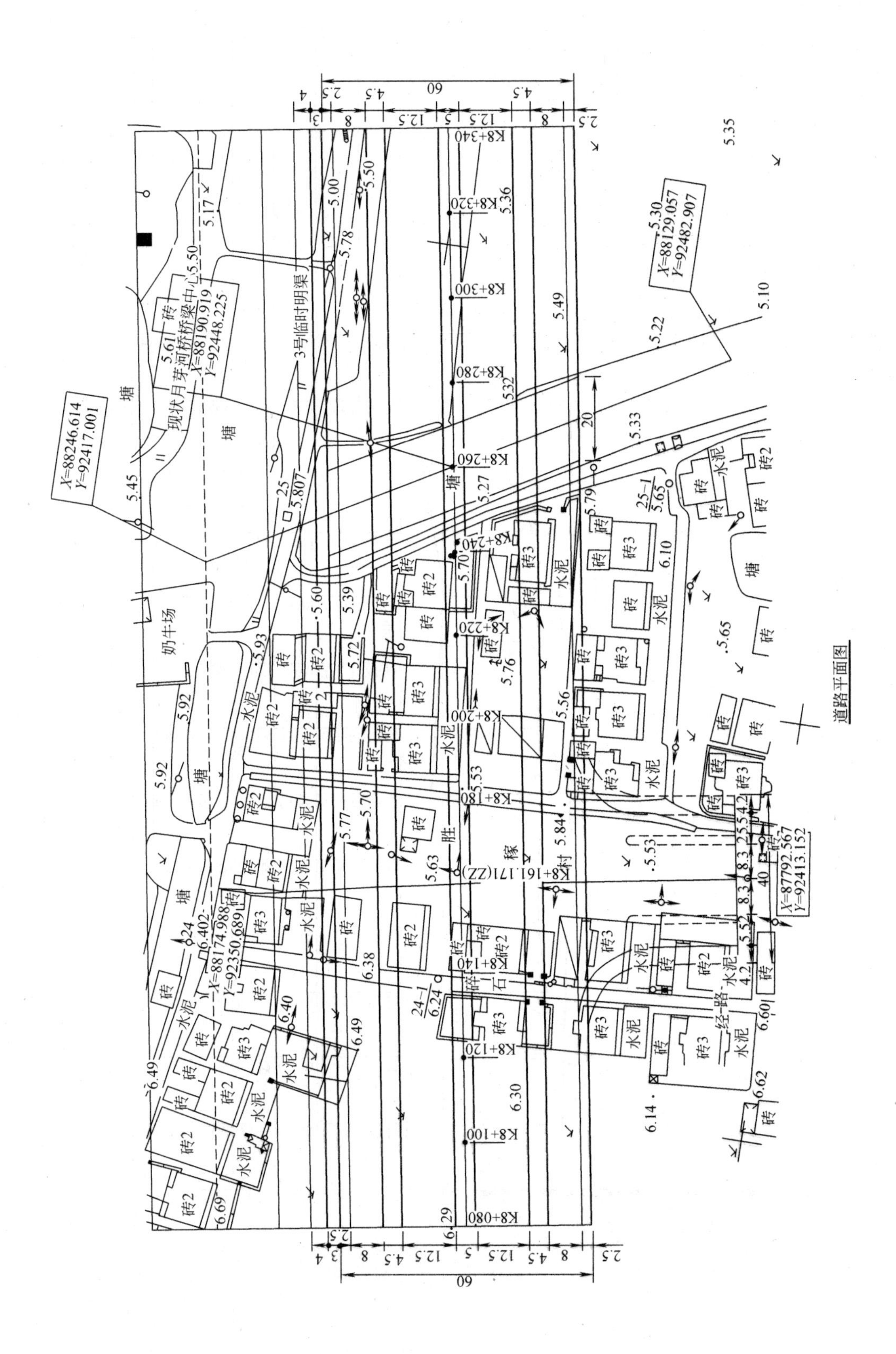

现状月芽河桥桥梁中心5.50
X=88190.919
Y=92448.225
X=88246.614
Y=92417.001
X=88129.057
Y=92482.907
X=88174.988
Y=92350.689
X=87792.567
Y=92413.152
3号临时明渠
奶牛场
塘
经一路
K8+080
K8+100
K8+120
K8+140
K8+161.171(ZZ)
K8+180
K8+200
K8+220
K8+240
K8+260
K8+280
K8+300
K8+320
K8+340
60

道路平面图

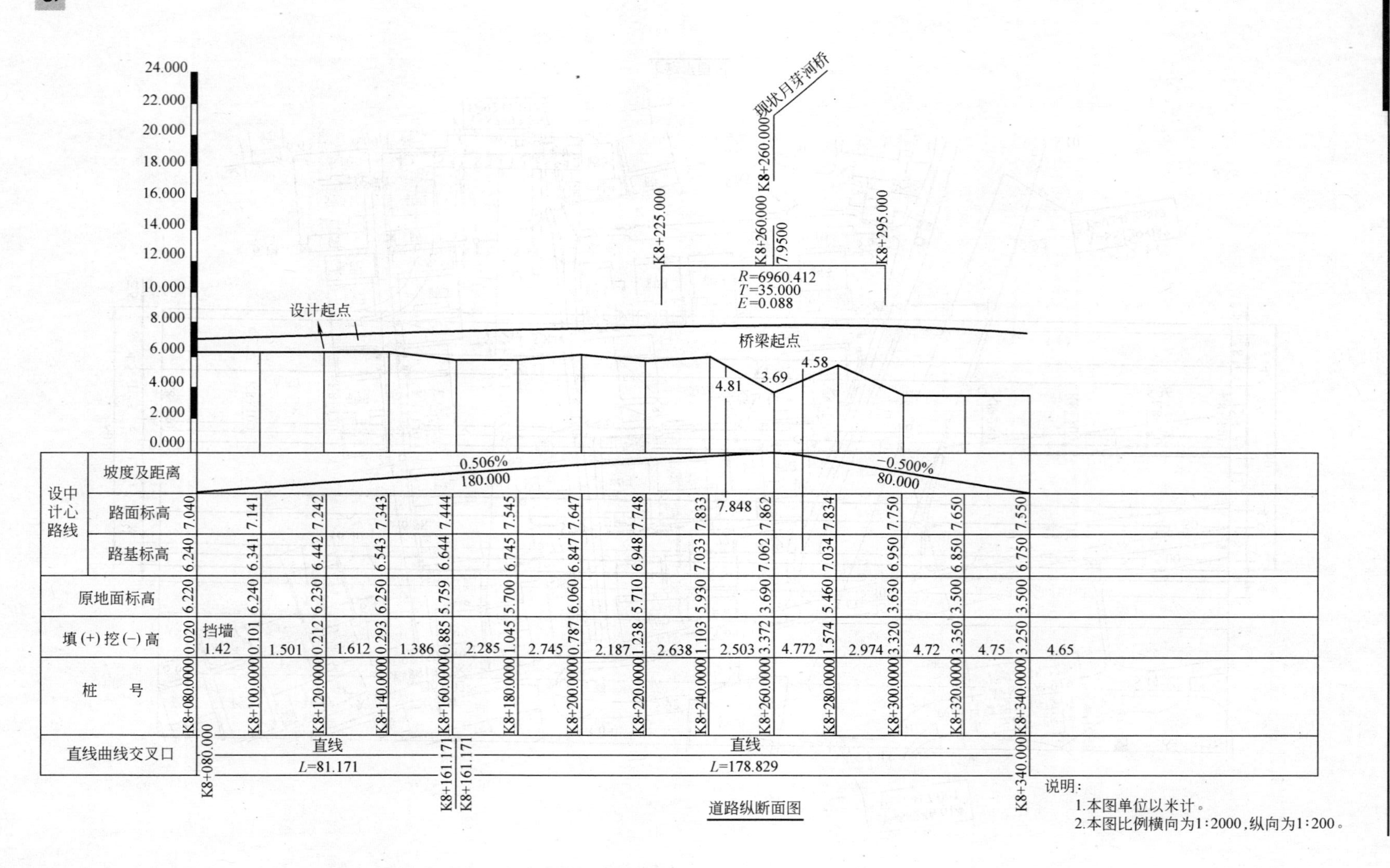

道路纵断面图

说明：
1.本图单位以米计。
2.本图比例横向为1:2000，纵向为1:200。

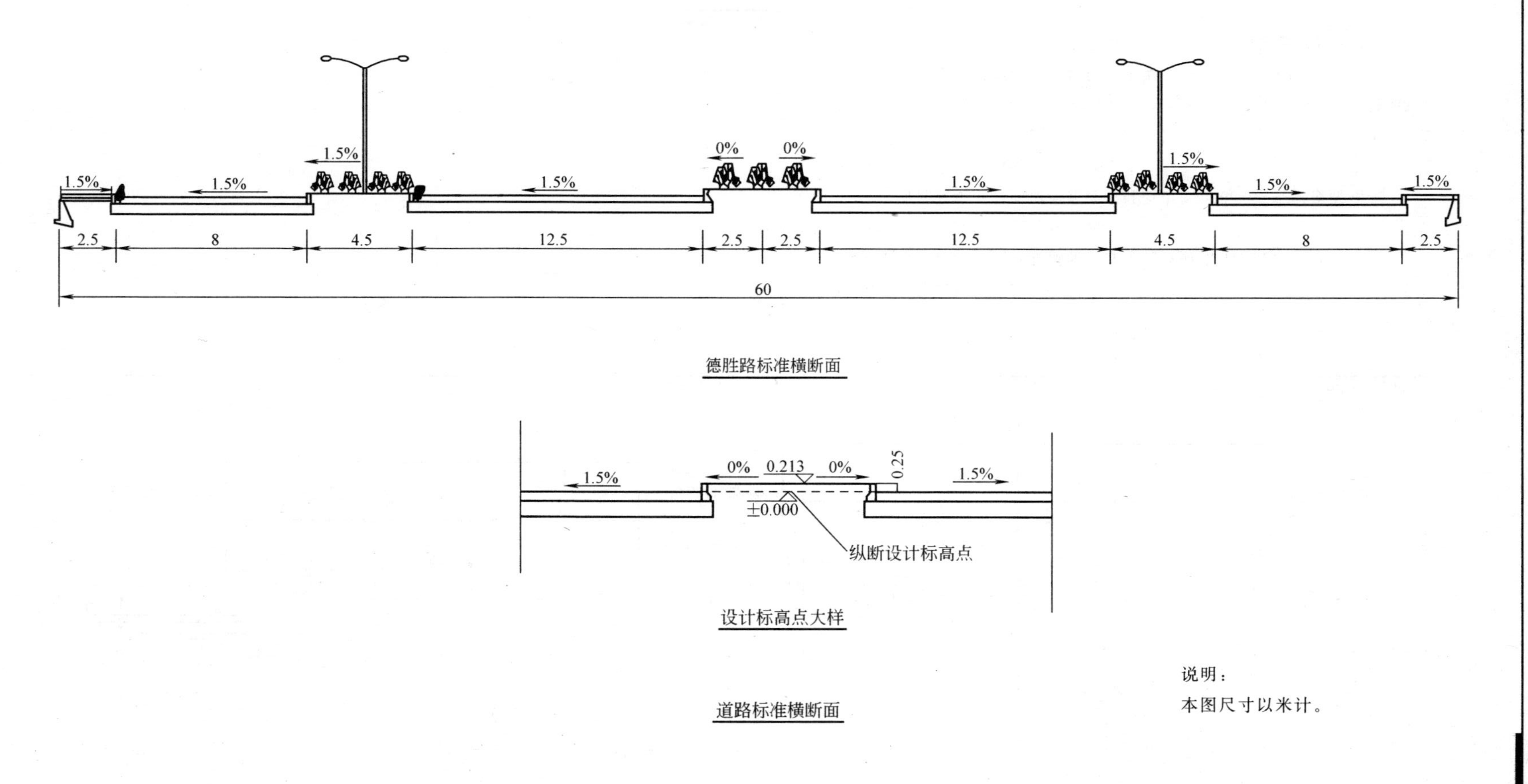
1.5%
1.5%
1.5%
1.5%
0%
0%
1.5%
1.5%
1.5%
1.5%
2.5
8
4.5
12.5
2.5
2.5
12.5
4.5
8
2.5
60
德胜路标准横断面
1.5%
0%
0.213
0%
0.25
1.5%
±0.000
纵断设计标高点
设计标高点大样
道路标准横断面
说明：
本图尺寸以米计。

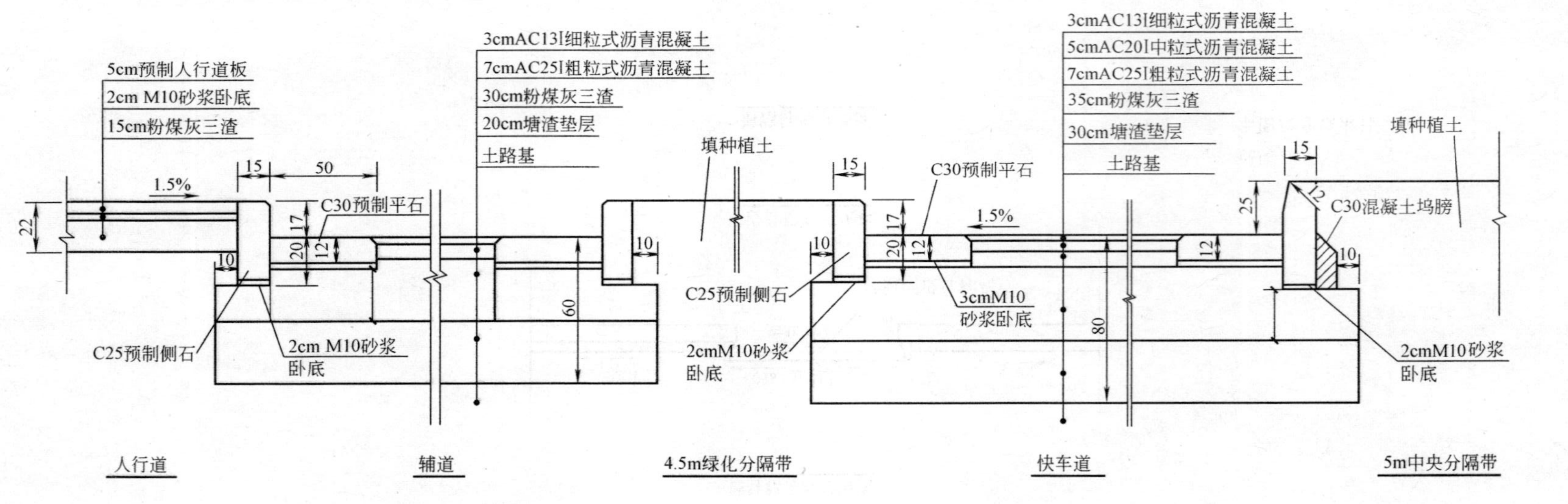

说明：

1. 本图尺寸以厘米计。
2. 快车道沥青混凝土路面顶面允许弯沉值为 0.048cm，基层顶面允许弯沉值为 0.06cm。
3. 辅道沥青混凝土路面顶面允许弯沉值为 0.056cm，基层顶面允许弯沉值为 0.07cm。
4. 粉煤灰三渣基层配合比（重量比）为粉煤灰：石灰：碎石＝32：8：60。
5. 土基模量必须大于等于 25MPa，塘渣顶面回弹模量必须大于等于 35MPa，塘渣须有较好级配，最大粒径小于等于 10cm。
6. 5m 中央绿带采用高侧石，4.5m 机非隔离带采用普通侧石。

路面结构图

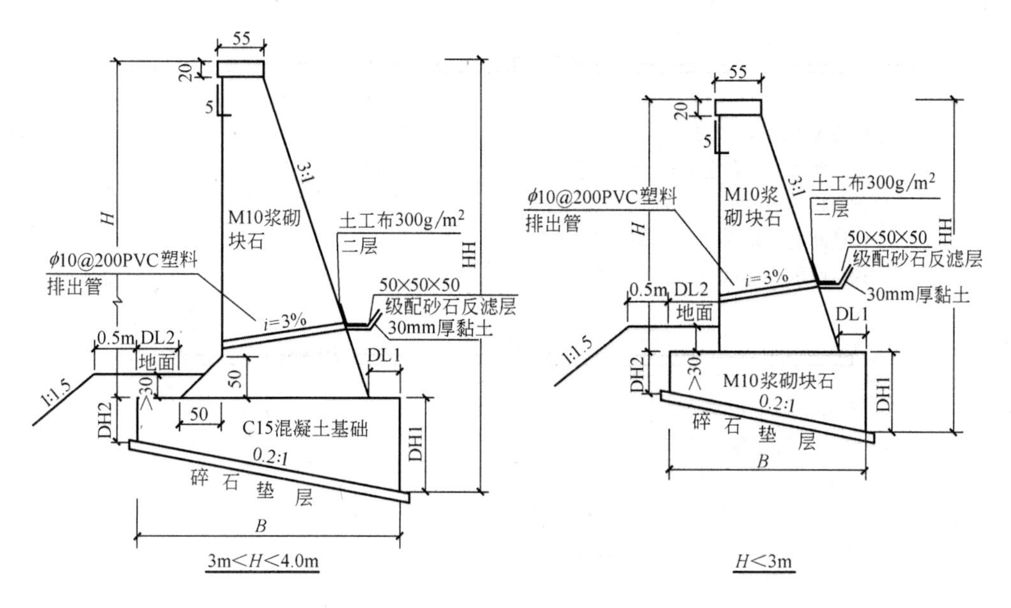

挡墙断面尺寸表

墙高	HH	DH1	DH2	B	DL1	DL2
H(m)	(m)	(m)	(m)	(m)	(m)	(m)
4.0	5.13	1.13	0.5	3.15	0.38	0.5
3.5	4.55	1.05	0.5	2.75	0.35	0.3
3	3.97	0.97	0.5	2.25	0.32	0.5
2.5	3.28	0.78	0.4	1.93	0.26	0.4
2	2.62	0.62	0.3	1.62	0.18	0.3
1.5	2.01	0.51	0.25	1.3	0.15	0.2
1.0	1.41	0.41	0.2	1.06	0.12	0.2

挡墙工程数量表（m^3/m）

项目 \ 墙高	4000 (mm)	3500 (mm)	3000 (mm)	2500 (mm)	2000 (mm)	1500 (mm)	1000 (mm)
C20 混凝土克顶	0.11	0.110	0.110	0.110	0.110	0.110	0.110
M10 浆砌块石	4.43	3.6	2.71	3.16	2.2	1.43	0.82
C15 毛石混凝土	2.6	2.13	1.73	—	—	—	—
碎石垫层	0.32	0.28	0.24	0.19	0.16	0.13	0.11

说明：

1. 挡墙沉降缝宽 2cm，间距 10～15m，墙高变化处也需设沉降缝，缝内填油浸沥青木丝板。
2. 墙背回填土采用一层塘渣一层土，每层压实厚度不大于 30cm。
3. 挡墙底地表一层杂填土需全部挖除，再填以塘渣。
4. 挡墙采用大开挖施工。要做好施工现场排水工作，防止地基土泡水扰动。
5. 挡墙高度大于 1.5m 以上需设泄水孔，泄水孔需高出地面 30cm。
6. 挡墙边 1m 以内严禁用压路机碾压，需人工夯实。
7. 墙身块石强度必须大于 300kg/cm²，块石大小须基本一致，摆放密实，坐浆可靠。
8. 挡墙高度若与实地高度有出入，按实际高度施工。
9. 施工横断面图中挡墙高度为本图中的 HH。
10. 碎石垫层厚度 10cm，反滤层与墙背间设土工布两层（300g/m²）。
11. 道路两侧挡墙如遇池塘，则先清淤，然后用塘渣回填至周围现状标高且塘渣回填顶面须超出挡墙底基础外 0.5m，然后以 1∶1.5 放坡（见图）。

浆砌块石挡墙设计图

7.455

桩号：K8＋120.000

路中心填方高度＝1.225

左宽＝30.000　右宽＝30.000

填方面积＝19.425　挖方面积＝0.715

左挡墙高度＝0.998　右挡墙高度＝1.174

左挡墙面积＝0.539　右挡墙面积＝0.636

7.758

桩号：K8＋180.000

路中心填方高度＝2.058

左宽＝30.000　右宽＝30.000

填方面积＝79.514　挖方面积＝1.163

左挡墙高度＝2.232　右挡墙高度＝1.909

左挡墙面积＝1.809　右挡墙面积＝1.428

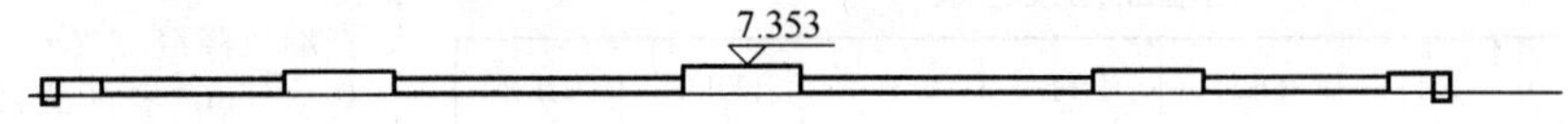

桩号：K8＋100.000

路中心填方高度＝1.113

左宽＝30.000　右宽＝30.000

填方面积＝15.316　挖方面积＝1.786

左挡墙高度＝1.079　右挡墙高度＝1.073

左挡墙面积＝0.583　右挡墙面积＝0.580

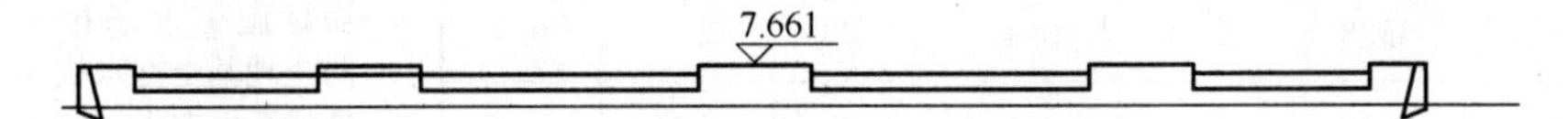

桩号：K8＋160.772

路中心填方高度＝1.921

左宽＝30.000　右宽＝30.000

填方面积＝60.225　挖方面积＝1.151

左挡墙高度＝2.057　右挡墙高度＝2.057

左挡墙面积＝1.597　右挡墙面积＝1.597

7.252

桩号：K8＋080.000

路中心填方高度＝1.032

左宽＝30.000　右宽＝30.000

填方面积＝13.168　挖方面积＝5.191

左挡墙高度＝0.948　右挡墙高度＝0.948

左挡墙面积＝0.512　右挡墙面积＝0.512

管道施工横断图（一）

7.556

桩号：K8＋140.000

路中心填方高度＝1.306

左宽＝30.000　右宽＝30.000

填方面积＝19.560　挖方面积＝2.664

左挡墙高度＝0.976　右挡墙高度＝1.187

左挡墙面积＝0.527　右挡墙面积＝0.643

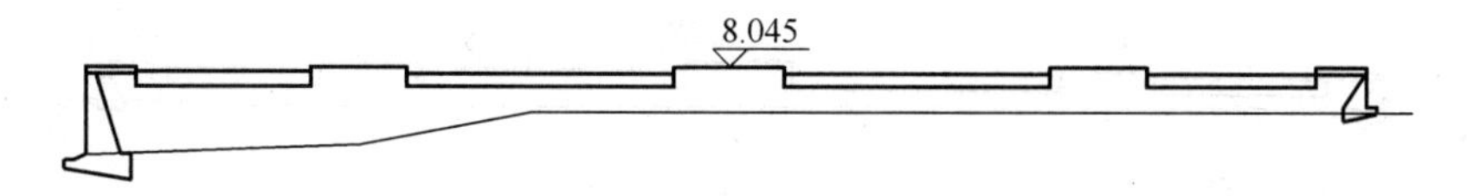

桩号：K8＋240.000

路中心填方高度＝2.115

左宽＝30.500　右宽＝30.000

填方面积＝92.195　挖方面积＝3.738

左挡墙高度＝4.883　右挡墙高度＝2.246

左挡墙面积＝6.538　右挡墙面积＝1.826

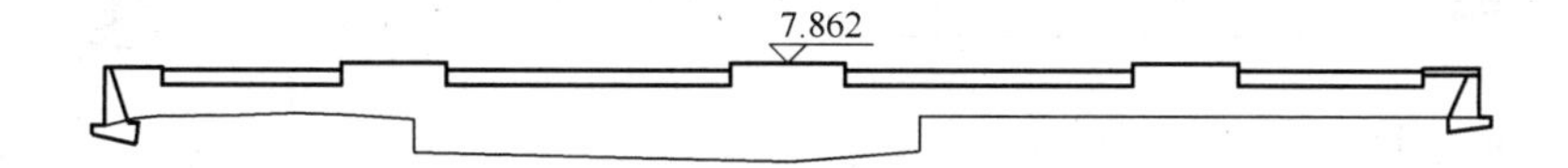

桩号：K8＋320.000

路中心填方高度＝4.362

左宽＝30.000　右宽＝30.000

填方面积＝129.383　挖方面积＝2.077

左挡墙高度＝2.865　右挡墙高度＝2.942

左挡墙面积＝2.669　右挡墙面积＝2.784

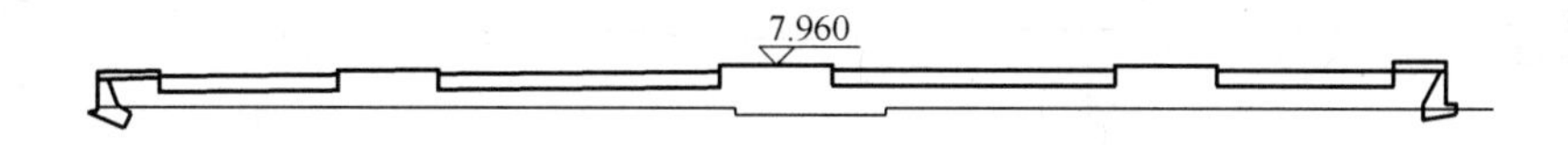

桩号：K8＋220.000

路中心填方高度＝2.250

左宽＝30.000　右宽＝30.000

填方面积＝71.760　挖方面积＝1.318

左挡墙高度＝2.197　右挡墙高度＝2.322

左挡墙面积＝1.765　右挡墙面积＝1.922

管道施工横断图（二）

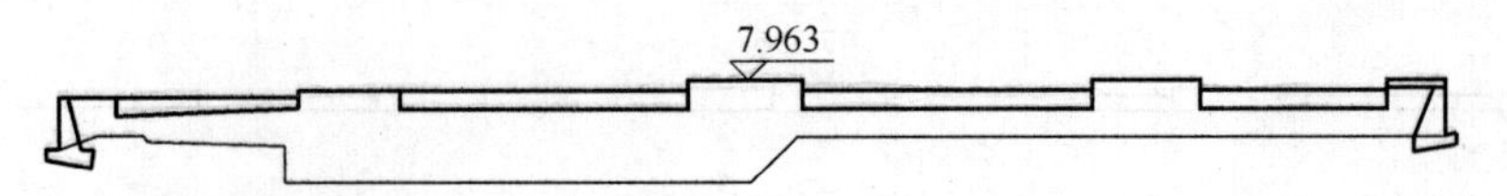

桩号：K8＋300.000

路中心填方高度＝4.333

左宽＝30.000　右宽＝30.000

填方面积＝128.959　挖方面积＝2.373

左挡墙高度＝2.980　右挡墙高度＝2.814

左挡墙面积＝2.842　右挡墙面积＝2.594

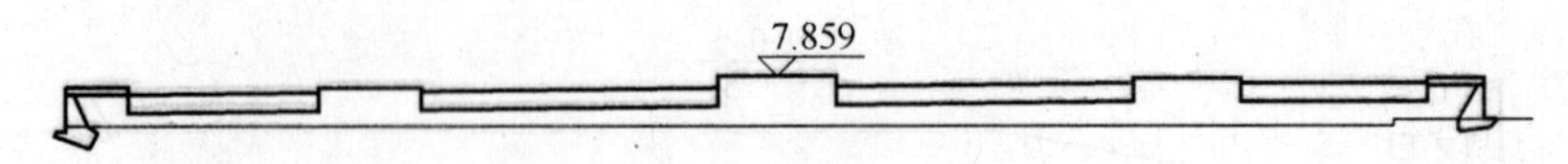

桩号：K8＋200.000

路中心填方高度＝1.799

左宽＝30.000　右宽＝30.000

填方面积＝56.344　挖方面积＝0.916

左挡墙高度＝1.978　右挡墙高度＝1.671

左挡墙面积＝1.506　右挡墙面积＝1.174

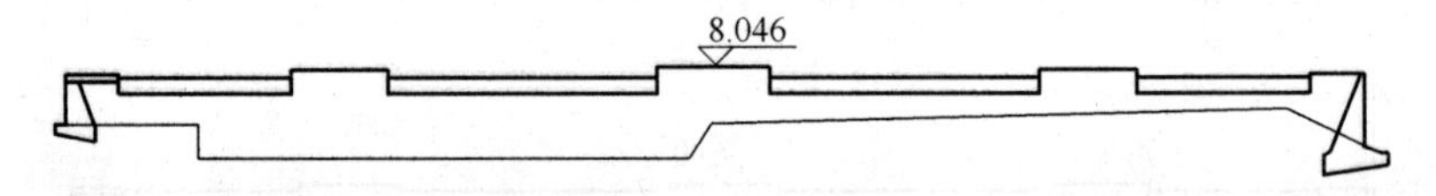

桩号：K8＋280.000

路中心填方高度＝2.586

左宽＝30.000　右宽＝30.500

填方面积＝129.902　挖方面积＝4.842

左挡墙高度＝2.946　右挡墙高度＝4.769

左挡墙面积＝2.791　右挡墙面积＝6.287

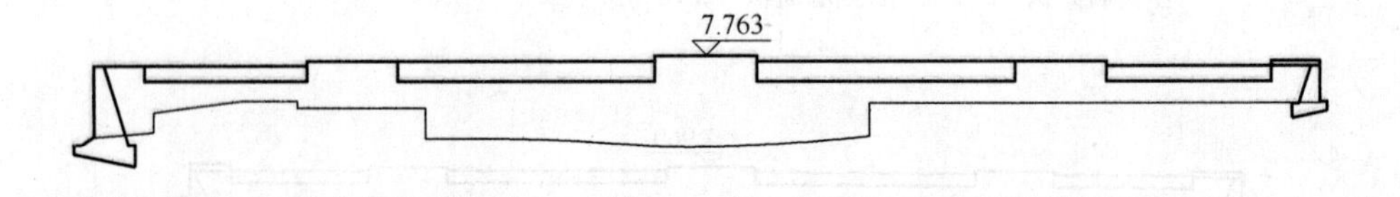

桩号：K8＋340.000

路中心填方高度＝4.262

左宽＝30.000　右宽＝30.000

填方面积＝124.154　挖方面积＝3.945

左挡墙高度＝4.776　右挡墙高度＝2.609

左挡墙面积＝6.303　右挡墙面积＝2.303

道路施工横断图（三）

排水施工图总说明

2.1　设计依据及主要资料：

1. 杭州市七格污水处理厂工程建设指挥部委托我院设计合同。

2. 关于德胜路（红普路-高教 1 号路）工程初步设计的批复［杭建设发（2003）258 号 2003.4.24］。

3. 德胜路（机场路-高教 1 号路）工程管线设计协调会会议纪要（杭州市七格污水处理厂工程建设指挥部）。

4. 杭州市德胜路（机场路-高教 1 号路）工程初步设计（浙江泛华工程有限责任公司设计院 2002.5）。

2.2　施工图变更内容：

1. 道路按远期 60m 实施，要求管线也按远期设计。

2. 按"初设批复"要求，管线均安排在辅道、人工道及辅道与快车道之间的绿化带上（详见管位图）。

2.3　管材，接口形式，管道基础：

1. 管材：

*D*225～*D*500：为 PVC-U 环形肋管，后图纸提供 *D*400 为承插混凝土基础；

*D*600：钢筋混凝土管；

2. 接口形式：橡胶圈接口；

3. 管道基础：见结构图。

2.4　施工方法，注意事项及验收标准：

1. 施工方法：

采用大开挖施工，做好沟槽内降水以及地面排水工作；管道施工应由下游向上游施工，由深及浅。

2. 施工注意事项：

（1）道路纵坡最低处设置的雨水口位置不应移动，均为单箅式雨水口。

（2）雨水口连接管：均为 *D*225，$i=1\%$。

（3）路口雨水口位置应根据道路交叉口竖向设计设置。

（4）钢件防腐：采用 JS 涂料。

3. 验收标准：

要求雨水、污水管均做闭水试验，验收按《市政排水管渠工程质量评定标准》CJJ 3—90，《给水排水管道工程施工及验收规范》GB 50268—97 及其有关规范标准实行。

2.5　需说明的几个问题：

1. 管线单位应提供各自管线设计资料，以便管线综合设计。

2. 施工前应会同有关部门确定是否需设置水利横穿管。

3. 道路两侧各 15m 范围内河道做驳坎，详见结构图。

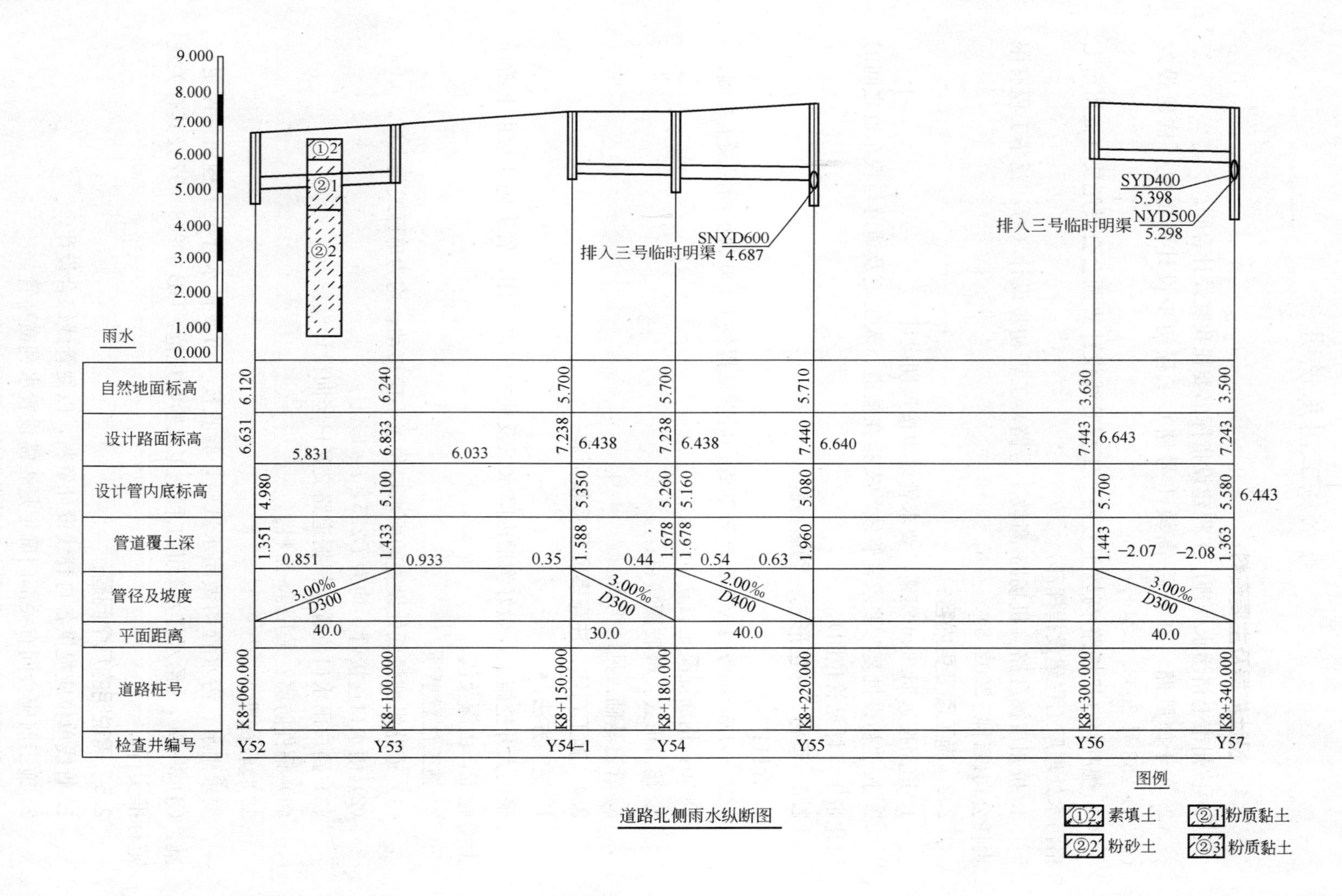
9.000
8.000
7.000
6.000
5.000
4.000
3.000
2.000
1.000
0.000
雨水
①2
②1
②2
SNYD600
排入三号临时明渠 4.687
SYD400
5.398
排入三号临时明渠 NYD500
5.298
自然地面标高
设计路面标高
设计管内底标高
管道覆土深
管径及坡度
平面距离
道路桩号
检查井编号
6.120
6.631
5.831
4.980
1.351
0.851
3.00‰
D300
40.0
K8+060.000
Y52
6.240
6.833
5.100
1.433
0.933
6.033
K8+100.000
Y53
5.700
7.238
5.350
1.588
0.35
6.438
3.00‰
D300
30.0
K8+150.000
Y54–1
5.700
7.238
5.260
5.160
1.678
1.678
0.44
0.54
6.438
2.00‰
D400
40.0
K8+180.000
Y54
5.710
7.440
5.080
1.960
0.63
6.640
K8+220.000
Y55
3.630
7.443
5.700
1.443
6.643
−2.07
3.00‰
D300
40.0
K8+300.000
Y56
3.500
7.243
5.580
1.363
−2.08
6.443
K8+340.000
Y57
图例
①2 素填土
②1 粉质黏土
②2 粉砂土
②3 粉质黏土
道路北侧雨水纵断图

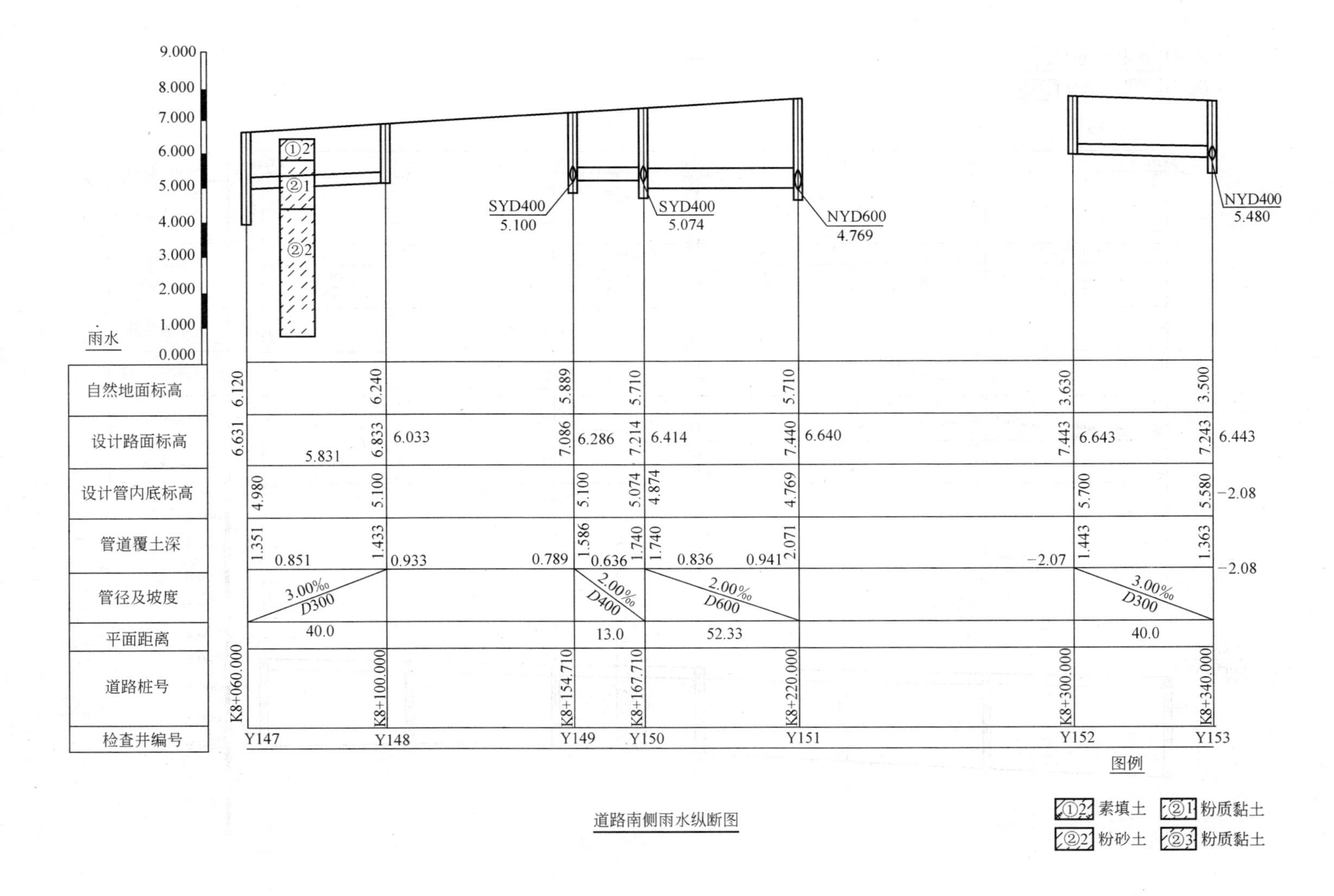

9.000
8.000
7.000
6.000
5.000
4.000
3.000
2.000
1.000
0.000
雨水
SYD400
5.100
SYD400
5.074
NYD600
4.769
NYD400
5.480
自然地面标高
设计路面标高
设计管内底标高
管道覆土深
管径及坡度
平面距离
道路桩号
检查井编号
3.00‰
D300
2.00‰
D400
2.00‰
D600
3.00‰
D300
40.0
13.0
52.33
40.0
K8+060.000
K8+100.000
K8+154.710
K8+167.710
K8+220.000
K8+300.000
K8+340.000
Y147
Y148
Y149
Y150
Y151
Y152
Y153
图例
①2 素填土
②1 粉质黏土
②2 粉砂土
②3 粉质黏土

道路南侧雨水纵断图

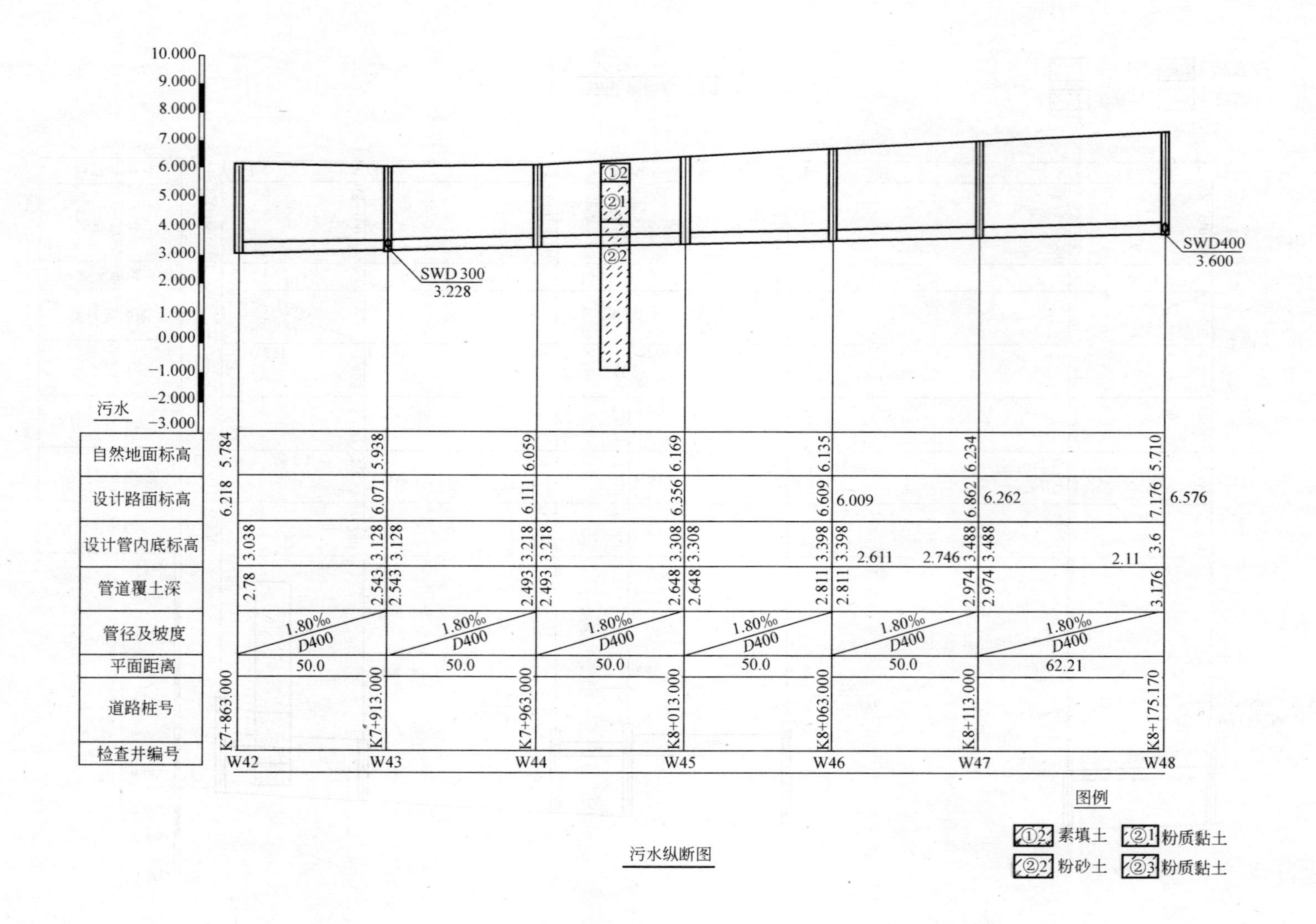
10.000
9.000
8.000
7.000
6.000
5.000
4.000
3.000
2.000
1.000
0.000
−1.000
−2.000
−3.000
污水
SWD 300
3.228
SWD400
3.600
①2
②1
②2
自然地面标高
设计路面标高
设计管内底标高
管道覆土深
管径及坡度
平面距离
道路桩号
检查井编号
5.784
6.218
3.038
2.78
5.938
6.071
3.128 3.128
2.543 2.543
6.059
6.111
3.218 3.218
2.493 2.493
6.169
6.356
3.308 3.308
2.648 2.648
6.135
6.609
3.398 3.398
2.811 2.811
6.009
2.611
6.234
6.862
3.488 3.488
2.974 2.974
6.262
2.746
5.710
7.176
3.6
3.176
6.576
2.11
1.80‰
D400
50.0
62.21
K7+863.000
K7+913.000
K7+963.000
K8+013.000
K8+063.000
K8+113.000
K8+175.170
W42
W43
W44
W45
W46
W47
W48
图例
①2 素填土
②1 粉质黏土
②2 粉砂土
②3 粉质黏土

污水纵断图

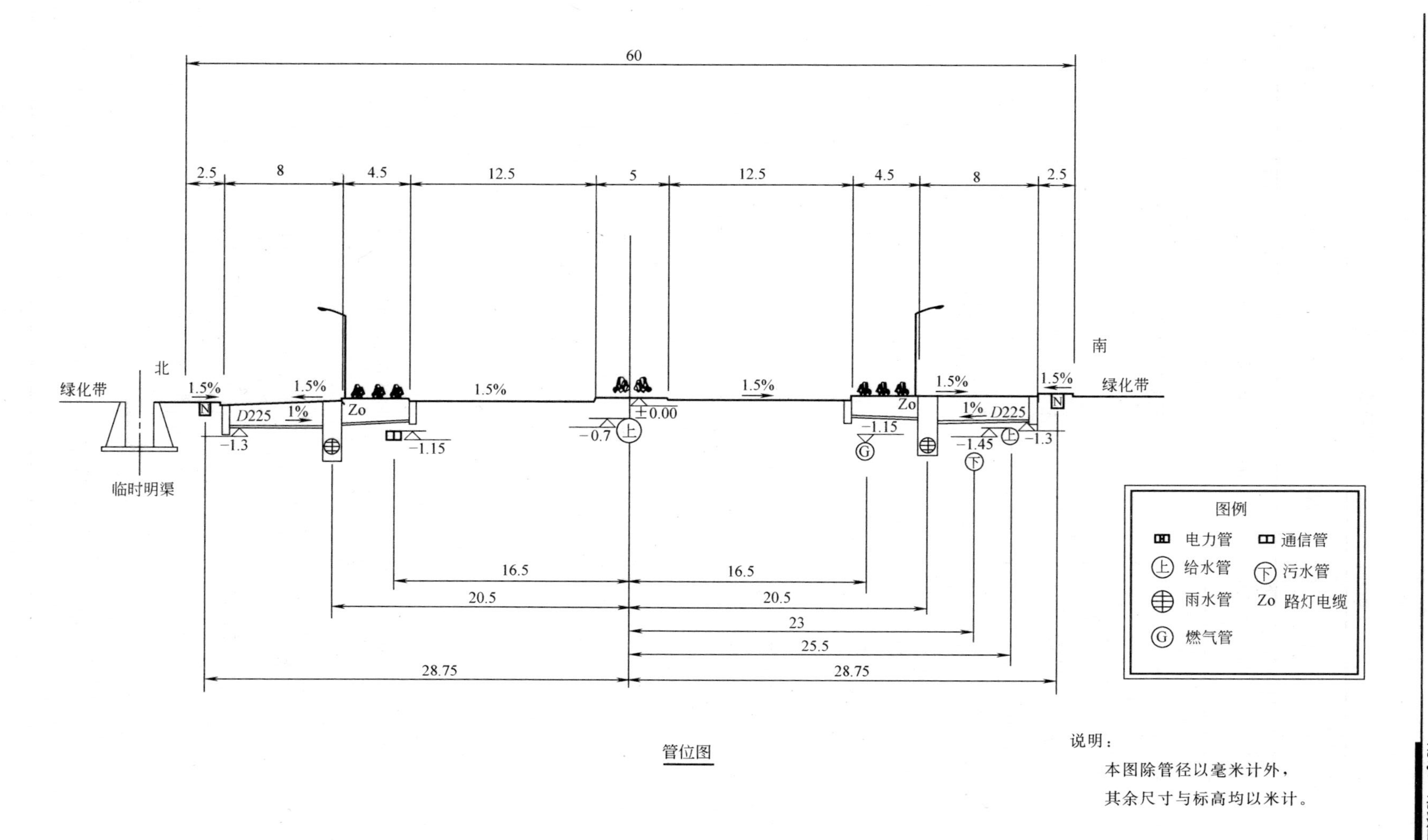

管位图

说明：

本图除管径以毫米计外，其余尺寸与标高均以米计。

工程数量表

序号	名称	规格	材料	单位	数量	备注
			雨水部分			
1	雨水管	*D*225	PVC-U 环形肋管	m	185	
2	雨水管	*D*300	PVC-U 环形肋管	m	190	
3	雨水管	*D*400	PVC-U 环形肋管	m	174	
4	雨水管	*D*600	钢筋混凝土管	m	106	
5	雨水检查井	1100×1100	砖砌井	座	16	
6	单箅雨水口	510×390	铸铁	座	28	
7	出水口	*D*600	石砌	座	1	
			污水部分			
1	污水管	*D*400	PVC-U 形环肋管	m	153	
2	污水检查井	1100×1100	砖砌井	座	4	
			河道部分			
1	3 号临时明渠	4m 宽	石砌	m	177	

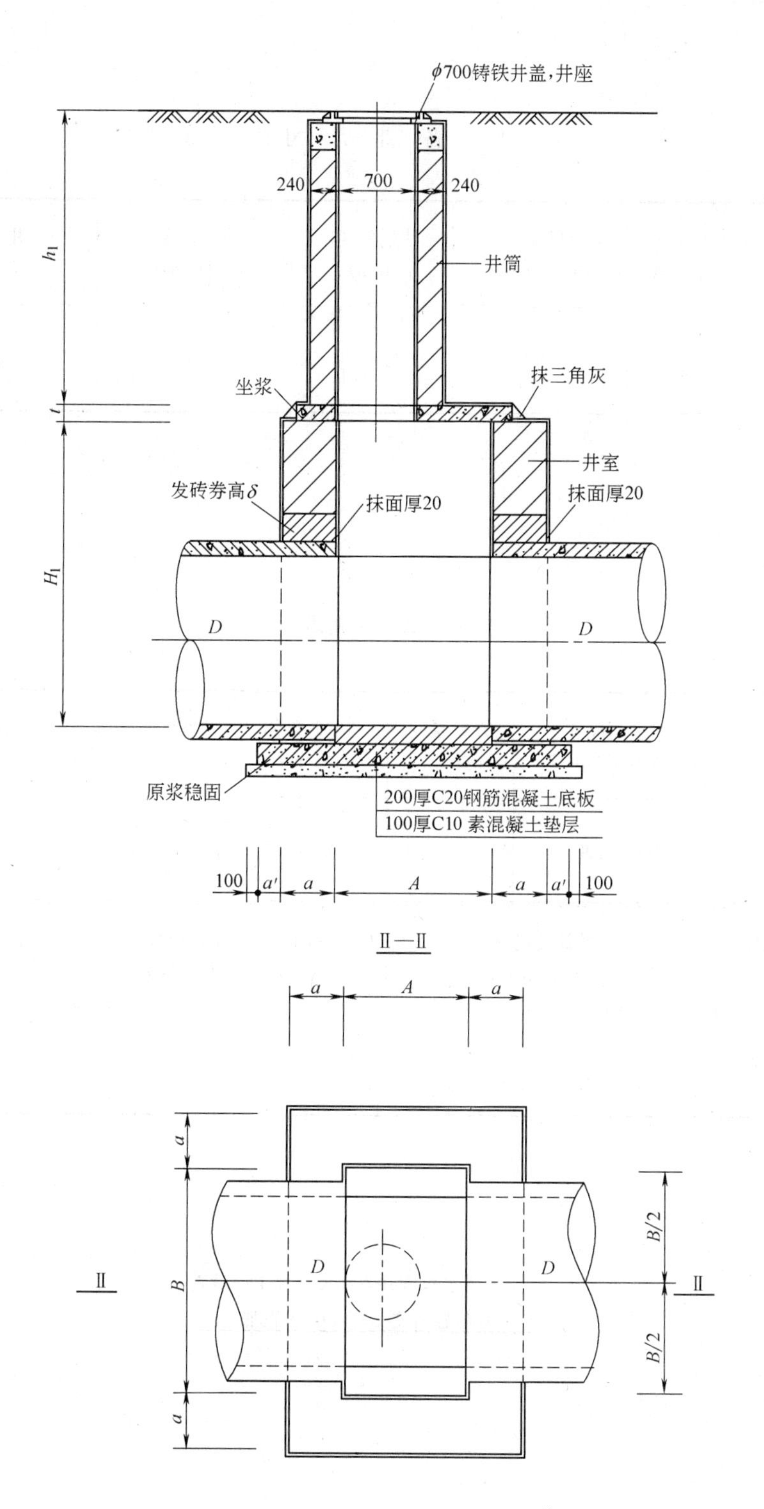

Ⅱ—Ⅱ

平面图（Ⅱ型）

矩形排水检查井平面图,剖面图
（井筒总高度≤2.0m,不落底井）

注：

1. D 为检查井主管管径。
2. 主管为企口管时，检查井的 a' 为 1000mm$-a$，其余为 100mm。

各 部 尺 寸

管径 D(mm)	井室平面尺寸 $A \times B$(mm×mm)	井壁厚度 a(mm)	井室高度 H_1(mm)	井筒高度 h(mm)
≤600	1100×1100	370	1800～1900	600～2000

工程数量表

管径 D(mm)	井室平面尺寸 $A \times B$(mm×mm)	井壁厚度 a(mm)	井室砖砌体 (m^3/m)	井室砂浆抹面 (m^2/m)	流槽砖砌体 (m^3)
≤600	1100×1100	370	2.18	11.76	0.35

流槽砂浆抹面 (m^2)	井筒砖砌体 (m^3/m)	井筒砂浆抹面 (m^2/m)	顶板数量 (块)	井盖井座数量 (套)
2.14	0.71	5.91	1	1

矩形排水检查井各部尺寸及工程量表
(井筒总高度≤2.0m，不落底井)

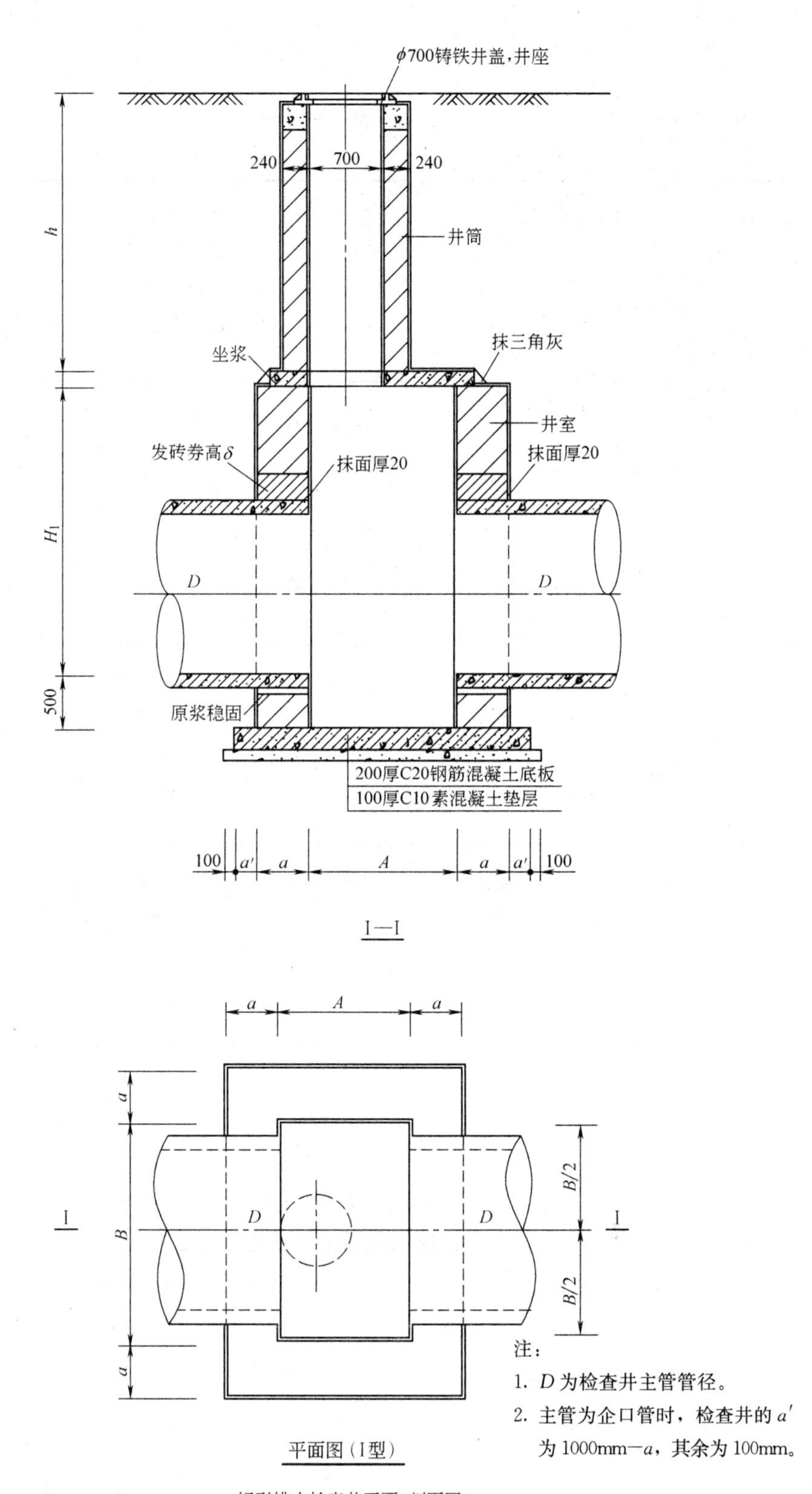

平面图（I型）

注：

1. D 为检查井主管管径。
2. 主管为企口管时，检查井的 a' 为 1000mm$-a$，其余为 100mm。

矩形排水检查井平面，剖面图
（井筒总高度≤2.0m，落底井）

各 部 尺 寸

管径 D(mm)	井室平面尺寸 $A \times B$(mm×mm)	井壁厚度 a(mm)	井室高度 H_1(mm)	井筒高度 h(mm)
≤600	1100×1100	370	1800～1900	600～2000

工程数量表

管径 D(mm)	井室平面尺寸 $A \times B$(mm×mm)	井壁厚度 a(mm)	井室砖砌体 (m^3/m)	井室砂浆抹面 (m^2/m)
≤600	1100×1100	370	2.18	11.76

井筒砖砌体 (m^3/m)	井筒砂浆抹面 (m^2/m)	顶板数量 (块)	井盖井座数量 (套)	
0.71	5.91	1	1	

矩形排水检查井各部尺寸及工程量表
(井筒总高度≤2.0m，不落底井)

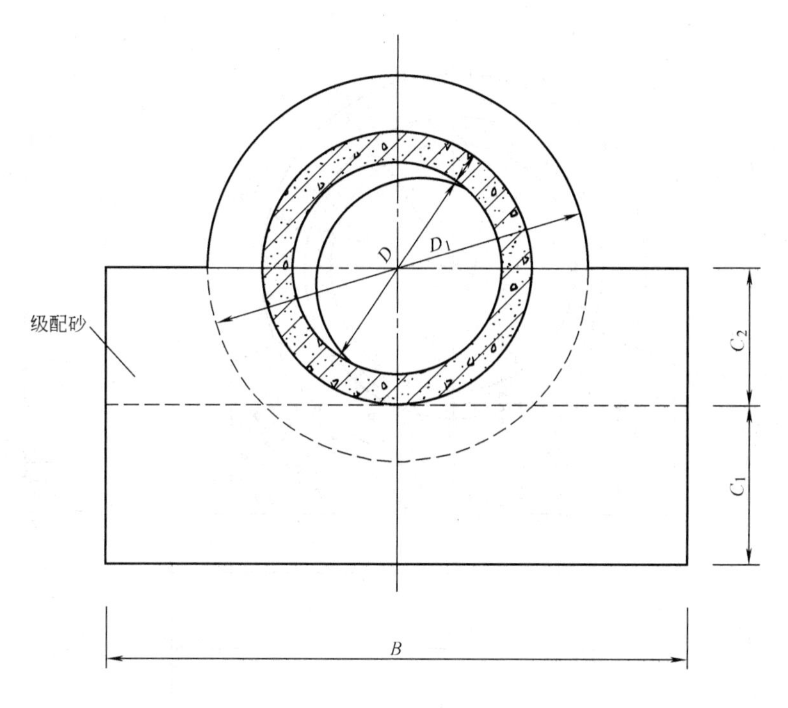

D200～D300承插管砂基础

基础尺寸表

D	D_1	t	B	C_1	C_2	级配砂用量(m^3/m)
200	365	30	560	150	130	0.130
300	510	40	680	150	190	0.174

说明：1. 本图尺寸以毫米计。

2. 适用条件：

(1) 管顶覆土0.7～4.0m。

(2) 开槽埋设的排水管道。

(3) 地基为原状土。

3. 管槽回填土的密实度：管子两侧不低于90%，严禁单侧填高，管顶上以500mm内，不低于85%，管顶500mm以上按路基要求回填。

4. 管基础与管道必须结合良好。

D225～D300承插管砂基础

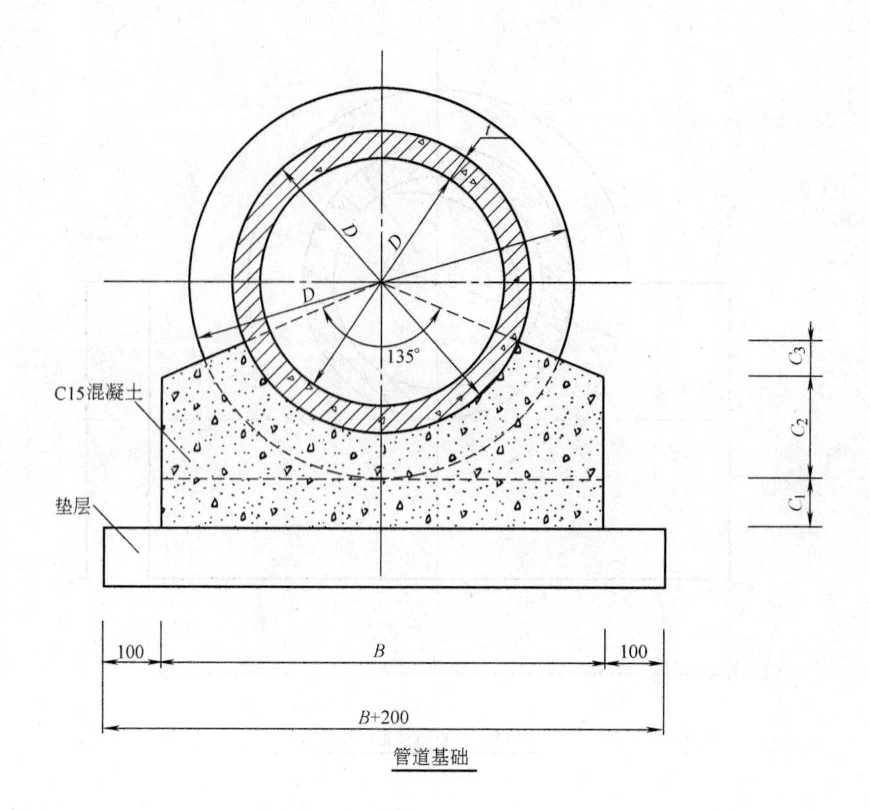

管道基础

基础尺寸表

D	D'	D_1	t	B	C_1	C_2	C_3	C15 混凝土用量(m^3/m)
400	490	640	45	740	80	167	60	0.169
600	720	910	60	1010	80	246	71	0.282

说明：

1. 本图尺寸以毫米计。
2. 适用条件：
   (1) 管顶覆土 D400～D600 为 0.7～4.0m。
   (2) 开槽埋设的排水管道。
   (3) 地基为原状土。
3. 垫层：① 碎石垫层，厚 100mm；
   ② 块石垫层，厚 300mm；
   ③ 水泥稳定碎石层，厚 250mm。
4. 管槽回填土的密实度：管子两侧不低于 90%，严禁单侧填高，管顶以上 500mm 内，不低于 85%，管顶 500mm 以上按路基要求回填。
5. 管基础与管道必须结合良好。
6. 当施工过程中需在 C_1 层面处留施工缝时，则在继续施工时应将间歇面凿毛刷净，以使整个管基接为一体。
7. 管道带形基础每隔 15～20mm 断开 20mm，内填沥青木丝板。

D400～D600 承插管 135°混凝土基础

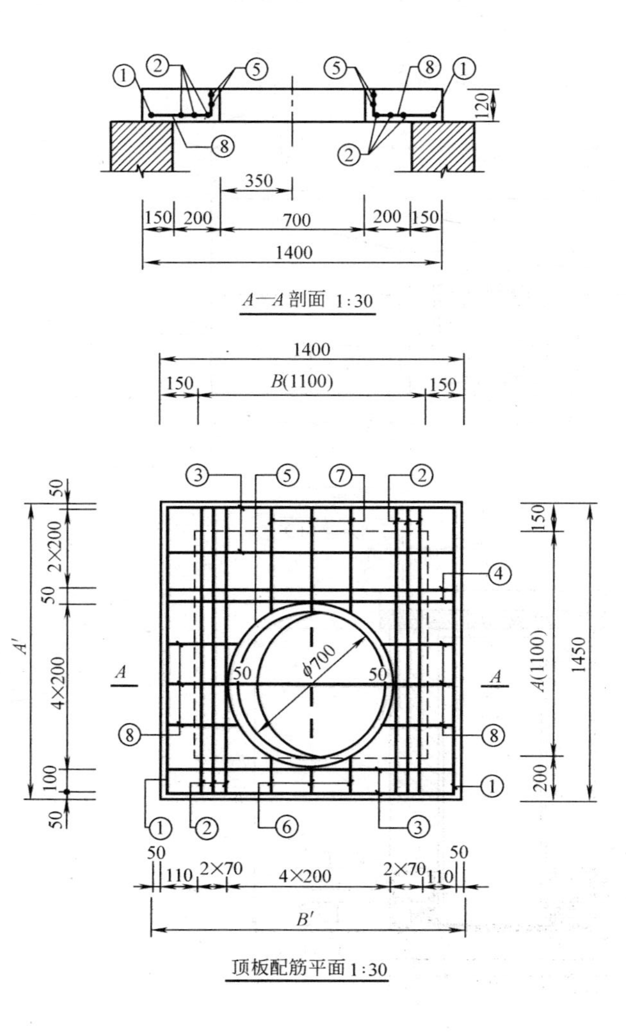

钢筋及工程数量表

检查井尺寸 A×B（mm×mm）	盖板尺寸 A′×B′（mm×mm）	编号	直径（mm）	简图（mm）	根长（mm）	根数（根）	共长（m）	重量（kg）	每块顶板材料用量 钢筋（kg）	每块顶板材料用量 混凝土（m³）
1100×1100	1450×1400	①	φ10	1390	1390	2	2.780	1.715	23.232	0.197
		②	Φ 12	1390	1390	6	8.340	7.406		
		③	φ10	1340	1340	4	5.360	3.307		
		④	Φ 12	1340	1340	2	2.680	2.380		
		⑤	Φ 12	φ800 搭接42φ	3020	2	6.040	5.364		
		⑥	φ10	50 80 均长140	均长 270	3	0.810	0.500		
		⑦	φ10	50 80 均长490	均长 620	3	1.86	1.148		
		⑧	φ10	50 80 均长 290	均长 420	6	2.52	1.555		

说明：1. 本图尺寸以毫米计。

2. 材料：混凝土 C20，Φ为 HRB335 级钢筋。

3. 主钢筋净保护层 30mm。

4. 板顶覆土厚度为 600～2000mm。

5. 活载：城-B。

1100×1100 矩形排水检查井顶板配筋图

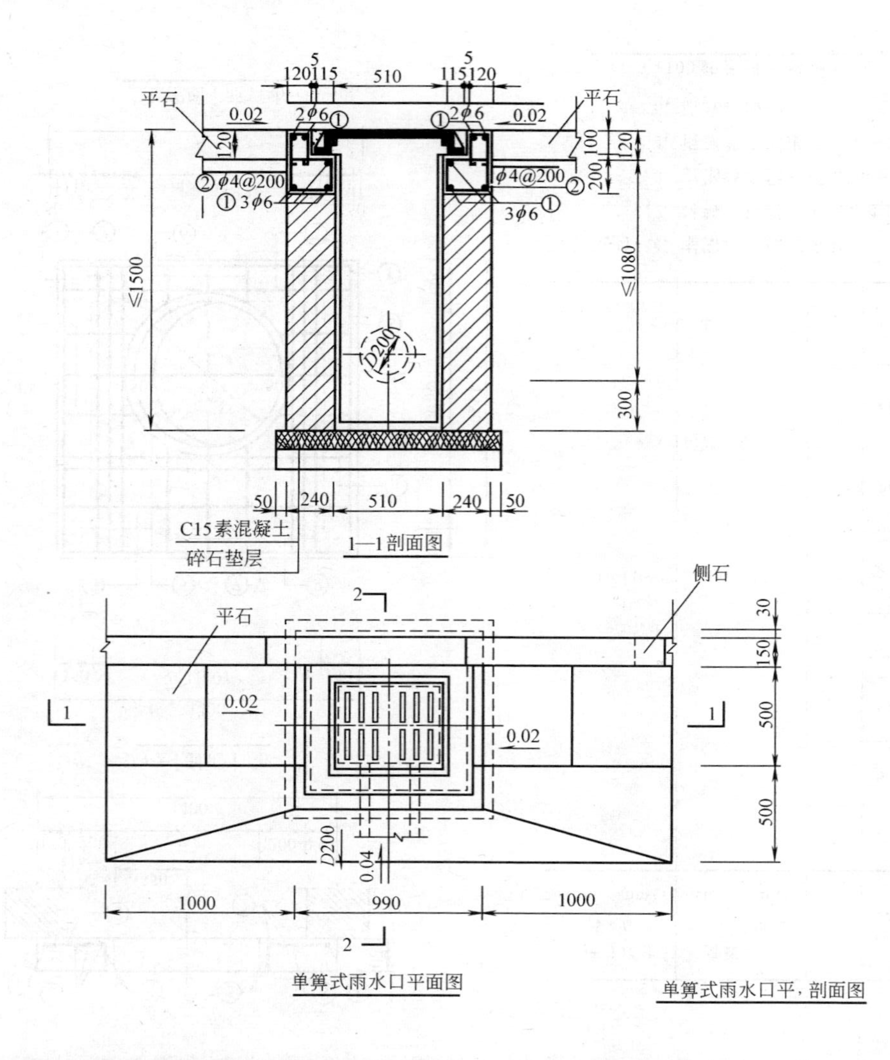

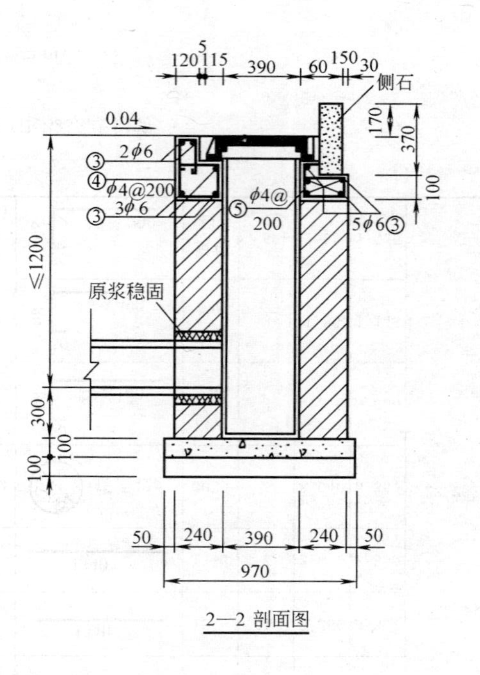

单箅式雨水口平，剖面图

说明：

1. 混凝土：除已注明外，均为 C30。
2. 钢筋：δ-HPB300 级钢。

钢筋明细表

编号	简　图	直　径	根　数
①	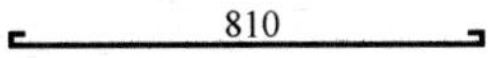 810	$\phi 6$	10
②	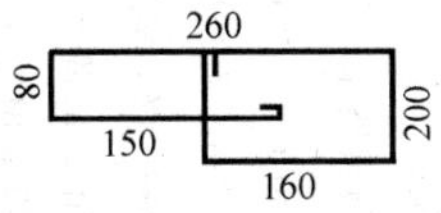 260 80 150 200 160	$\phi 4$	10
③	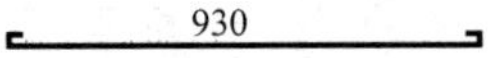 930	$\phi 6$	10
④	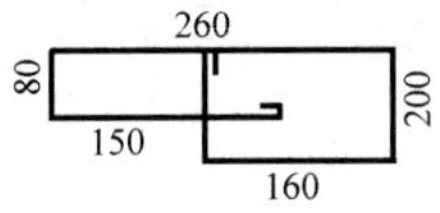 260 80 150 200 160	$\phi 4$	6
⑤	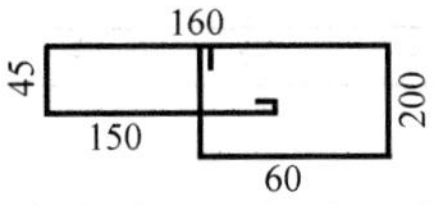 160 45 150 200 60	$\phi 4$	6

注：1号筋遇侧石折弯。

主要工程数量表

序号	材 料 名 称		单位	数量	备　注
1	碎石垫层		m^3	0.106	
2	C15混凝土		m^3	0.106	
3	砖砌体		m^3/m	0.662	
4	砂浆抹面	底面	m^2	0.199	
		内侧面	m^2/m	1.80	
5	雨水口箅子及底座		套	1	防盗式
6	C30钢筋混凝土		m^3	0.136	

说明

1. 单位：毫米。
2. 本图适用于沥青路面，当为混凝土路面时，则取消平石，箅子周围应浇筑钢筋混凝土加固，详见加固图。
3. 砖砌体用M10水泥砂浆砌筑MU10机砖，井内壁抹面厚20mm。
4. 勾缝，坐浆和抹面均用1∶2水泥砂浆。
5. 要求雨水口箅面比周围道路低2～3cm，并与路面接顺，以利排水。
6. 安装箅座时，下面应坐浆；箅座与侧石、平石之间应用砂浆填缝。
7. 雨水口管：随接入井方向设置$D200$，$i=0.01$。

单箅式雨水口主要工程量及钢筋表

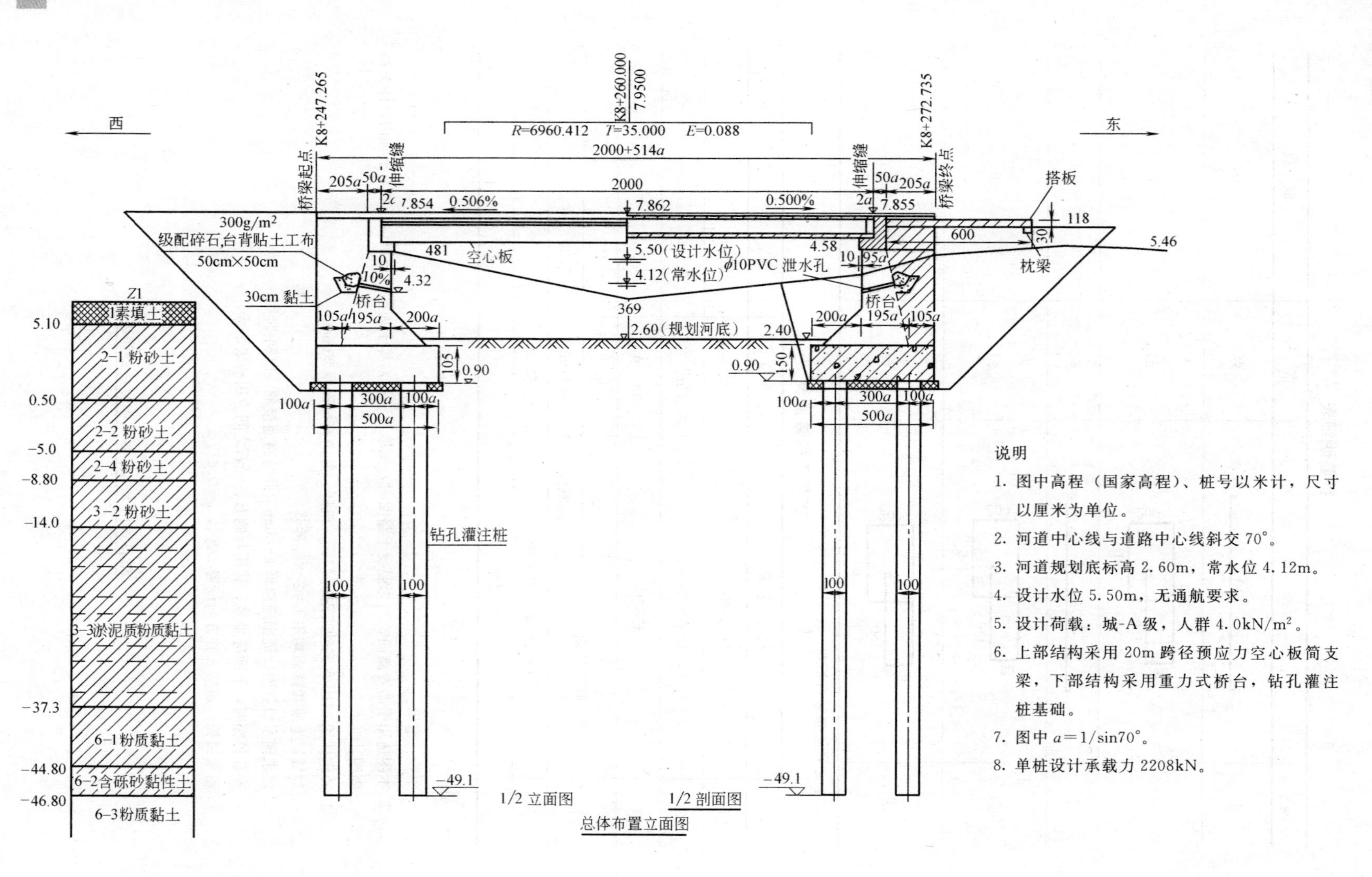

说明

1. 图中高程（国家高程）、桩号以米计，尺寸以厘米为单位。
2. 河道中心线与道路中心线斜交70°。
3. 河道规划底标高2.60m，常水位4.12m。
4. 设计水位5.50m，无通航要求。
5. 设计荷载：城-A级，人群4.0kN/m²。
6. 上部结构采用20m跨径预应力空心板简支梁，下部结构采用重力式桥台，钻孔灌注桩基础。
7. 图中$a=1/\sin70°$。
8. 单桩设计承载力2208kN。

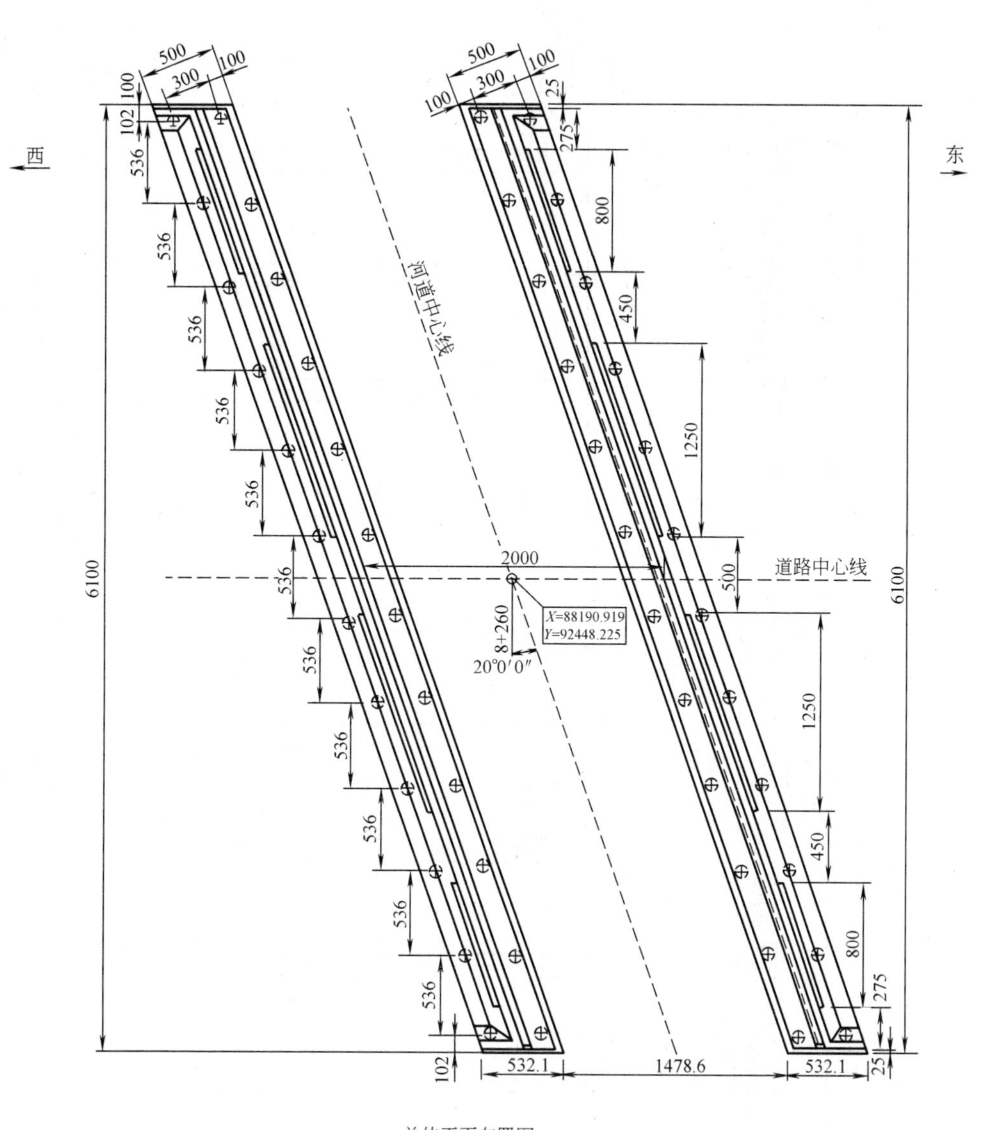

总体平面布置图

说明

图中桩号、坐标均以米计，其他尺寸以厘米计。

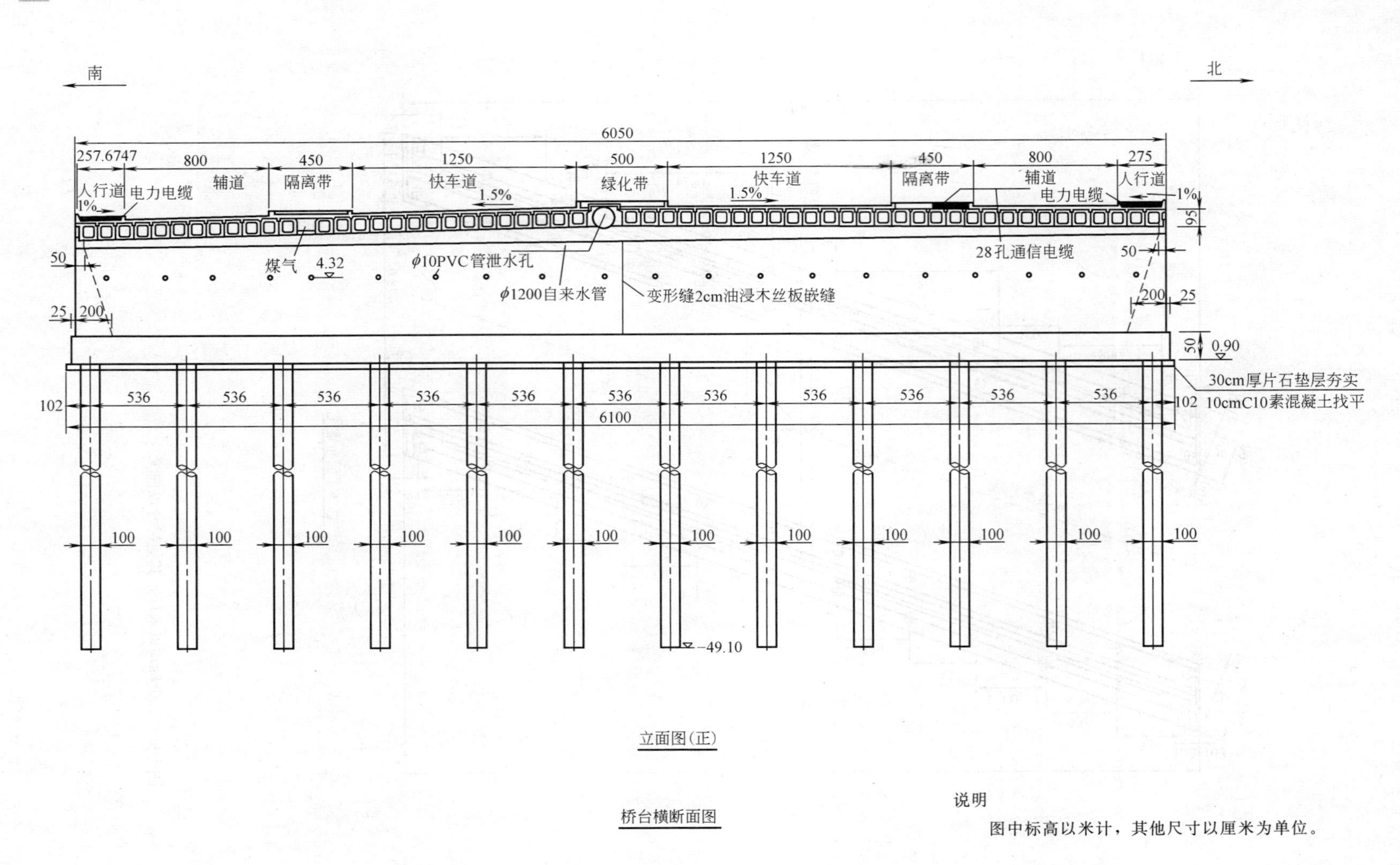

立面图(正)

桥台横断面图

说明

图中标高以米计，其他尺寸以厘米为单位。

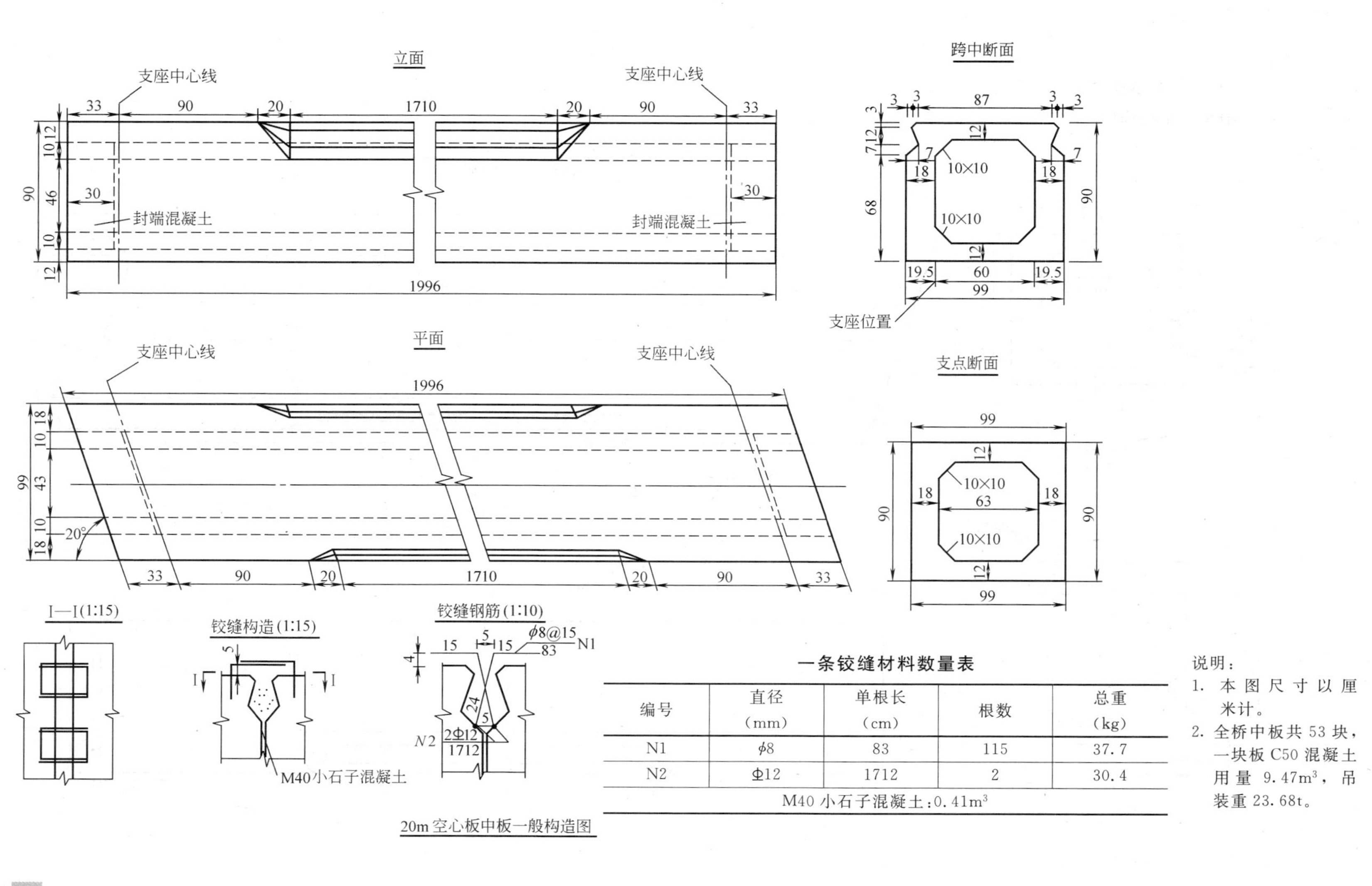

一条铰缝材料数量表

编号	直径（mm）	单根长（cm）	根数	总重（kg）
N1	ϕ8	83	115	37.7
N2	Φ12	1712	2	30.4
M40 小石子混凝土：0.41m³				

说明：

1. 本图尺寸以厘米计。
2. 全桥中板共 53 块，一块板 C50 混凝土用量 9.47m^3，吊装重 23.68t。

20m 空心板中板一般构造图

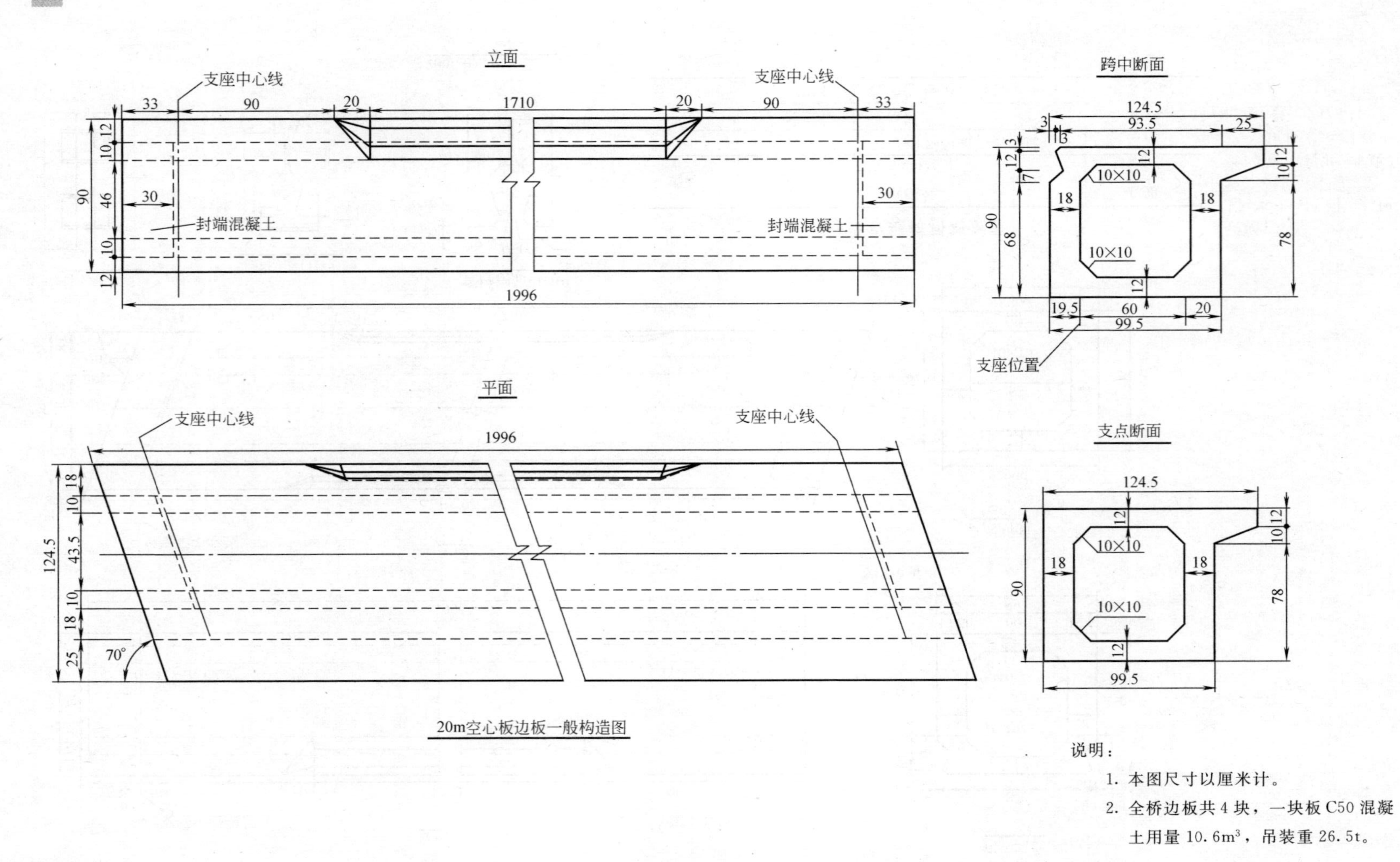

20m空心板边板一般构造图

说明：

1. 本图尺寸以厘米计。
2. 全桥边板共4块，一块板C50混凝土用量10.6m³，吊装重26.5t。

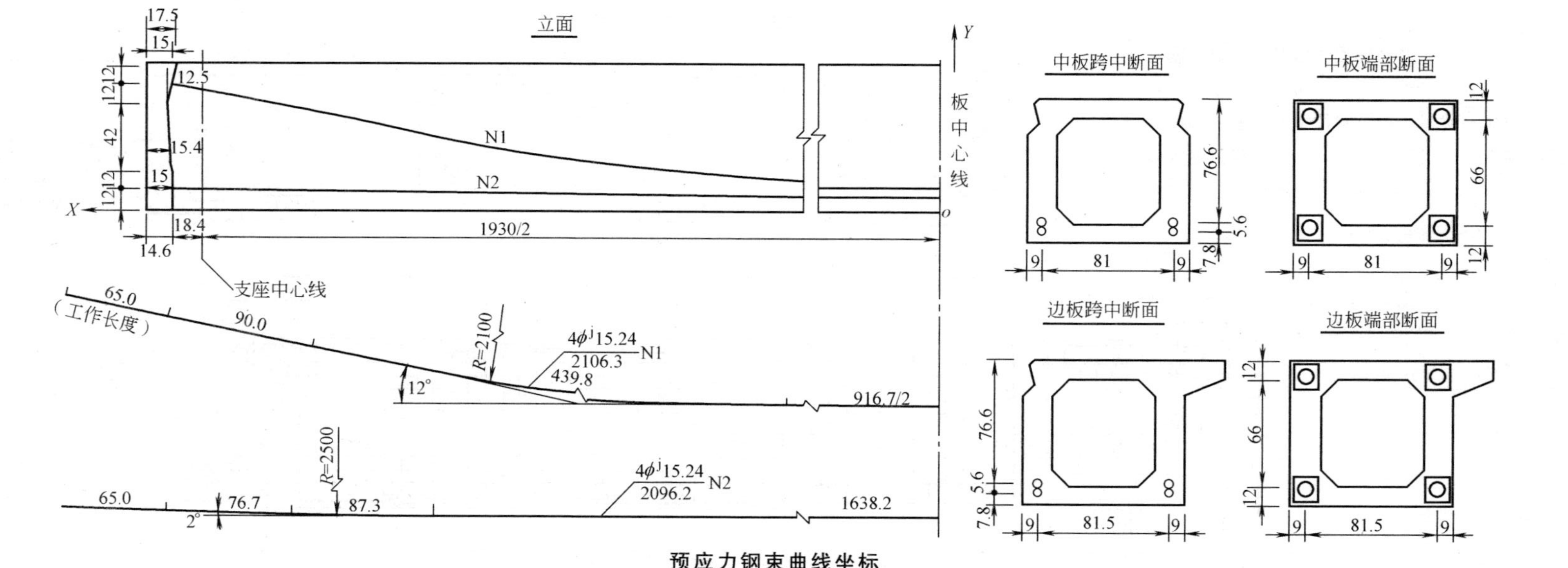

预应力钢束曲线坐标

束号	水平坐标 X / 竖直坐标	0～150 跨中截面	250	300	350	400	450	500	550	600	650	700	750	800	850	900	950	983 锚固截面
1	Y	13.4	13.4	13.4	13.4	13.4	13.4	13.8	15.4	18.2	22.2	27.3	33.7	41.4	50.2	60.4	71.0	78.0
2	Y	7.8	7.8	7.8	7.8	7.8	7.8	7.8	7.8	7.8	7.8	7.8	7.8	7.8	8.0	9.1	10.8	12.0

一块板钢绞线材料数量表

束号	直径(mm)	每根长度(cm)	根数	共长(m)	单位重(kg/m)	共重(kg)	ϕ56 波纹管长度(m)
1	ϕ^j15.24	2106.3	8	168.50	1.102	370.49	78.84
2	ϕ^j15.24	2096.2	8	167.70			

说明

1. 本图尺寸除钢绞线直径以毫米计，余均以厘米计，比例 1∶2.5。
2. 预应力钢束曲线竖向坐标值为钢束重心至梁底距离。
3. 钢绞线孔道采用直径为 56mm 的预埋波纹管，锚具采用 YM15-4 锚具。
4. 设计采用标准强度 $R_y^b=1860$MPa 的高强低松弛钢绞线，4ϕ15.24mm 一束，两端张拉，每束钢绞线的张拉控制力为 781.2kN。

20m 空心板预应力钢束构造图

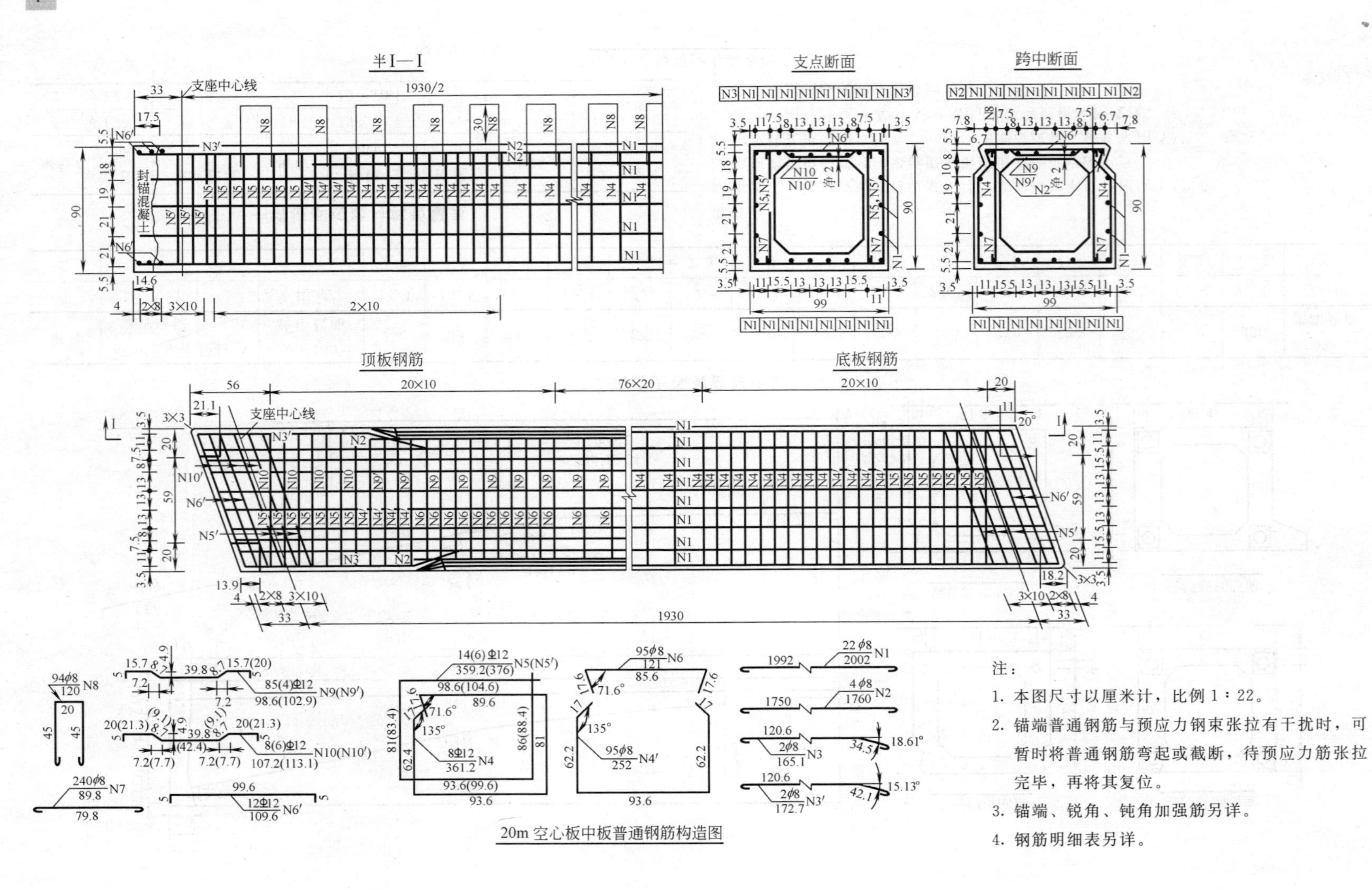

20m 空心板中板普通钢筋构造图

注：

1. 本图尺寸以厘米计，比例 1：22。
2. 锚端普通钢筋与预应力钢束张拉有干扰时，可暂时将普通钢筋弯起或截断，待预应力筋张拉完毕，再将其复位。
3. 锚端、锐角、钝角加强筋另详。
4. 钢筋明细表另详。

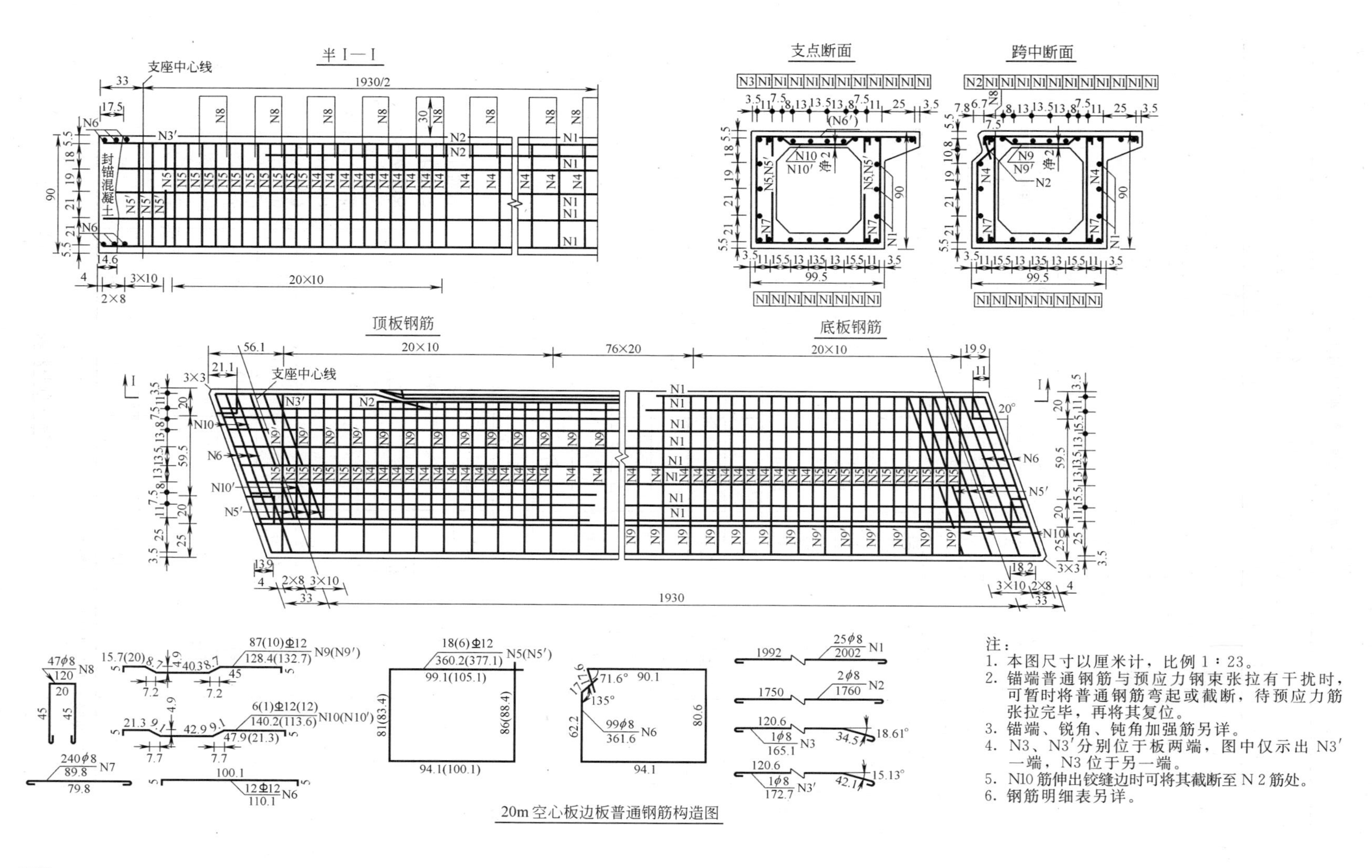

20m空心板边板普通钢筋构造图

一块空心板普通钢筋明细表

斜交角 20° 挑臂 25cm 变截面

类别	编号	直径(mm)	长度(cm)	根数(根)	共长(m)	共重(kg)	合计
中板	1	φ8	2002.0	22	440.44	174.0	钢筋:(kg) φ8:474.1 Φ12:193.8 混凝土:(m^3) C50:9.47 C20:0.24
	2	φ8	1760.0	4	70.40	27.8	
	3	φ8	165.1	2	3.30	1.3	
	3′	φ8	172.7	2	3.45	1.4	
	4	φ8	252.0	95	239.40	94.6	
	4′	Φ12	361.2	8	28.90	25.7	
	5	Φ12	359.2	14	50.29	44.7	
	5′	Φ12	376.0	6	22.56	20.0	
	6	φ8	121.0	95	114.95	45.4	
	6′	Φ12	109.6	12	13.15	11.7	
	7	φ8	89.8	240	215.52	85.1	
	8	φ8	120.0	94	112.80	44.6	
	9	Φ12	98.6	85	83.83	74.4	
	9′	Φ12	102.9	4	4.12	3.7	
	10	Φ12	107.2	8	8.58	7.6	
	10′	Φ12	113.1	6	6.79	6.0	
边板	1	φ8	2002.0	25	500.5	197.7	钢筋:(kg) φ8:461.7 Φ12:208.9 混凝土:(m^3) C50:10.60 C20:0.24
	2	φ8	1760.0	2	35.20	13.9	
	3	φ8	165.1	1	1.65	0.7	
	3′	φ8	172.7	1	1.73	0.7	
	4	φ8	361.6	99	357.98	141.4	
	5	Φ12	360.2	18	64.84	57.6	
	5′	Φ12	377.1	6	22.62	20.1	
	6	Φ12	110.1	12	13.22	11.7	
	7	φ8	89.8	24.0	215.52	85.1	
	8	φ8	120.0	47	56.40	22.3	
	9	Φ12	128.4	87	111.72	99.2	
	9′	Φ12	132.7	10	13.27	11.8	
	10	Φ12	140.2	6	8.41	7.5	
	10′	Φ12	113.6	1	1.14	1.0	

注：C20 混凝土为空心板封端混凝土。

20m空心板普通钢筋材料表

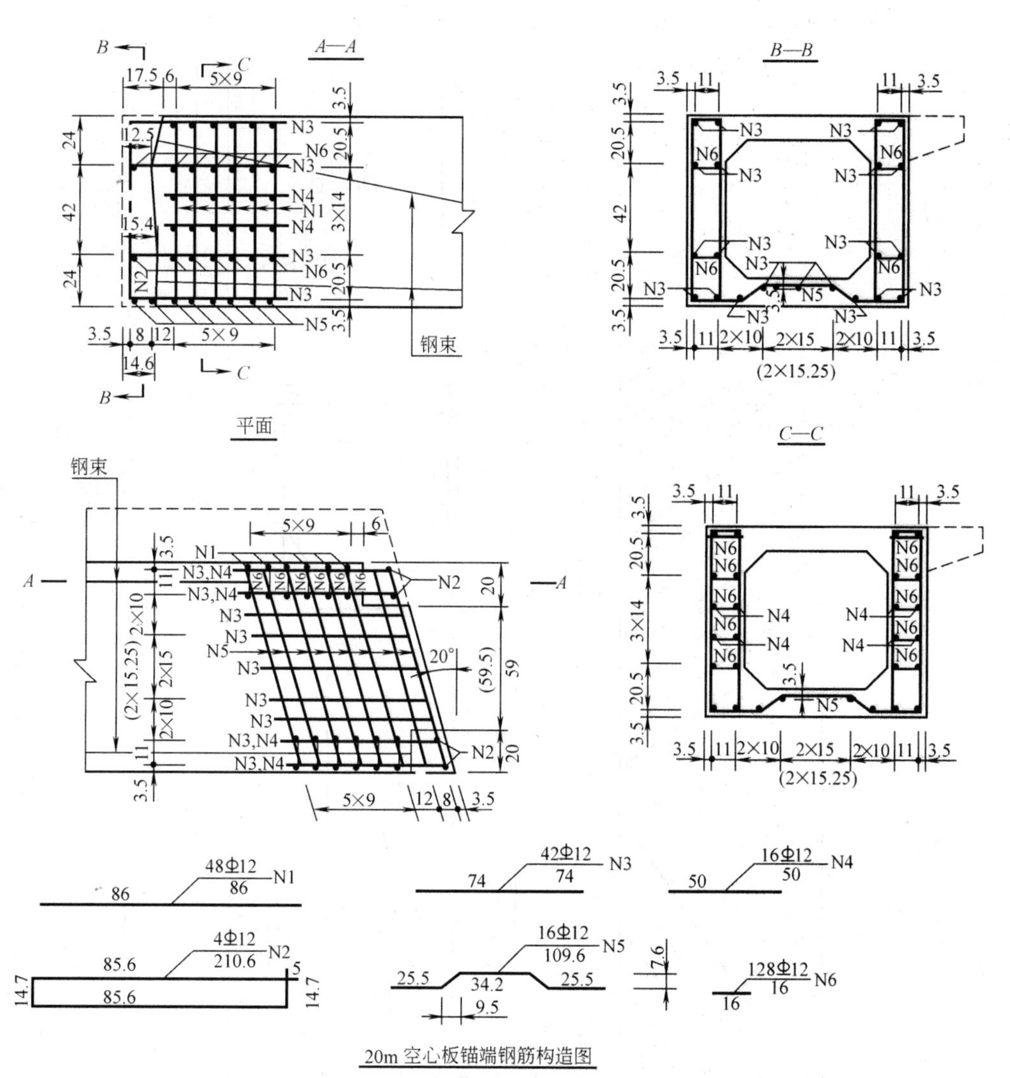

20m 空心板锚端钢筋构造图

一块板锚端钢筋明细表

编号	直径（mm）	每根长度（cm）	根数	共长（m）	总长（m）	总重（kg）	YM15-4 锚具（套）
1	Φ12	86.0	48	41.28	112.6	126.8	8
2		210.6	4	8.42			
3		74.0	42	31.08			
4		50.0	16	8.00			
5		109.6	16	17.54			
6		16.0	128	20.48			

说明

1. 本图尺寸除钢筋直径以毫米计，余均以厘米计，比例 1∶20。
2. 图中锚具，锚下垫块均未示出，YM15-4 锚具，锚下垫板及螺旋筋连同锚具向厂家成套购置。
3. 端部钢筋密集，混凝土强度等级较高，施工时要求采取适当措施，使端部混凝土密实，确保混凝土质量。
4. 施工时必须保持锚垫板与钢绞线管道垂直。
5. 图中带括号尺寸，括号内为边板尺寸，括号外为中板尺寸。

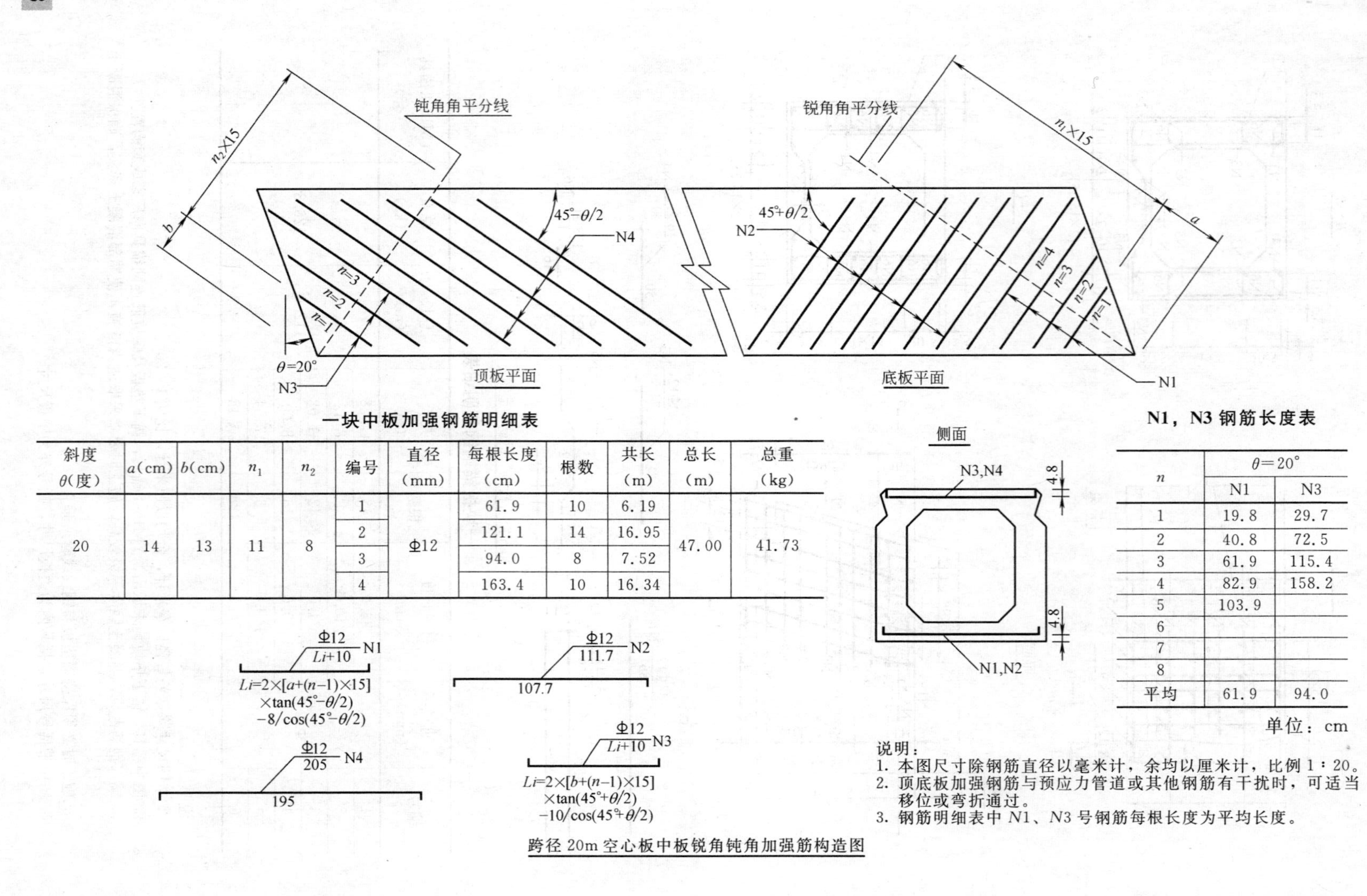

一块中板加强钢筋明细表

斜度 θ(度)	a(cm)	b(cm)	n_1	n_2	编号	直径 (mm)	每根长度 (cm)	根数	共长 (m)	总长 (m)	总重 (kg)
20	14	13	11	8	1	Φ12	61.9	10	6.19	47.00	41.73
					2		121.1	14	16.95		
					3		94.0	8	7.52		
					4		163.4	10	16.34		

N1，N3 钢筋长度表

n	θ=20° N1	θ=20° N3
1	19.8	29.7
2	40.8	72.5
3	61.9	115.4
4	82.9	158.2
5	103.9	
6		
7		
8		
平均	61.9	94.0

单位：cm

说明：

1. 本图尺寸除钢筋直径以毫米计，余均以厘米计，比例 1：20。
2. 顶底板加强钢筋与预应力管道或其他钢筋有干扰时，可适当移位或弯折通过。
3. 钢筋明细表中 N1、N3 号钢筋每根长度为平均长度。

跨径 20m 空心板中板锐角钝角加强筋构造图

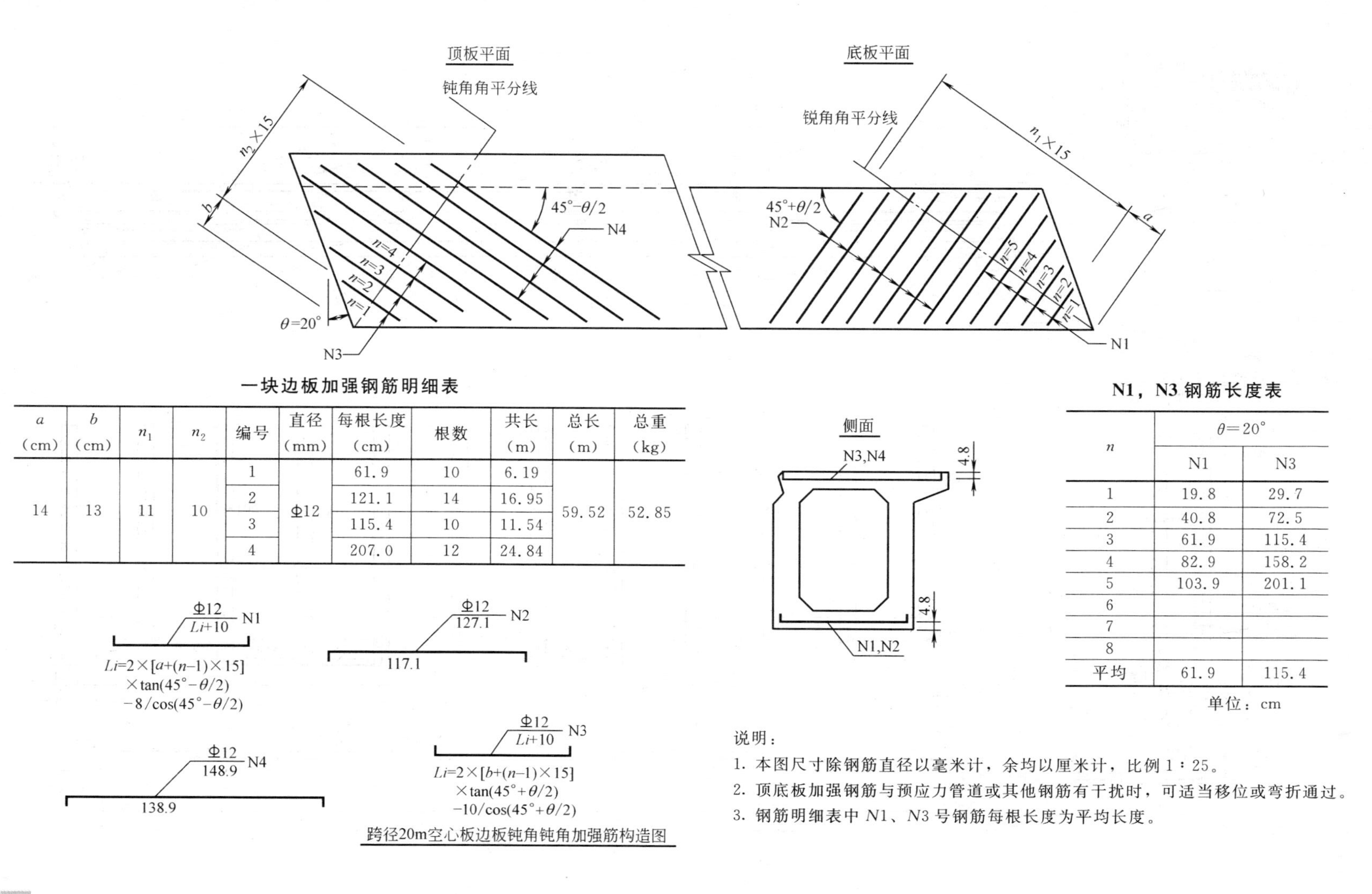

一块边板加强钢筋明细表

a (cm)	b (cm)	n_1	n_2	编号	直径 (mm)	每根长度 (cm)	根数	共长 (m)	总长 (m)	总重 (kg)
14	13	11	10	1	Φ12	61.9	10	6.19	59.52	52.85
				2		121.1	14	16.95		
				3		115.4	10	11.54		
				4		207.0	12	24.84		

N1，N3 钢筋长度表

n	θ=20°	
	N1	N3
1	19.8	29.7
2	40.8	72.5
3	61.9	115.4
4	82.9	158.2
5	103.9	201.1
6		
7		
8		
平均	61.9	115.4

单位：cm

说明：

1. 本图尺寸除钢筋直径以毫米计，余均以厘米计，比例 1∶25。
2. 顶底板加强钢筋与预应力管道或其他钢筋有干扰时，可适当移位或弯折通过。
3. 钢筋明细表中 N1、N3 号钢筋每根长度为平均长度。

跨径20m空心板边板钝角钝角加强筋构造图

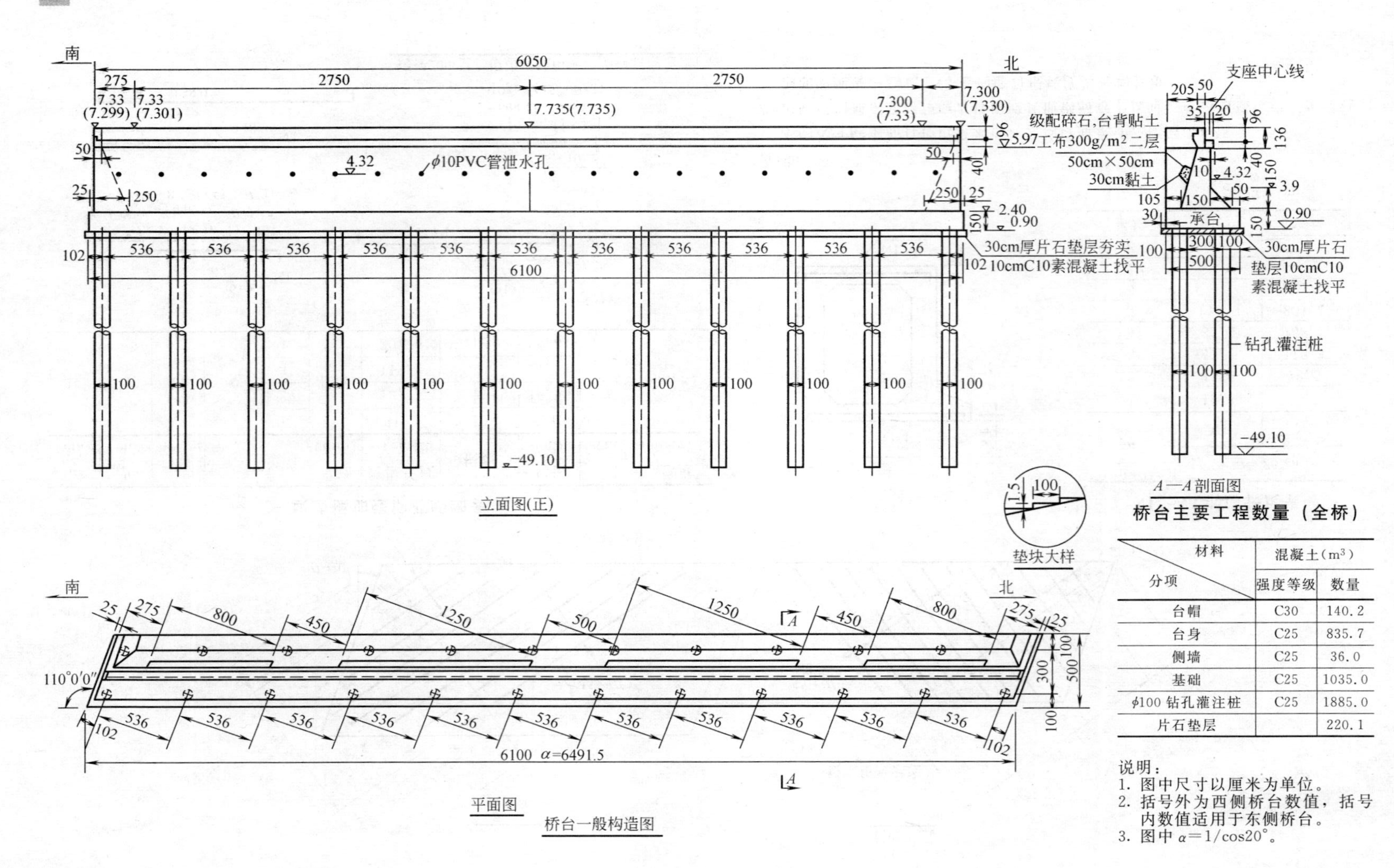

桥台主要工程数量（全桥）

分项 \ 材料	混凝土（m^3）	
	强度等级	数量
台帽	C30	140.2
台身	C25	835.7
侧墙	C25	36.0
基础	C25	1035.0
φ100 钻孔灌注桩	C25	1885.0
片石垫层		220.1

说明：
1. 图中尺寸以厘米为单位。
2. 括号外为西侧桥台数值，括号内数值适用于东侧桥台。
3. 图中 $\alpha=1/\cos20^\circ$。

桥台一般构造图

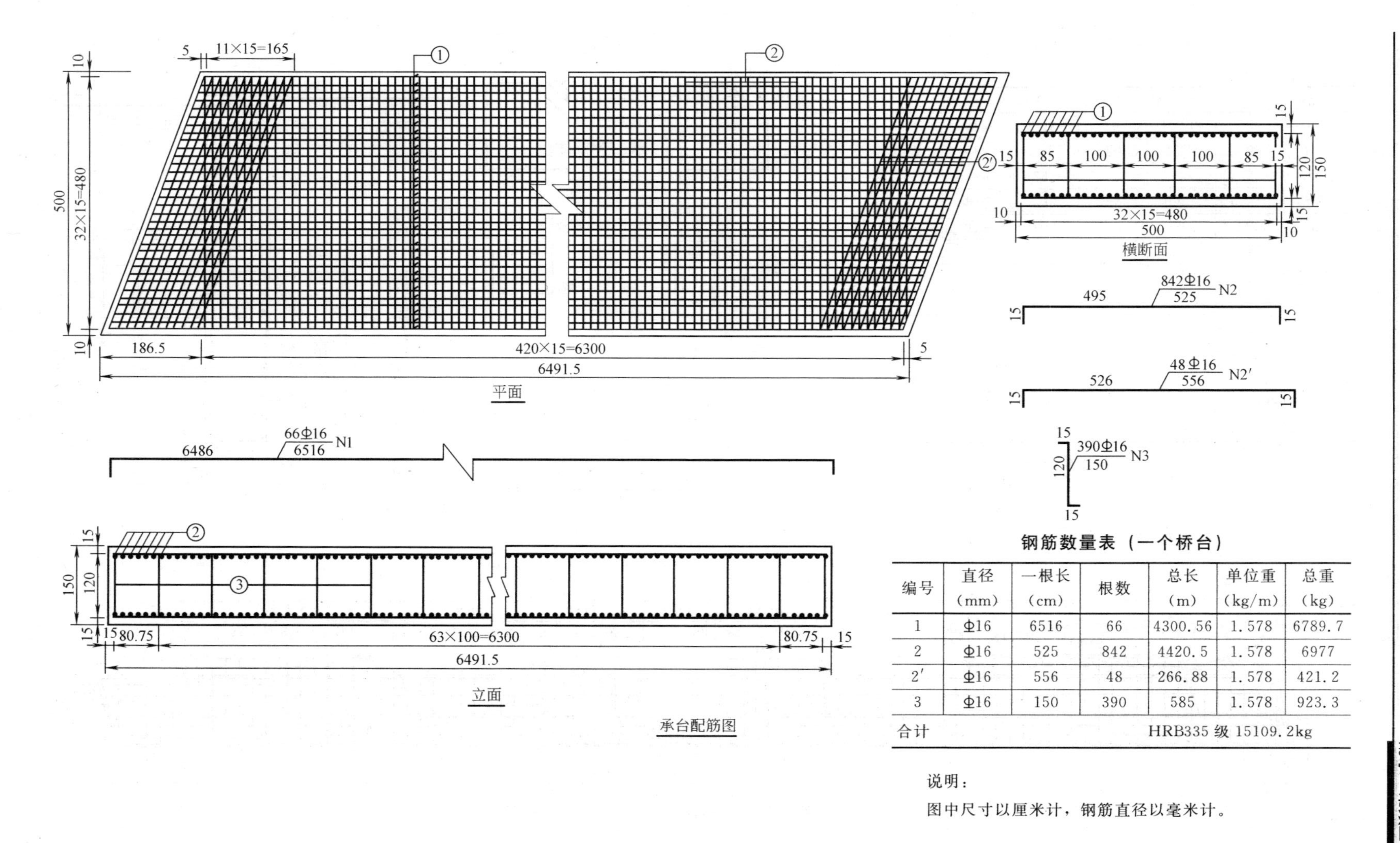

承台配筋图

钢筋数量表（一个桥台）

编号	直径（mm）	一根长（cm）	根数	总长（m）	单位重（kg/m）	总重（kg）
1	Φ16	6516	66	4300.56	1.578	6789.7
2	Φ16	525	842	4420.5	1.578	6977
2′	Φ16	556	48	266.88	1.578	421.2
3	Φ16	150	390	585	1.578	923.3
合计	HRB335 级 15109.2kg					

说明：

图中尺寸以厘米计，钢筋直径以毫米计。

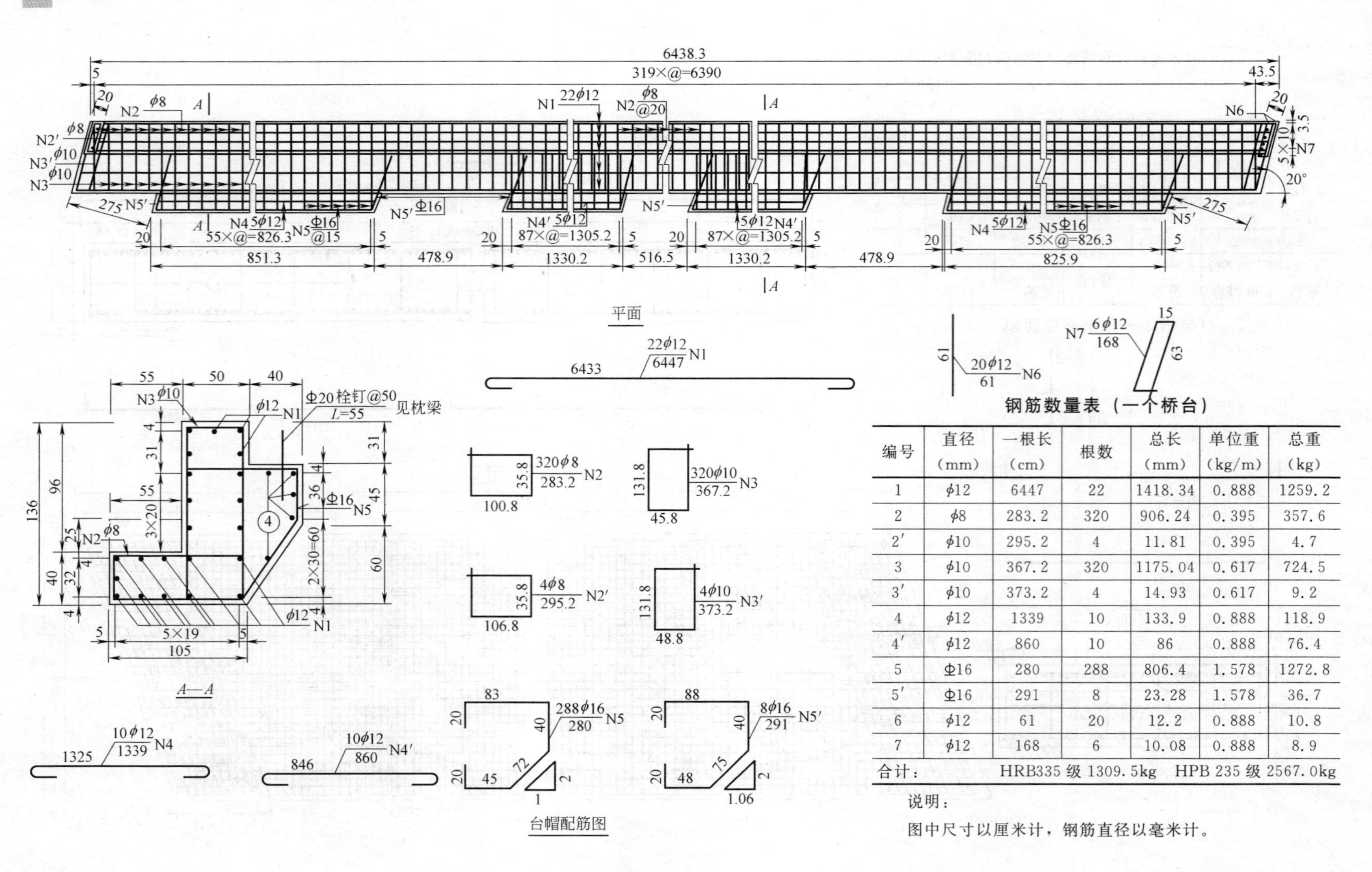

台帽配筋图

钢筋数量表（一个桥台）

编号	直径(mm)	一根长(cm)	根数	总长(mm)	单位重(kg/m)	总重(kg)
1	ϕ12	6447	22	1418.34	0.888	1259.2
2	ϕ8	283.2	320	906.24	0.395	357.6
2′	ϕ10	295.2	4	11.81	0.395	4.7
3	ϕ10	367.2	320	1175.04	0.617	724.5
3′	ϕ10	373.2	4	14.93	0.617	9.2
4	ϕ12	1339	10	133.9	0.888	118.9
4′	ϕ12	860	10	86	0.888	76.4
5	Φ16	280	288	806.4	1.578	1272.8
5′	Φ16	291	8	23.28	1.578	36.7
6	ϕ12	61	20	12.2	0.888	10.8
7	ϕ12	168	6	10.08	0.888	8.9
合计：	HRB335 级 1309.5kg			HPB 235 级 2567.0kg		

说明：

图中尺寸以厘米计，钢筋直径以毫米计。

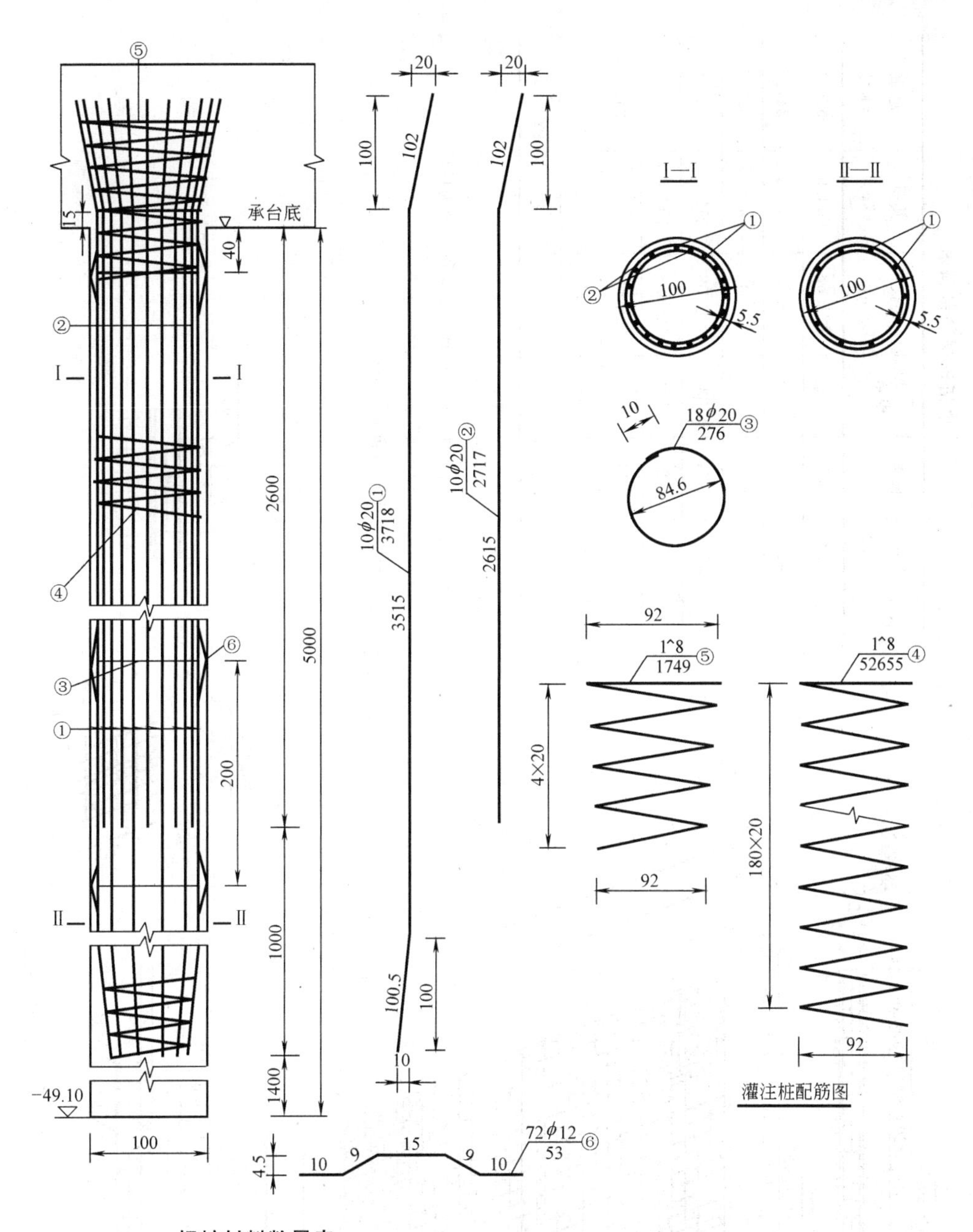

灌注桩配筋图

一根桩材料数量表

编号	直径(mm)	长度(cm)	根数	共长(m)	共重(kg)	总重(kg)
1	φ20	3718	10	371.80	918.3	1712.1
2	φ20	2717	10	271.70	671.1	
3	φ20	276	18	49.68	122.7	
4	φ8	52655	1	526.55	208.0	214.9
5	φ8	1749	1	17.49	6.9	
6	φ12	53	72	38.16	33.9	33.9
C25 混凝土(m^3)					39.27	

说明：

1. 图中尺寸除钢筋直径以毫米计，其余以厘米为单位。
2. 加强钢筋绑扎在主筋内侧其焊接方式采用双面焊。
3. 定位钢筋 N6 每隔 2m 设一组每组 4 根均匀设于加强筋 N3 四周。
4. 沉淀物厚度不大于 15cm。
5. 钻孔桩全桥 48 根。

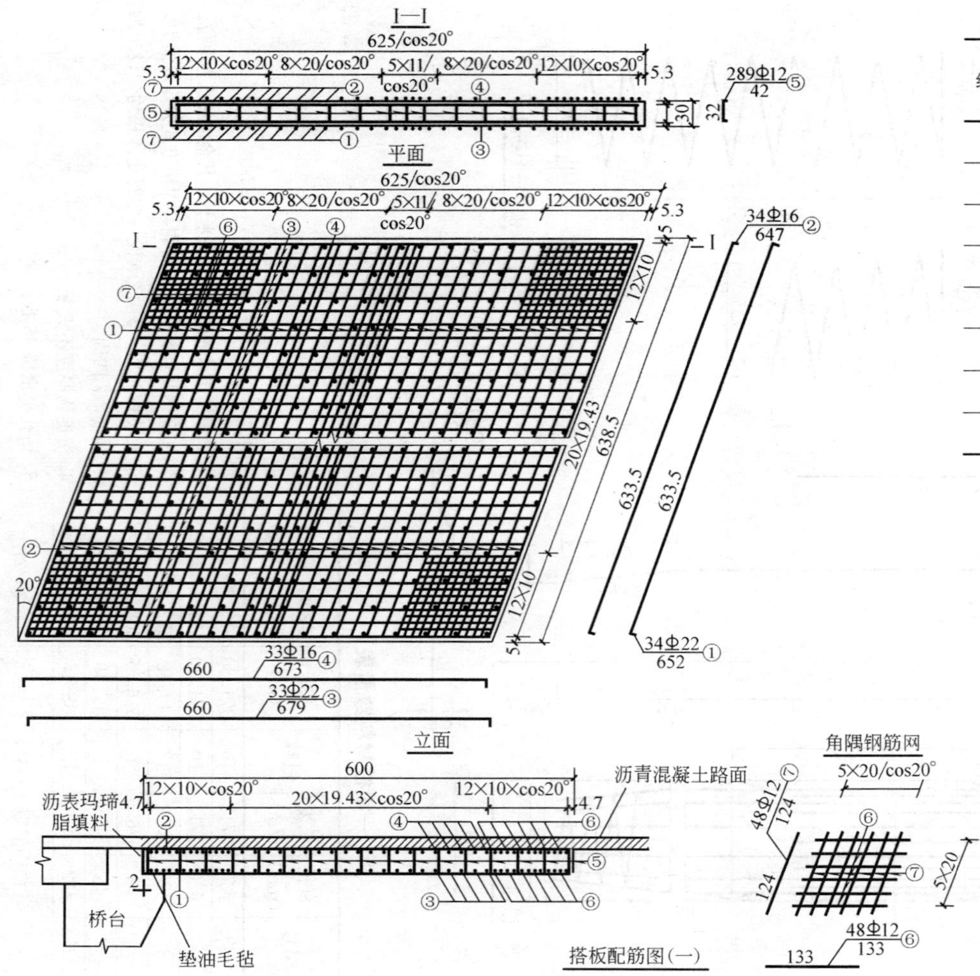

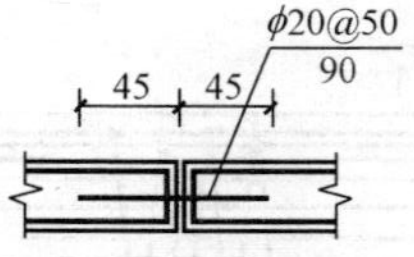

I—I

平面

立面

角隅钢筋网

纵缝连接杆大样

搭板配筋图（一）

一个搭板材料数量表

编号	直径（mm）	长度（cm）	根数	共长（m）	共重（kg）	总重（kg）
1	Φ12	652	34	221.68	660.6	660.6
2	Φ16	647	34	219.98	347.6	347.6
3	Φ122	679	33	224.07	667.7	667.7
4	Φ16	673	33	222.09	350.9	350.9
5	Φ12	42	289	121.38	107.8	217.4
6	Φ12	133	48	63.84	56.7	
7	Φ12	124	48	59.52	52.9	
C30 混凝土（m^3）					11.97	

说明：

1. 图中尺寸除钢筋直径以毫米计，其余以厘米为单位。
2. 搭板横向布置在快车道内，全桥 8 块。
3. 全桥纵缝连接钢筋 115.5kg。

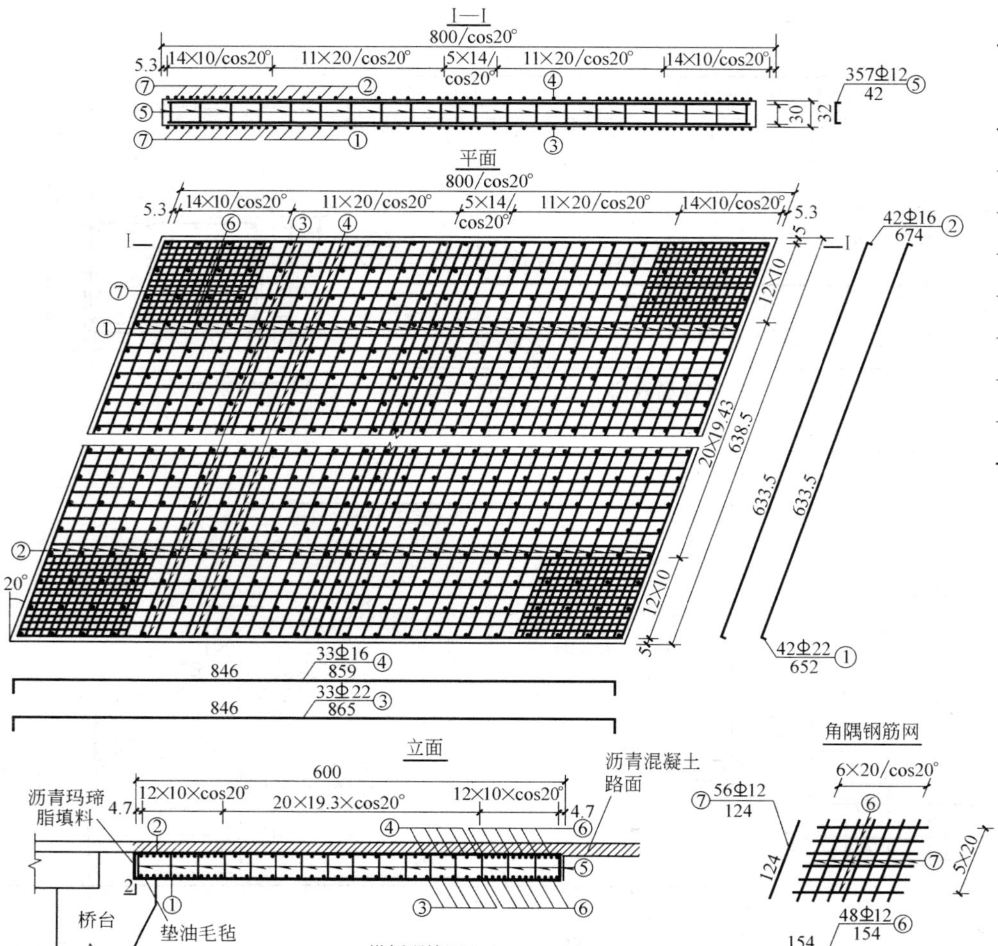

I—I

平面

立面

角隅钢筋网

搭板配筋图（二）

一个搭板材料数量表

编号	直径（mm）	长度（cm）	根数	共长（m）	共重（kg）	总重（kg）
1	Φ22	652	42	273.84	816.0	816.0
2	Φ16	647	42	271.74	429.3	429.3
3	Φ22	865	33	285.45	850.6	850.6
4	Φ16	859	33	283.47	447.9	447.9
5	Φ12	42	357	149.94	133.1	260.4
6	Φ12	154	48	73.92	65.6	
7	Φ12	124	56	69.44	61.7	
C30 混凝土（m^3）					15.32	

说明：

1. 图中尺寸除钢筋直径以毫米计，其余以厘米为单位。
2. 搭板横向布置在辅道内，全桥 4 块。

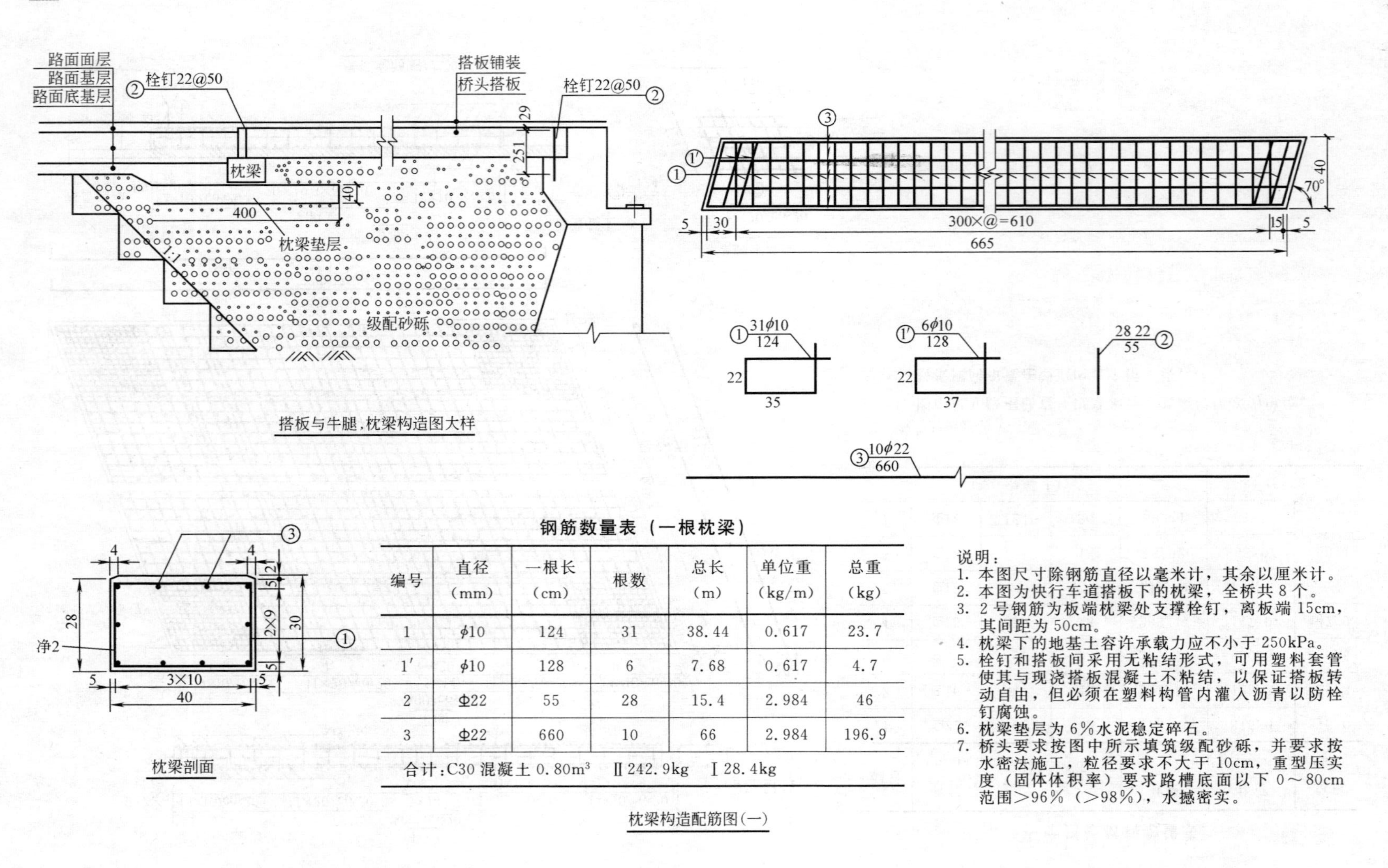

搭板与牛腿，枕梁构造图大样

枕梁剖面

钢筋数量表（一根枕梁）

编号	直径 (mm)	一根长 (cm)	根数	总长 (m)	单位重 (kg/m)	总重 (kg)
1	ϕ10	124	31	38.44	0.617	23.7
1'	ϕ10	128	6	7.68	0.617	4.7
2	Φ22	55	28	15.4	2.984	46
3	Φ22	660	10	66	2.984	196.9
合计：C30 混凝土 0.80m³ Ⅱ242.9kg Ⅰ28.4kg						

说明：
1. 本图尺寸除钢筋直径以毫米计，其余以厘米计。
2. 本图为快行车道搭板下的枕梁，全桥共 8 个。
3. 2 号钢筋为板端枕梁处支撑栓钉，离板端 15cm，其间距为 50cm。
4. 枕梁下的地基土容许承载力应不小于 250kPa。
5. 栓钉和搭板间采用无粘结形式，可用塑料套管使其与现浇搭板混凝土不粘结，以保证搭板转动自由，但必须在塑料构管内灌入沥青以防栓钉腐蚀。
6. 枕梁垫层为 6%水泥稳定碎石。
7. 桥头要求按图中所示填筑级配砂砾，并要求按水密法施工，粒径要求不大于 10cm，重型压实度（固体体积率）要求路槽底面以下 0～80cm 范围＞96%（＞98%），水撼密实。

枕梁构造配筋图(一)

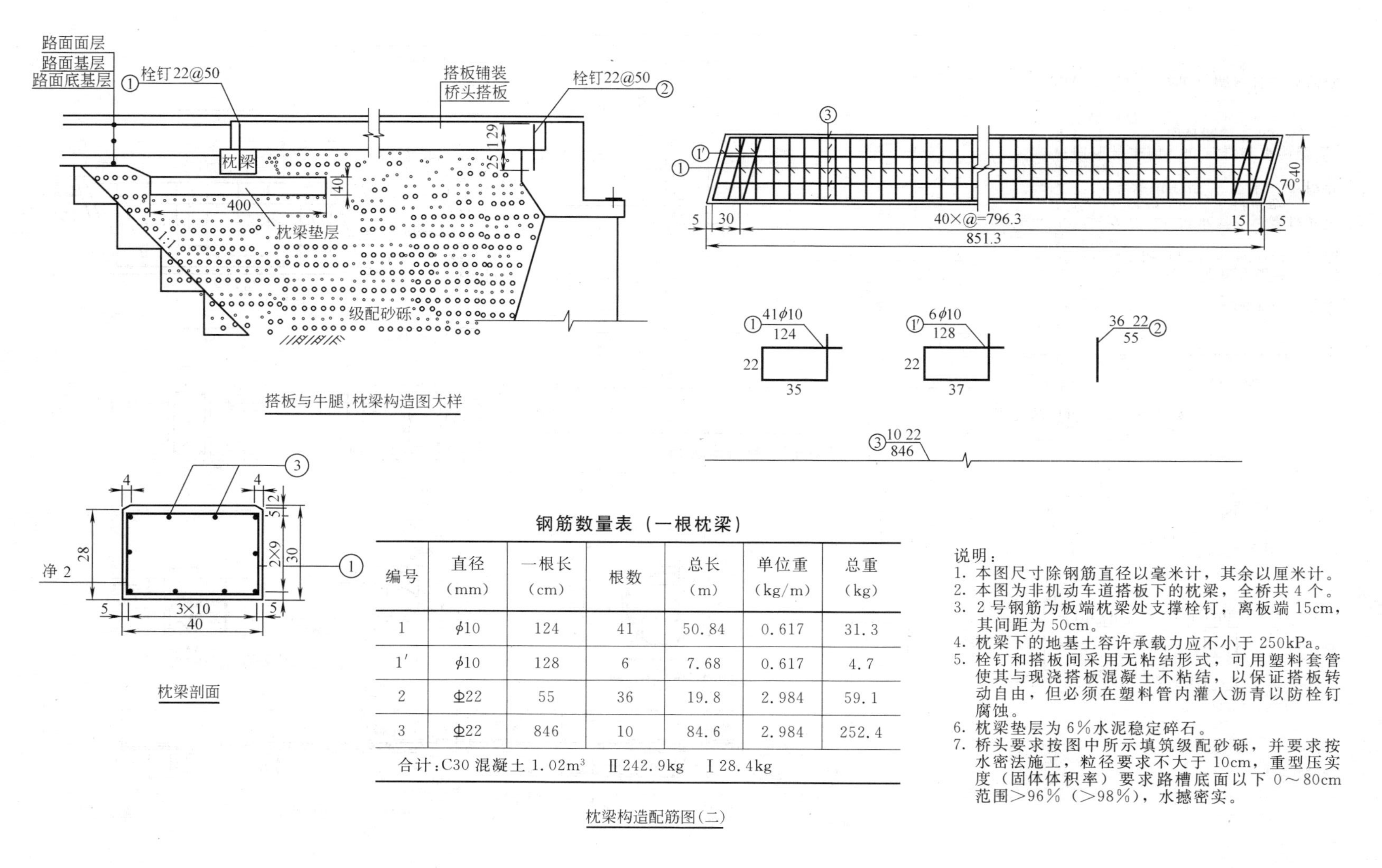

搭板与牛腿，枕梁构造图大样

枕梁剖面

钢筋数量表（一根枕梁）

编号	直径(mm)	一根长(cm)	根数	总长(m)	单位重(kg/m)	总重(kg)
1	ϕ10	124	41	50.84	0.617	31.3
1′	ϕ10	128	6	7.68	0.617	4.7
2	Φ22	55	36	19.8	2.984	59.1
3	Φ22	846	10	84.6	2.984	252.4
合计：C30 混凝土 1.02m³　Ⅱ242.9kg　Ⅰ28.4kg						

说明：

1. 本图尺寸除钢筋直径以毫米计，其余以厘米计。
2. 本图为非机动车道搭板下的枕梁，全桥共 4 个。
3. 2 号钢筋为板端枕梁处支撑栓钉，离板端 15cm，其间距为 50cm。
4. 枕梁下的地基土容许承载力应不小于 250kPa。
5. 栓钉和搭板间采用无粘结形式，可用塑料套管使其与现浇搭板混凝土不粘结，以保证搭板转动自由，但必须在塑料管内灌入沥青以防栓钉腐蚀。
6. 枕梁垫层为 6%水泥稳定碎石。
7. 桥头要求按图中所示填筑级配砂砾，并要求按水密法施工，粒径要求不大于 10cm，重型压实度（固体体积率）要求路槽底面以下 0～80cm 范围>96%（>98%），水撼密实。

枕梁构造配筋图（二）

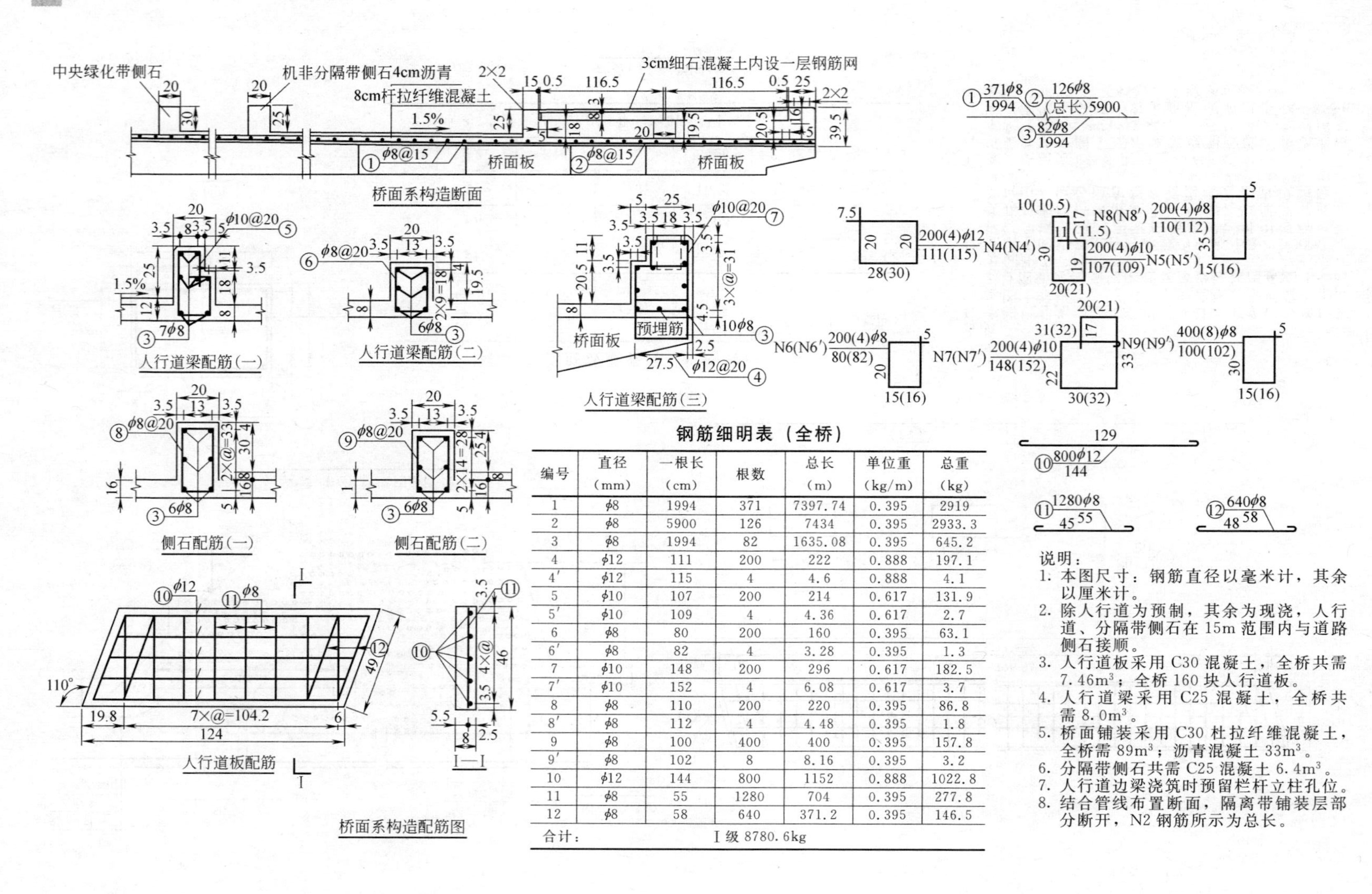

钢筋细明表（全桥）

编号	直径(mm)	一根长(cm)	根数	总长(m)	单位重(kg/m)	总重(kg)
1	φ8	1994	371	7397.74	0.395	2919
2	φ8	5900	126	7434	0.395	2933.3
3	φ8	1994	82	1635.08	0.395	645.2
4	φ12	111	200	222	0.888	197.1
4′	φ12	115	4	4.6	0.888	4.1
5	φ10	107	200	214	0.617	131.9
5′	φ10	109	4	4.36	0.617	2.7
6	φ8	80	200	160	0.395	63.1
6′	φ8	82	4	3.28	0.395	1.3
7	φ10	148	200	296	0.617	182.5
7′	φ10	152	4	6.08	0.617	3.7
8	φ8	110	200	220	0.395	86.8
8′	φ8	112	4	4.48	0.395	1.8
9	φ8	100	400	400	0.395	157.8
9′	φ8	102	8	8.16	0.395	3.2
10	φ12	144	800	1152	0.888	1022.8
11	φ8	55	1280	704	0.395	277.8
12	φ8	58	640	371.2	0.395	146.5
合计：	I级 8780.6kg					

说明：
1. 本图尺寸：钢筋直径以毫米计，其余以厘米计。
2. 除人行道为预制，其余为现浇，人行道、分隔带侧石在15m范围内与道路侧石接顺。
3. 人行道板采用C30混凝土，全桥共需7.46m³；全桥160块人行道板。
4. 人行道梁采用C25混凝土，全桥共需8.0m³。
5. 桥面铺装采用C30杜拉纤维混凝土，全桥需89m³；沥青混凝土33m³。
6. 分隔带侧石共需C25混凝土6.4m³。
7. 人行道边梁浇筑时预留栏杆立柱孔位。
8. 结合管线布置断面，隔离带铺装层部分断开，N2钢筋所示为总长。

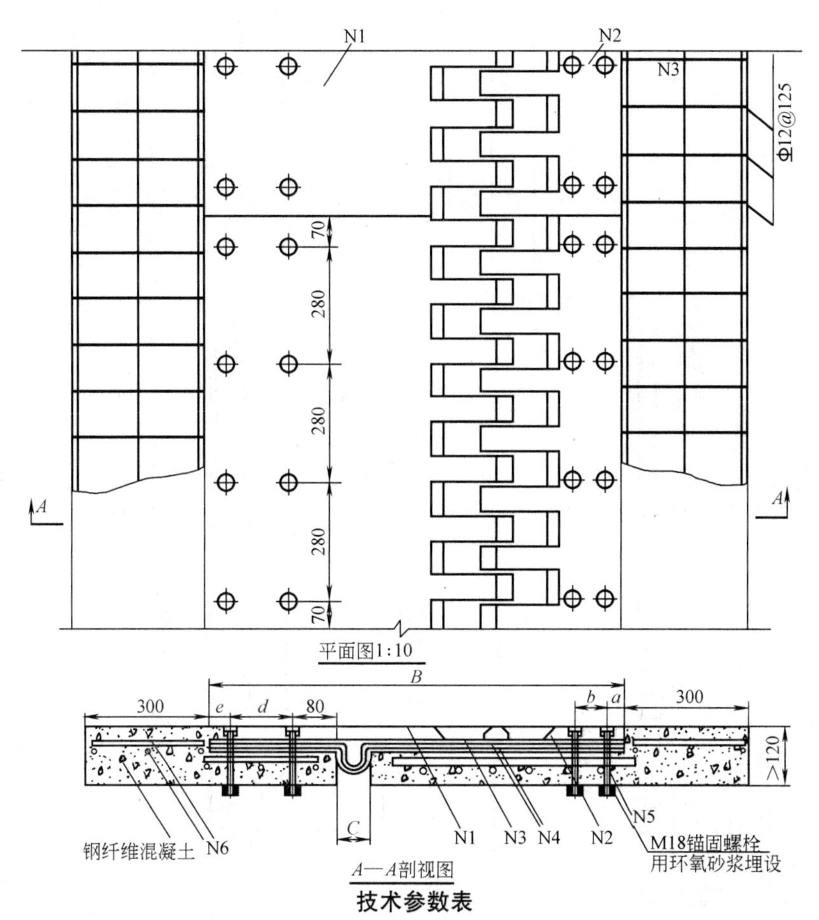

技术参数表

型号	伸缩量	N1	N2	N3	N4	螺孔间距		h
						a×b	e×d	
80	0-80	980×410×28	980×240×28	976×250×2	700×1.6 延长	35×70	35×80	120

***B* 值表**

设置温度 *T* / 规格	0℃以下	10℃	20℃	30℃	40℃以上
SFP-80	620	610	600	590	580

说明：

1. 本图尺寸均以毫米计。
2. 梁架设时，梁端应为一直线并预留适当缝隙，预留缝隙根据气温参照 *C* 值确定同时采用有效的措施，防止杂物落入缝隙。
3. 开挖槽尺寸以梁的端面为基准，根据气温参照 *B* 值放样。
4. 滑移钢板应安装在滑动梁一端。
5. 桥面上应安装滑移钢板。
6. 伸缩装置应安装在坚实的基地上，对原桥面松散和不坚固的铺装需彻底凿除，同时防止杂物落入缝隙内。
7. 桥面为双向车道时，梳形钢板必须从桥面的中心线处开始编排，非标准长度的梳形钢板应放在桥面的两端。
8. 锚固螺栓埋设深度应大于 50mm，在定位打孔时如遇原缝中的预埋件，该处的螺栓应用电焊焊接锚固。
9. 锚固螺栓孔用专用锚具定位，孔距应与梳形钢板一致，螺栓顶部应低于钢板顶面 1～2mm。
10. 锚固螺栓用环氧砂浆埋设。
11. 安装时，梳形钢板的总宽度应根据气温参照 *B* 值确定。
12. 混凝土浇捣要密实、平整无蜂窝状，强度等级为 C40 纤维网混凝土。
13. 安装后，伸缩装置表面与原路面纵向高差应控制在 2mm 内（3mm 直尺范围），横向的顺直度应控制在 3mm 内（一条缝范围内）。
14. 伸缩装置顶部的锚固螺栓孔，用环氧砂浆灌注封闭，梳形钢板间的缝隙用防水油膏封闭，油膏层厚比梳形钢板顶面低适当距离。
15. 伸缩缝预埋筋必须与厂家产品规格配套施工，并由厂家指导安装。

SFP伸缩缝

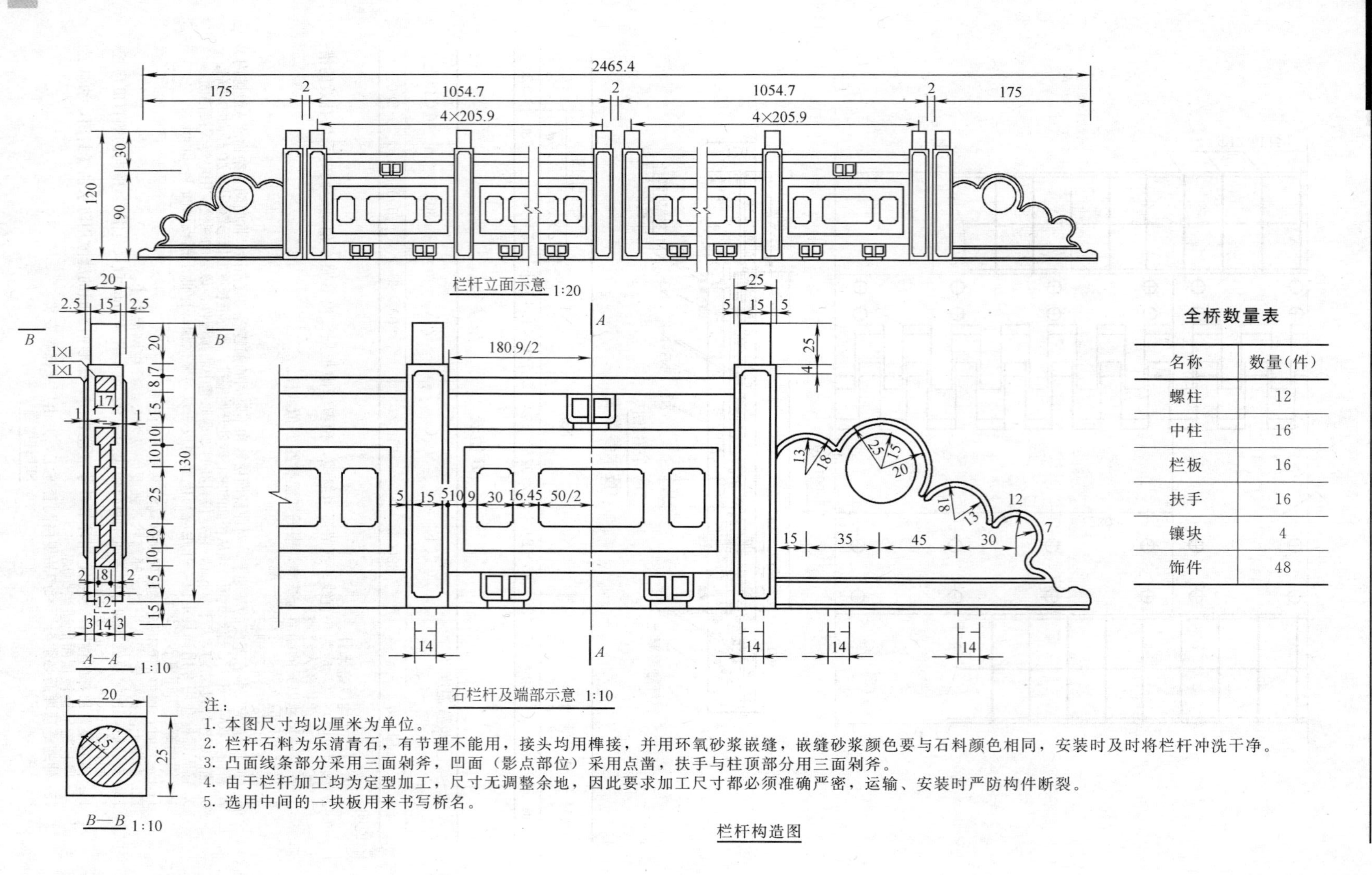

全桥数量表

名称	数量(件)
螺柱	12
中柱	16
栏板	16
扶手	16
镶块	4
饰件	48

注：

1. 本图尺寸均以厘米为单位。
2. 栏杆石料为乐清青石，有节理不能用，接头均用榫接，并用环氧砂浆嵌缝，嵌缝砂浆颜色要与石料颜色相同，安装时及时将栏杆冲洗干净。
3. 凸面线条部分采用三面剁斧，凹面（影点部位）采用点凿，扶手与柱顶部分用三面剁斧。
4. 由于栏杆加工均为定型加工，尺寸无调整余地，因此要求加工尺寸都必须准确严密，运输、安装时严防构件断裂。
5. 选用中间的一块板用来书写桥名。

栏杆构造图

主要参考文献

［1］ GB 50500—2013.《建设工程工程量清单计价规范》. 北京：中国计划出版社，2013.

［2］ 袁建新、迟晓明编著.《建筑工程预算》（第二版）. 北京：中国建筑工业出版社，2005.

［3］ 袁建新编著.《工程量清单计价》. 北京：中国建筑工业出版社，2004.

［4］ 王云江编著.《市政工程定额与预算》. 北京：中国建筑工业出版社，2005.